高职高专计算机应用技能培养系列规划教材
安徽财贸职业学院“12315教学质量提升计划”——十大品牌专业(软件技术专业)建设成果

Java Web 应用开发教学做一体化教程

主　审　张成叔
主　编　房丙午
副主编　郑有庆
参　编　王会颖　陆金江　侯海平
　　　　胡配祥　陈良敏　胡龙茂

安徽大学出版社

图书在版编目(CIP)数据

Java Web应用开发教学做一体化教程/房丙午主编.—合肥:安徽大学出版社,2017.1
计算机应用能力体系培养系列教材
ISBN 978-7-5664-1296-6

Ⅰ.①J… Ⅱ.①房… Ⅲ.①JAVA语言-程序设计-高等学校-教材 Ⅳ.①TP312.8

中国版本图书馆CIP数据核字(2017)第008070号

Java Web应用开发教学做一体化教程

房丙午 主 编

出版发行:北京师范大学出版集团
安 徽 大 学 出 版 社
(安徽省合肥市肥西路3号 邮编230039)
www.bnupg.com.cn
www.ahupress.com.cn
印 刷:安徽省人民印刷有限公司
经 销:全国新华书店
开 本:184mm×260mm
印 张:16.5
字 数:401千字
版 次:2017年1月第1版
印 次:2017年1月第1次印刷
定 价:37.00元
ISBN 978-7-5664-1296-6

策划编辑:李 梅 蒋 芳
责任编辑:王 智 蒋 芳
责任印制:赵明炎
装帧设计:李 军 金伶智
美术编辑:李 军

编写说明

为贯彻《国务院关于加快发展现代职业教育的决定》，落实《安徽省人民政府关于加快发展现代职业教育的实施意见》，推动我省职业教育的发展，安徽省高等学校计算机教育研究会和安徽大学出版社共同策划组织了这套“高职高专计算机应用技能培养系列规划教材”。

为了确保该系列教材的顺利出版，并发挥应有的价值，合作双方于2015年10月组织了“高职高专计算机应用技能培养系列规划教材建设研讨会”，邀请了来自省内十多所高职高专院校的二十多位教育领域的专家和资深教师、部分企业代表及本科院校代表参加。研讨会在分析高职高专人才培养的目标、已经取得的成绩、当前面临的问题以及未来可能的发展趋势的基础上，对教材建设进行了热烈的讨论，在系列教材建设的内容定位和框架、编写风格、重点关注的内容、配套的数字资源与平台建设等方面达成了共识，并进而成立了教材编写委员会，确定了主编负责制等管理模式，以保证教材的编写质量。

会议形成了如下的教材建设指导性原则：遵循职业教育规律和技术技能人才成长规律，适应各行业对计算机类人才培养的需要，以应用技能培养为核心，兼顾全国及安徽省高等学校计算机水平考试的要求。同时，会议确定了以下编写风格和工作建议：

(1)采用“教学做一体化＋案例”的编写模式，深化教材的教学成效。

以教学做一体化实施教学，以适应高职高专学生的认知规律；以应用案例贯穿教学内容，以激发和引导学生学习兴趣，将零散的知识点和各类能力串接起来。案例的选择，既可以采用学生熟悉的案例来引导教学内容，也可以引入实际应用领域中的案例作为后续实习使用，以拓展视野，激发学生的好奇心。

(2)以“学以致用”促进专业能力的提升。

鼓励各教材中采取合适的措施促进从课程到专业能力的提升。例如，通过建设创新平台，采用真实的课题为载体，以兴趣组为单位，实现对全体学生教学质量的提高，以及对适应未来潜在工作岗位所需能力的锻炼。也可结合特定的专业，增加针对性案例。例如，在C语言程序设计教材中，应兼顾偏硬件或者其他相关专业的需求。通过计算机设计赛、程序设计赛、单片机赛、机器人赛等竞赛或者特定的应用案例来实施创新教育引导。

(3)构建共享资源和平台，推动教学内容的与时俱进。

结合教材建设构筑相应的教学资源与使用平台，例如，MOOC、实验网站、配套案例、教学示范等，以便为教学的实施提供支撑，为实验教学提供资源，为新技术等内容的及时更新提供支持等。

通过系列教材的建设，我们希望能够共享全省高职高专院校教育教学改革的经验与成果，共同探讨新形势下职业教育实现更好发展的路径，为安徽省高职高专院校计算机类专业人才的培养做出贡献。

真诚地欢迎有共同志向的高校、企业专家参与我们的工作，共同打造一套高水平的安徽省高职高专院校计算机系列“十三五”规划教材。

胡学钢

2016年1月

编委会名单

前　言

本教程彻底打破市场上大多数教材的编写原则，采用全新的“教学做一体化”思路构架内容体系，通过“项目贯穿”的技能体系，将“实训＋理论”高度融合，实现了“教－学－做”的有机结合。本教程的主要特色如下。

➢ 教学做一体化。突破传统的以知识体系为架构的思维，按照“教学做一体化”的思维模式重构内容体系，为“理实一体”的教育理念提供教材和资源支撑。

➢ 案例贯穿。本教程每章节的内容都以案例引领和贯穿，通过“基本案例学习－技能项目训练－课程综合项目训练”的学习过程，快速提升专业技能和项目经验。

➢ 知识体系清晰。虽然本教程不追求全面的知识体系结构，但逻辑合理、脉络清晰、常用知识讲精、讲全，用明晰的线索，将常用的知识和技能点串起来，使读者能将书越读越薄。

➢ 教学资源库充足。为了更好地保障教师的课程规划、课堂演示和学生的课内训练、课外训练、过程化考核等，该书配套了完整的“教学资源库”，每章的教学资源包括教学PPT、教师演示、学生练习、参考资料和作业答案等。

本教程通过两个项目新闻在线系统(iNews)和电子商城系统(iBuy)实施教学做一体化。iNews几乎贯穿每一章，利用各章所学的技能来实现该系统的功能或优化已有的功能，iBuy作为课程综合项目，旨在提高Java Web项目开发实践能力。学生在教师指导下通过团队完成该项目，课程完成后我们将得到两个完整的项目案例，在学习技能的同时也获得了项目开发经验。本教程章节以及具体内容安排如下。

第1章Web应用开发技术概述，主要介绍Web基础知识、静态网页和动态网页、C/S结构与B/S结构概念、Java Web开发与运行环境的配置。

第2章贯穿项目iNews新闻在线系统，介绍iNews系统需求分析、体系结构设计和数据库设计等内容。

第3章JSP技术基础，主要介绍JSP的基本概念和JSP页面的基本结构、JSP常用脚本元素和JSP常用指令等组成元素以及JSP页面的创建过程、JSP的执行过程及使用集成开发工具创建和部署Java Web应用等。

第4章iNews系统数据访问层开发，介绍使用JDBC技术，采用DAO设计模式来开发新闻在线系统的数据访问层，并且使用数据库连接池技术来优化数据库连接。

第5章JSP内置对象(一)，主要介绍request对象和response对象以及使用这些内置对象处理用户请求和响应并开发iNews系统相关功能。

第 6 章 JSP 内置对象(二),主要介绍 session 对象、application 对象以及内置对象的作用域,并使用这些对象开发 iNews 系统相关功能。

第 7 章 JSTL 和 EL 技术,主要介绍 EL 表达式的语法和隐式对象,JSTL 核心标签和格式化标签,实现无 Java 代码嵌入的 JSP 页面开发,并使用这些技术优化 iNews 系统 JSP 页面设计。

第 8 章 Servlet 技术基础,主要介绍 Servlet 技术和 Filter 技术,使用 Servlet 技术实现 MVC 设计模式,使用 Filter 技术实现请求和响应的拦截,并使用这些技术优化 iNews 系统表示层设计。

第 9 章 Java Web 常用组件,主要介绍 Commons－FileUpload 文件上传组件、JavaMail 发送电子邮件组件、JFreeChart 图形组件和 JXL Excel 报表组件等,并使用这些组件增强 iNews 和 iBuy 系统的功能。

第 10 章课程项目 iBuy 电子商城,主要介绍 iBuy 电子商城系统需求分析、设计和综合运用本教程所学的技术进行项目实战。

本教程可作为应用型本科和高职高专层次学校的 Java Web 应用开发方向的课程教材,也适合所有对 Java Web 应用开发技术感兴趣的读者。

本教程由房丙午主编,郑有庆副主编,第 1、7、8、9 章由房丙午编写,第 2 章由王会颖编写,第 3 章由郑有庆编写,第 4、10 章由陆金江、侯海平编写,第 5 章由胡配祥编写,第 6 章由陈良敏、胡龙茂编写。项目案例和教材配套资源库由房丙午、郑有庆、王会颖、陆金江、侯海平共同开发完成。全书由房丙午统稿和定稿。

本教程所配教学资源请联系出版社或直接与编者联系,QQ 号:289081605,E－mail:bingwufang@163.com。

本教程是安徽财贸职业学院“12315 教学质量提升计划”中“十大品牌专业”软件技术专业建设项目和安徽省精品开放课程项目的建设成果。

由于编者水平有限,书中不足之处,请广大读者批评指正。

编　者

2016 年 10 月

目 录

第 3 章 JSP 技术基础 34

第 4 章 iNews 系统数据访问层开发 54

第 5 章 JSP 内置对象(一) 69

第 6 章 JSP 内置对象(二) 91

第 9 章 Java Web 常用组件 175

第1章
Web应用开发技术概述

本章工作任务

- 完成 Tomcat 的安装和环境配置
- 完成 MyEclipse 的安装和配置

本章知识目标

- 理解静态网页和动态网页的区别
- 掌握 B/S 结构的工作原理
- 理解 URL 地址结构

本章技能目标

- 熟练安装、配置 Tomcat 服务器
- 熟练安装、配置 MyEclipse 开发环境

本章重点难点

- B/S 结构的工作原理
- Java Web 开发环境的配置

通过之前的学习,已经掌握Java面向对象程序设计的基础知识,理解面向对象的思想,并且学会使用HTML、CSS和JavaScript来开发静态网页的技能。下面将进入动态网页开发的领域—Web应用开发。本节将学习静态网页和动态网页、C/S结构与B/S结构概念,Java Web开发与运行环境的配置。

1.1 静态网页和动态网页

1.1.1 静态网页

静态网页是指网页的内容是固定的、不可交互的、不会根据浏览者的不同需求而改变的网页。静态网页一般是运行于客户端的程序、网页、插件、组件。早期的网站一般都是由静态网页制作的,通常以.htm、.html等为文件后缀名。在静态网页上,也可以出现各种"动态效果",如.GIF格式的动画、FLASH和滚动字母等,但这些"动态效果"只是视觉上的,与动态网页是完全不同的概念。在静态网页中也可以运行JavaScript程序,但该程序通过浏览器解释执行,仅运行在客户端,无法实现与服务器端进行动态交互。总之,静态网页具有如下不足之处。

(1)无法实现搜索、购买商品、注册和登录等交互功能。

(2)无法对静态页面的内容进行实时更新。

(3)静态网页内容是固定的,不能提供个性化和定制服务。

1.1.2 动态网页

动态网页是相对于静态网页而言的,是在服务器端运行的程序、组件,会根据不同客户、不同时间,返回不同的内容。动态网页URL的后缀不是.htm、.html等静态网页的形式,而是以.asp、.jsp和.php等形式为后缀。和静态网页相比,动态网页的主要优势体现在:

(1)交互性:网页会根据用户的要求和选择而动态改变和显示内容。

(2)自动更新:动态网页是数据库,一旦数据库内容改变,便会自动生成包含新内容的页面。

(3)随机性:不同的时间,不同的人访问同一网址时会产生不同的页面效果。

静态网页和动态网页各有特点,网站采用动态网页还是静态网页主要取决于网站的功能需求和网站内容的多少。如果网站功能比较简单,内容更新量不是很大,采用纯静态网页的方式会更简单;反之,要采用动态网页技术来实现。动态网站也可以采用静动结合的原则,适合采用动态网页的地方用动态网页,如果需要使用静态网页,则可以考虑用静态网页的方法来实现。在同一个网站上,动态网页内容和静态网页内容同时存在也是很常见的事情。

静态网页是网站建设的基础、静态网页和动态网页之间也并不矛盾,为了网站适应搜索引擎检索的需要和加快页面访问速度,即使采用动态网站技术,也可以将网页内容转化为静态网页发布。

1.2 C/S结构与B/S结构

1.2.1 C/S结构

C/S(Client/Server,客户机/服务器)结构,是软件系统体系结构,一般分为客户端和服务器端两层。通过将任务合理分配到客户端和服务器端,降低了系统的通讯开销,可以充分利用两端硬件环境的优势,早期的软件系统多以此作为首选设计标准。用户需要在本地安装客户端软件,通过网络与服务器端通信,例如,腾讯的QQ聊天软件、SQLServer2008数据库系统和各种杀毒软件等。

1.2.2 B/S结构

B/S软件体系结构,即Browser/Server(浏览器/服务器)结构,是随着Internet技术的兴起,对C/S体系结构的一种变化或者改进的结构。C/S和B/S并没有本质的区别:B/S是基于特定通信协议(HTTP)的C/S结构,也就是说B/S包含在C/S中,是特殊的C/S结构。在C/S架构上提出B/S架构,是为了满足瘦客户端、一体化客户端的需要,最终目的是节约客户端更新、维护等成本,以及广域资源的共享。

随着Web应用的广泛普及,B/S结构逐渐成为一种类型。在B/S结构下,用户界面完全通过浏览器实现。B/S结构利用不断成熟和普及的浏览器技术实现原来需要复杂专用软件才能实现的强大功能,并节约了开发成本,是一种全新的软件系统构造技术。

和C/S结构相比,在B/S结构中,软件应用的业务逻辑完全在服务器端实现,所有的客户端只是浏览器,不需要做任何的维护。B/S结构软件的安装、修改、维护和升级方式简单,全在服务器端解决,客户端只要重新登录系统,使用的就已经是最新版本的软件了。而C/S结构是每一个客户端都必须安装和配置客户端软件,如果系统发生变化,则需要对每一个客户端都进行维护、升级等。

B/S结构中,用户在使用系统时,仅仅需要一个浏览器就可运行全部的模块,真正达到了"零客户端"的功能。B/S结构还提供了异种机、异种网、异种应用服务的联机、联网、统一服务的最现实的开放性基础,这种结构更成为当今应用软件的首选体系结构。B/S结构相对于C/S结构,也存在一定的劣势。B/S的界面没有C/S友好,难以做出像Office这样界面丰富的软件,在速度和安全性上需要花费巨大的设计成本,而且由于B/S结构的交互是请求/响应的模式,一旦数据信息发生变化,必须要通过刷新页面,才能看到更新的数据信息。

C/S结构一般面向相对固定的用户群,一般高度机密的信息系统采用C/S结构,比较适用于企业内部的信息管理系统、金融证券管理系统等。B/S结构适用于公开信息发布,对信息的保密性要求较低,如企业网站、售后服务系统和物流信息的查询系统等。

1.2.3 URL简介

1. 什么是URL

URL(Uniform Resource Locator)的意思是统一资源定位符,是用于完整的描述Internet资源地址的一种标识方法。在Internet上所有资源都有独一无二的地址,可以通过在浏览器地址栏中输入 URL 地址来实现对 Internet 上资源的访问，例如，在浏览器地址栏中输入 http://www. aftvc. com 地址，可以访问安徽财贸职业学院主页。

2. URL 的组成

一个简单的 URL 地址组成是：protocol://hostname[:port]/path/。例如，本课程中会经常使用到的一个 URL：http://localhost:8080/iNews/index. jsp。

(1) 协议 (protocol)：常用的协议有 FTP、HTTP、HTTPs 访问资源。FTP (File Transfer Protocol)协议，即文件传输协议。HTTP(Hyper Text Transfer Protocol)协议，即超文本传输协议，该协议支持简单的请求和响应会话，当用户发送一个 HTTP 请求时，服务器就会用一个 HTTP 响应做出应答，对于 Web 服务器，最常用的是 HTTP 协议。HTTPs 是安全的 HTTP 协议。

(2)主机名(hostname)或 IP 地址：是指存放资源的服务器地址，localhost 表示本地主机名，也就是本地服务器的地址，可以用 127. 0. 0. * 或者用本地主机配置的 IP 地址替代 localhost。

(3)端口号(port)：整数，可选，省略时使用的是默认端口，各种传输协议都有默认的端口号，如 HTTP 协议的默认端口为 80。如果输入时省略，则使用默认端口号。有时候出于安全或其他考虑，可以在服务器上对端口进行重定义，即采用非标准端口号，此时，URL 中就不能省略端口号这一项。

(4)路径(path，包含请求资源名)：由零或多个“/”隔开的字符串，一般用来表示服务器上的一个目录或文件地址等。而请求的资源指请求内容的名字，可以是一个 HTML 页面或 JSP 页面等。如“iBuy/index. jsp”，iBuy 代表的是 Web 应用对外发布时对应的上下文路径，即 Web 应用的根目录，而 index. jsp 代表具体的页面资源，存放在该网站的根目录下。

1.2.4 B/S 结构的工作原理

B/S 结构中，浏览器端与服务器端交互模式是请求/响应模式，其工作原理如图 1.1 所示。

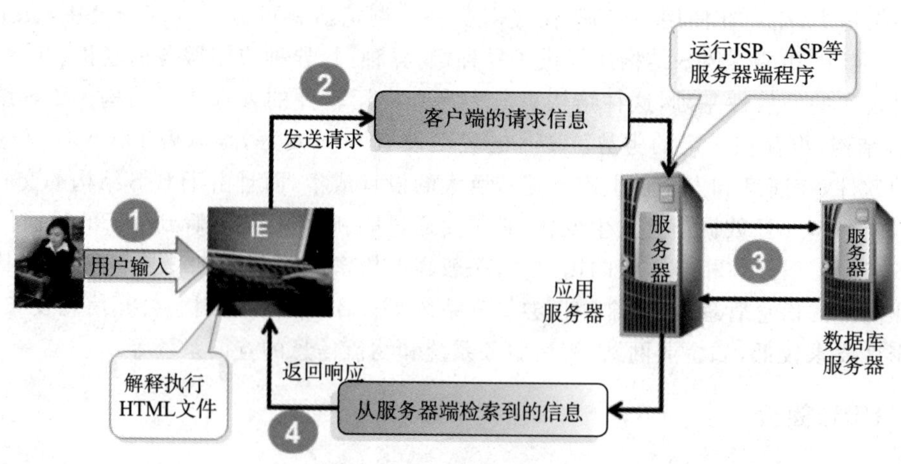

图 1.1 B/S 架构工作原理

(1)客户通过浏览器输入请求信息(数据和操作等)。

(2)浏览器采用 HTTP 协议封装客户信息并发送到服务器。

(3)服务器对收到的浏览器请求信息解析,调用相应的服务器端程序。服务器端程序根据需要对数据库进行增、删、改、查等操作。

(4)服务器将操作结果封装成动态 HTML 代码文件返回到浏览器端,浏览器解释执行 HTML 文件并将结果显示给客户。

1.2.5 Web 应用开发主流技术

目前 Web 应用开发主流技术有三种分别是:ASP. NET、PHP 和 JSP。

1. ASP. NET 简介

ASP(Active Server Page),即动态服务器页面。ASP 是微软公司开发的代替 CGI 脚本程序的一种应用,可以与数据库和其他程序进行交互,是一种简单、方便的编程工具。ASP 的网页文件的格式是 asp。

ASP. NET 是 Microsoft. NET 的一部分,是 ASP 的下一个版本,提供了一个统一的 Web 开发模型,其中包括开发人员生成企业级 Web 应用程序所需的各种服务。ASP. NET 的语法在很大程度上与 ASP 兼容,同时还提供一种新的编程模型和结构,可生成伸缩性和稳定性更好的应用程序,并提供更好的安全保护。可以通过在现有 ASP 应用程序中逐渐添加 ASP. NET 功能,随时增强 ASP 应用程序的功能。ASP. NET 是一个已编译的、基于. NET 的环境,可以用任何与. NET 兼容的语言(如 Visual Basic. NET、C# 等)编写应用程序。另外,任何 ASP. NET 应用程序都可以使用整个. NET Framework。开发人员可以方便地获得这些技术的优点,其中包括托管的公共语言运行库环境、类型安全、继承等。

2. PHP 简介

PHP(Hypertext Preprocessor)是一种跨平台的服务器端的嵌入式脚本语言。独特的语法混合了 C、Java、Perl 以及 PHP 自创的语法。PHP 中提供了作为编码语言所有的基本功能。此外,还提供许多实用的功能,使得 PHP 比较适合动态网页的开发。针对企业级 Web 应用,PHP 也不断地完善和增加新的功能。

PHP 是源码开放的,这意味着其代码的核心部分可以被免费使用。所有源码、文档可以在 PHP 官方网站上获得。用户可以自由复制、编译、分发其拷贝。任何一个用 PHP 编写的程序都属于用户自己,并且可以自行处理。

PHP 作为最成熟的开源体系 LAMP(Linux、Apache、MySQL 和 PHP)的重要一员,以其简单性、开放性、低成本、安全性和适用性,受到越来越多的 Web 程序员的欢迎和喜爱。PHP 还具有优秀的平台兼容性。PHP 源于 UNIX 系统平台,但在 Windows 系列操作系统上也有出色的表现。

3. JSP 简介

JSP(Java Server Page)是 Sun 公司推出的新一代动态网站开发语言,可以在 Servlet 和 JavaBean 的支持下,完成功能强大的动态网站程序的开发。JSP 的主要特点如下。

(1)将内容的生成和显示进行分离。

(2)强调可重用的组件。

(3)采用标识简化页面开发。

将内容的生成和显示进行分离。使用 JSP 技术，Web 页面开发人员可以使用 HTML 或者 XML 标识来设计和格式化最终页面。使用 JSP 标识或者小脚本来生成页面上的动态内容。生成内容的逻辑被封装在标识和 JavaBeans 组件中，并且捆绑在小脚本中，所有的脚本在服务器端运行。核心逻辑被封装在标识和 Beans 中，Web 管理人员和页面设计者，能够编辑和使用 JSP 页面，而不影响内容的生成。在服务器端，JSP 引擎解释 JSP 标识和小脚本，生成所请求的内容(例如，通过访问 JavaBeans 组件，使用 JDBC 技术访问数据库，或者包含文件)，并且将结果以 HTML(或者 XML)页面的形式发送回浏览器。

强调可重用的组件。绝大多数 JSP 页面依赖于可重用的，跨平台的组件(JavaBeans 或者 Enterprise JavaBeans 组件)来执行应用程序所要求的更为复杂的处理。基于组件的方法加速了总体开发过程，开发人员能够共享和交换执行普通操作的组件，或者使得这些组件为更多的使用者、客户团体所使用。

采用标识简化页面开发。Web 页面开发人员不会都是熟悉脚本语言的编程人员。JSP 技术封装了许多功能，这些功能是在易用的、与 JSP 相关的 XML 标识中进行动态内容生成所需要的。JSP 技术是可以扩展的。第三方开发人员和其他人员可以为常用功能创建标识库。

JSP 技术很容易整合到多种应用体系结构中，以利用现存的工具和技巧，并且扩展到能够支持企业级的分布式应用。作为 Java 2(企业版体系结构)的一个组成部分，JSP 技术能够支持高度复杂的基于 Web 的应用。由于 JSP 页面的内置脚本语言是基于 Java 编程语言的，而且所有的 JSP 页面都被编译成为 Java Servlet，JSP 页面就具有 Java 技术的所有好处，包括平台无关性，健壮的存储管理，安全性和“一次编写，各处运行”的特点。

1.3 搭建 Java Web 开发环境

本教程所有项目使用 JDK7＋Tomcat7＋MyEclipse10 开发环境，后台数据库采用 SQL Serve2008。其中 Tomcat7 作为 Web 服务器(容器)，由于 JDK 安装与配置在 Java 面向对象课程中已介绍，本节主要讲解 Tomcat7 和 MyEclipse10 的安装与配置。

1.3.1 Tomcat 安装与配置

Tomcat 是 Apache 组织的产品，Tomcat 服务器是当今使用最广泛的 Servlet/JSP 服务器，运行稳定、性能可靠，是学习 JSP 技术和中小型企业应用的最佳选择。Tomcat 的主页地址为：http://tomcat.apache.org/，用户可以通过该网站的下载链接进入到 Tomcat 的下载页面，如图 1.2 所示。选择下载 windows 安装板进行下载，也可以选择下载 Zip 包，不需要进行安装，只需解压就可使用。安装 Tomcat 前，先要安装 JDK。

1. Tomcat 安装

Apache－Tomcat－7.0.70.exe 包下载以后，详细步骤如下。

(1)双击 Apache－Tomcat－7.0.70.exe 打开“欢迎”对话框，如图 1.3 所示。单击【Next】按钮继续安装。

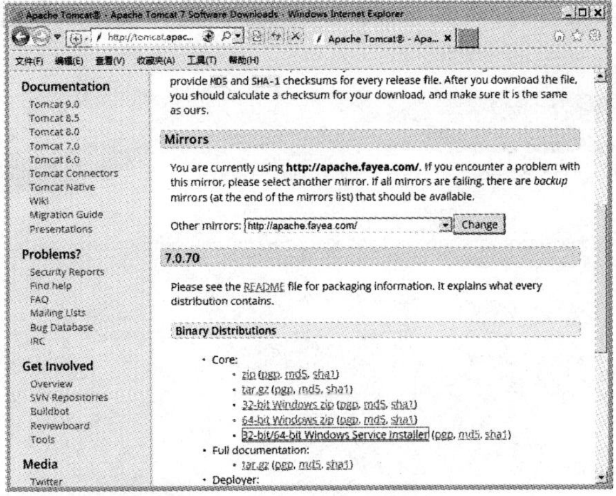

图 1.2 Tomcat7 下载页面

图 1.3 “欢迎”对话框

(2)打开“协议许可”对话框,如图 1.4 所示。单击【I Agree】按钮继续安装。

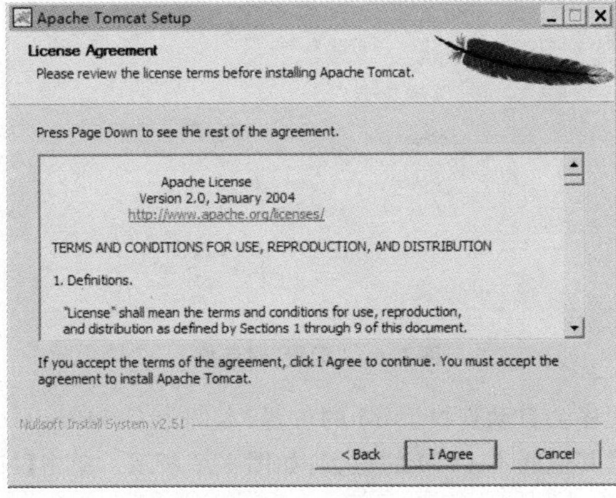

图 1.4 “协议许可”对话框

(3)打开“选择安装组件”对话框,如图 1.5 所示。选择使用默认选项,单击【Next】按钮继续安装。

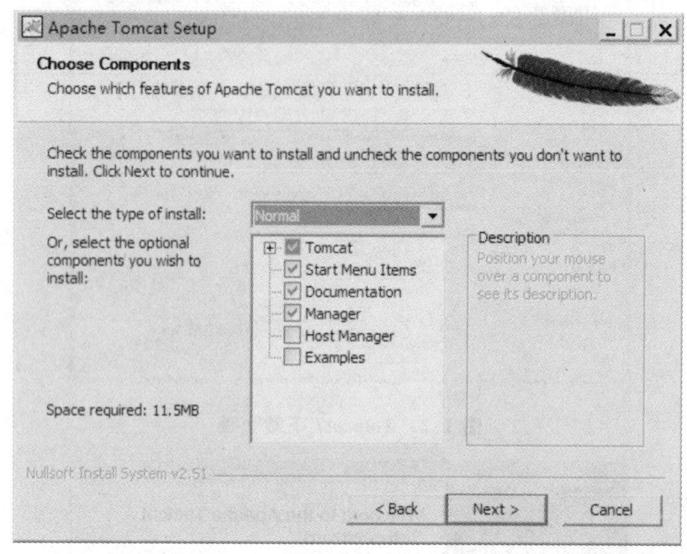

图 1.5 “选择安装组件”对话框

(4)打开“配置”对话框,指定 Tomcat 服务的端口号(保留默认设置)、管理员用户名和密码,如图 1.6 所示。单击【Next】按钮继续安装。

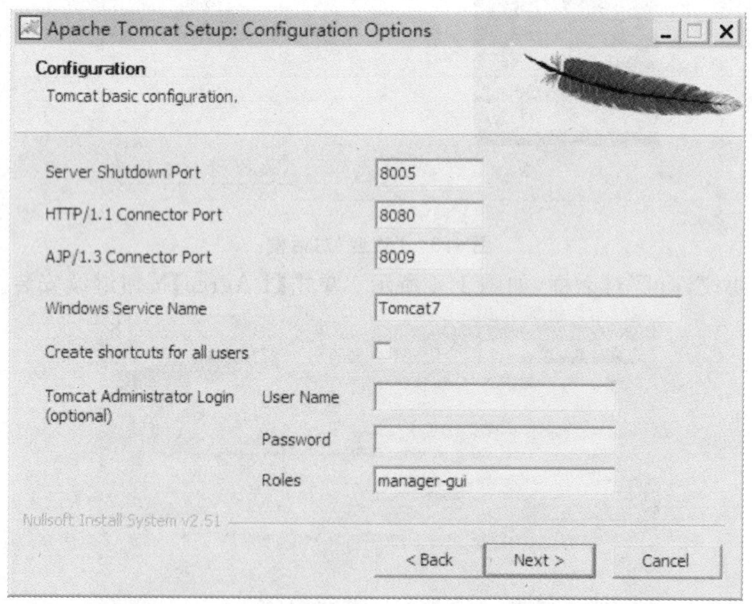

图 1.6 “配置”对话框

(5)Tomcat 安装程序会自动查找 JVM 的位置(本例为 C:\Program Files\Java\jre1.8.0_20),也可以手动选择其他版本 JVM 的位置,如图 1.7 所示。单击【Next】按钮继续安装。

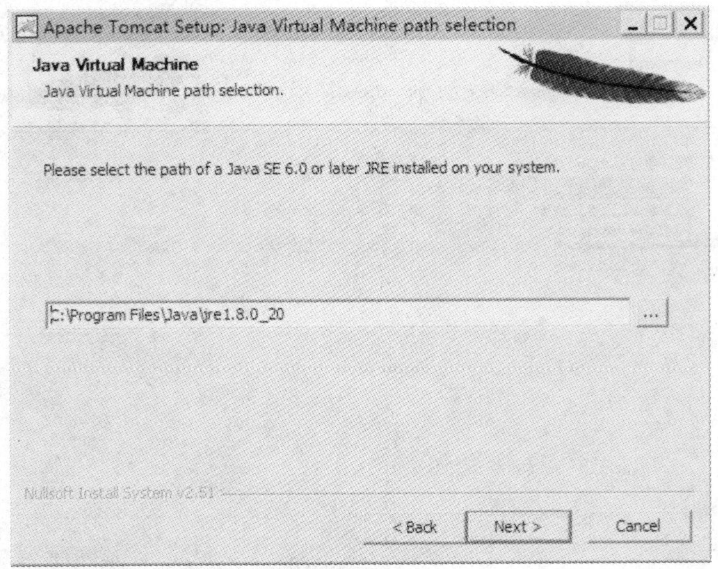

图 1.7 "Java 虚拟机选择"对话框

(6)打开"选择安装位置"对话框，单击【Browse】按钮来选择安装路径(本例为 C:\Program Files\Apache Software Foundation\Tomcat 7.0)，如图 1.8 所示。单击【Install】继续安装。

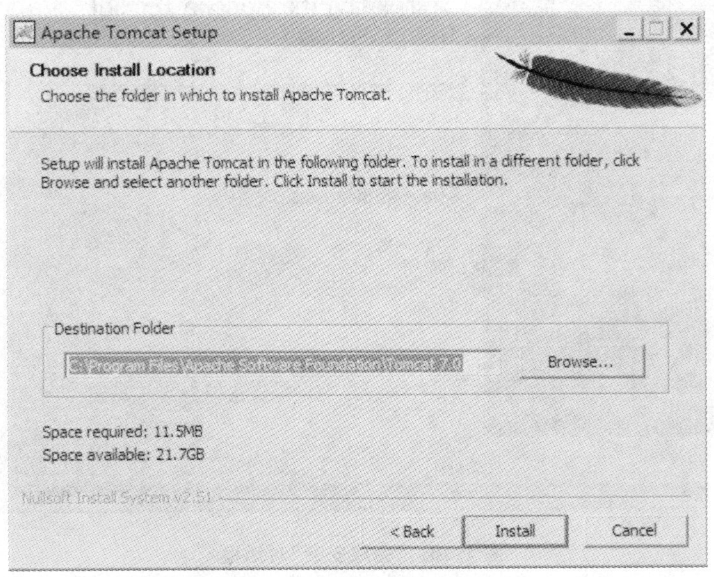

图 1.8 "选择安装位置"对话框

(7)打开"正在安装"对话框，开始执行安装，如图 1.9 所示。安装正常完成后，打开"完成安装"对话框，如图 1.10 所示。

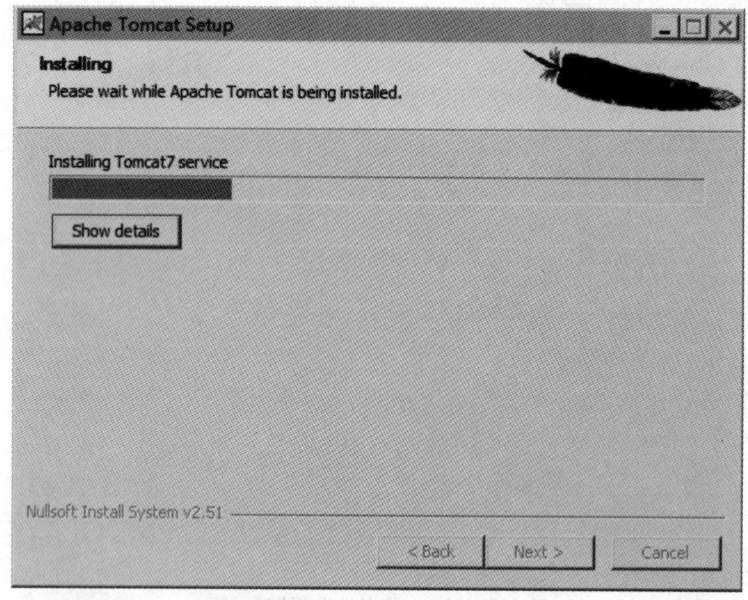

图 1.9 “正在安装”对话框

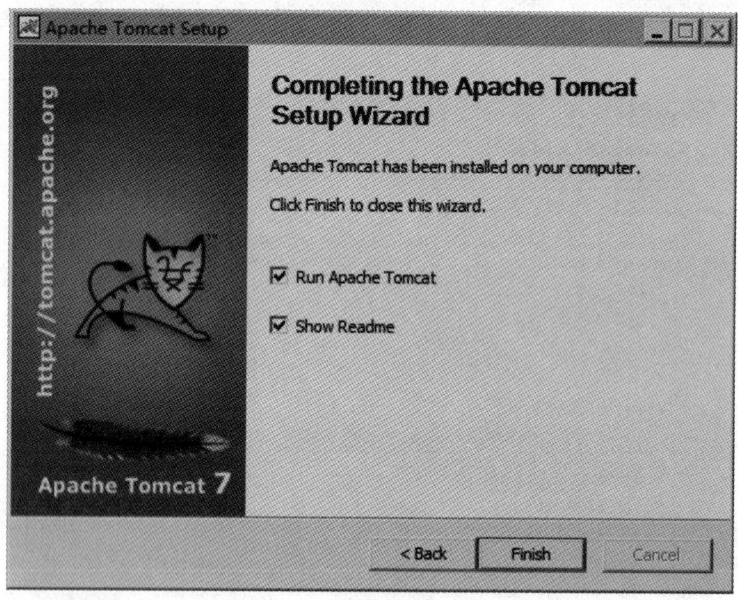

图 1.10 “完成安装”对话框

2. Tomcat 启动与停止

通过“开始”菜单→“所有程序”→“Apache Tomcat 7.0”→“Monitor Tomcat”，即可进入 Tomcat 服务的配置界面。选择“General”，点击“Start”或者“Stop”启动和停止 Tomcat 服务器。

为了在 MyEclipse 中方便项目的部署与调试，将 Tomcat 的启动方式(Startup type)设为“Manual”，如图 1.11 所示。

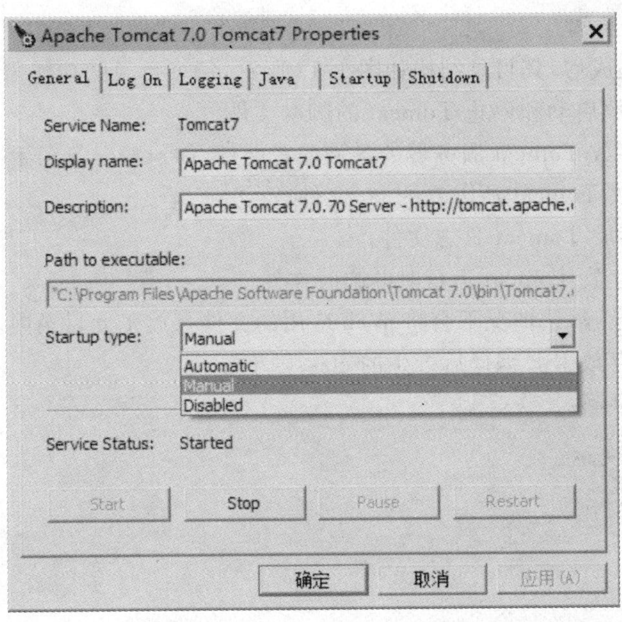

图 1.11 Tomcat 服务配置

Tomcat 成功安装和启动后，在浏览器中输入 http://127. 0. 0. 1:8080 或 http://localhost:8080，如果出现如图 1.12 所示的 Tomcat 默认主页，则表示 Tomcat 服务器安装配置成功。

如果在启动 Tomcat 的过程中出现了“Address already in use: JVM_Bind”这个错误，则解决方法有两种：一种是关闭其他正在运行的 Tomcat 程序（可能系统中已经有一个正在运行的 Tomcat 程序）；另一种解决方法就是修改 Tomcat 的端口，重新启动 Tomcat 即可。如果这时候还有其他端口冲突，按照同样的方法修改相应端口即可。

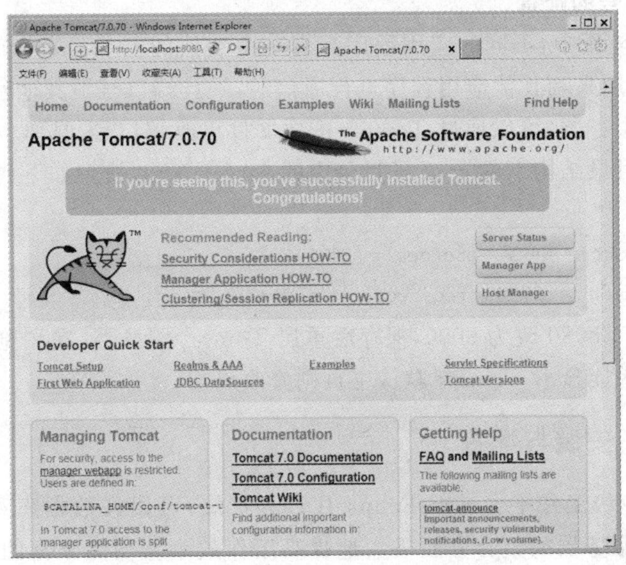

图 1.12 Tomcat 默认主页

3. Tomcat 目录结构

Tomcat 安装完成后，其目录结构如图 1.13 所示，每个目录的功能描述如下。

- bin 目录：存放启动和停止 Tomcat 的脚本文件。
- conf 目录：存放 Tomcat 服务器的各种配置文件，如 server. xml 和 context. xml 文件。
- lib 目录：存放 Tomcat 所需要的 jar 文件。
- logs 目录：存放 Tomcat 日志文件。
- temp 目录：存放 Tomcat 运行时的临时文件。
- webapps 目录：默认情况下会将 Web 应用的文件存放于此目录中。
- work 目录：存放 JSP 编译后产生的 class 文件。

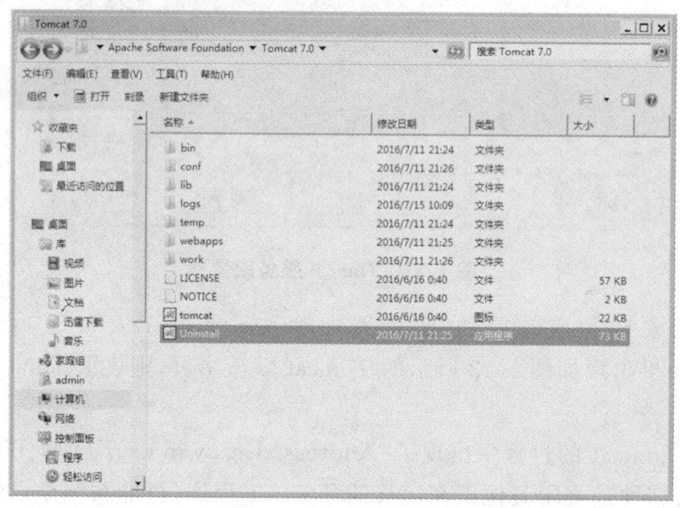

图 1.13 Tomcat 目录结构

4. Tomcat 端口号的配置

在网络环境的应用中，不同的应用程序都有一个默认的端口号，Tomcat 默认的端口号是 8080。端口号是用来和其他应用程序进行通信的，一旦端口号被其他程序占用，浏览器将无法访问 Tomcat 服务器，可以通过 Tomcat 配置文件更改端口号，具体步骤如下。

打开 Tomcat 目录结构下的 conf 子目录中的 server. xml，找到如下代码，修改默认连接端口设置。

```
<Connector port = "8080"  protocol = "HTTP/1.1 "
connectionTimeout = "20000" redirectPort = "8443 " />
```

例如将默认端口 8080 改为 9000，保存后重启 Tomcat 服务器，在浏览器中输入 http://localhost:9000，如果能显示 Tomcat 默认主页则修改成功。

1.3.2 MyElipse 安装与配置

MyEclipse 企业级工作平台是对 EclipseIDE 的扩展，可以在数据库和 JavaEE 的开发、发布以及应用程序服务器的整合方面极大地提高工作效率。功能丰富的 JavaEE 集成开发环境，包括了编码、调试、测试和发布功能，完整支持 HTML，Struts，JSP，CSS，Javascript，SQL，Hibernate 和 Spring 等开发。可以从 MyEclipse 官网(https://www. genuitec. com/

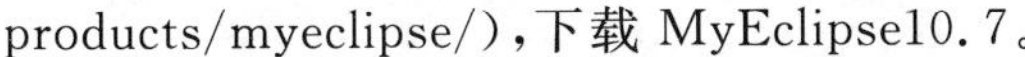

products/myeclipse/)，下载 MyEclipse10.7。

1. MyEclipse 安装

MyEclipse10.7 包下载以后，详细安装步骤如下。

(1)运行安装程序，出现如图 1.14 所示的安装向导界面，单击【Next】按钮继续安装。

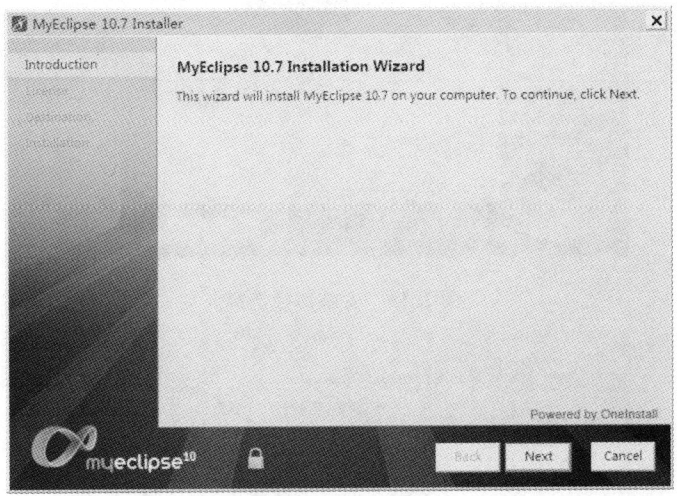

图 1.14　MyEclipse10 安装向导

(2)接受安装协议，选中“I accept the terms of the license agreement”单选框，如图 1.15 所示。单击【Next】按钮继续安装。

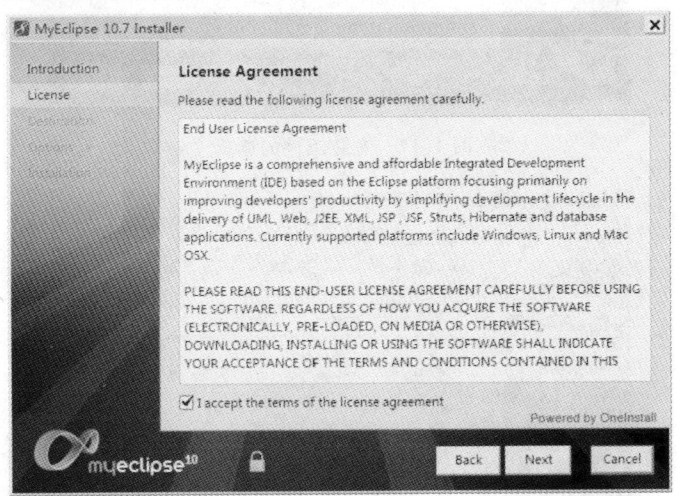

图 1.15　接受安装协议

(3)设置安装路径，单击【Change】按钮，选择安装路径(本例为 C:\MyEclipse)，如图 1.16所示，安装路径文件夹最好不要用中文路径。如果使用默认选项的话，直接单击【Next】按钮继续安装。

(4)选择要安装的组件，如图 1.17 所示，选中“Customize optional software”进行定制安装，如图 1.1.8 所示。否则将安装所有组件，单击【Next】按钮继续安装。

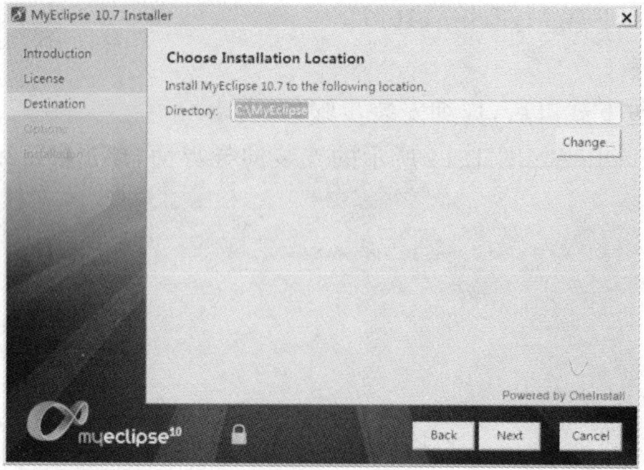

图 1.16　安装路径选择

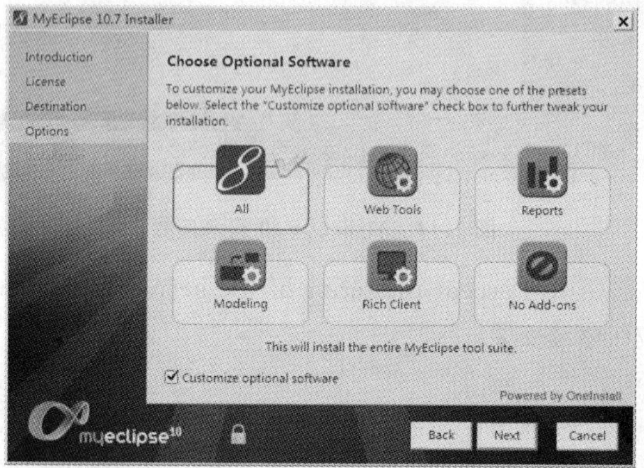

图 1.17　安装组件的选择

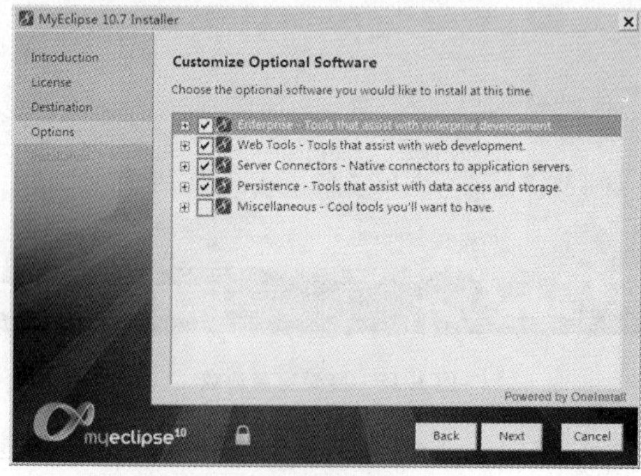

图 1.18　选择安装的组件

(5)选择 JDK,JRE 版本,如果系统是 64 位,会出现如图 1.19 所示的选项,根据需要选择 32bit 或 64bit,单击【Next】按钮继续安装。

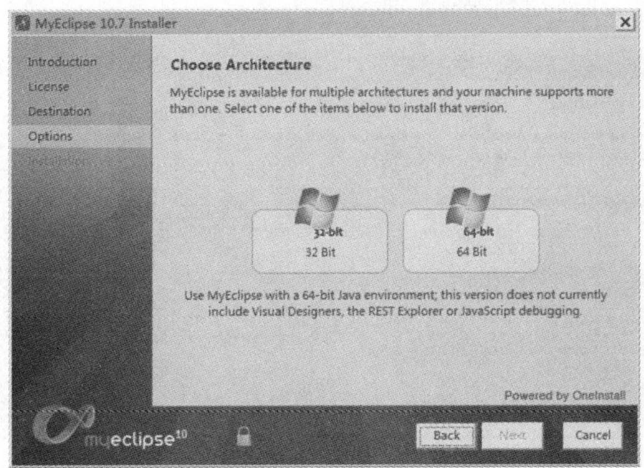

图 1.19　选择安装包

(6)启动安装如图 1.20 所示,安装完成如图 1.21 所示。单击【Finish】按钮完成安装。

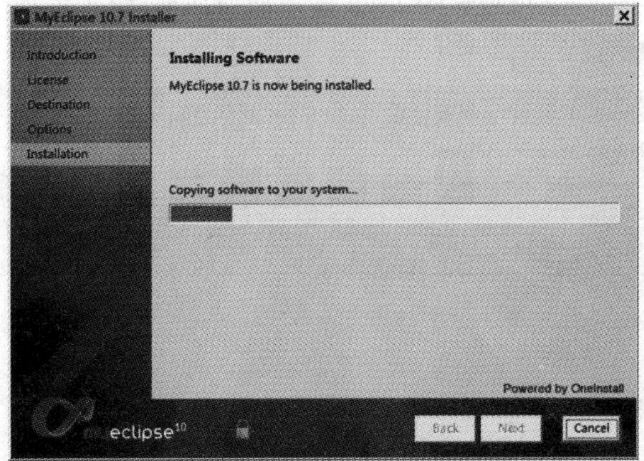

图 1.20　启动安装界面

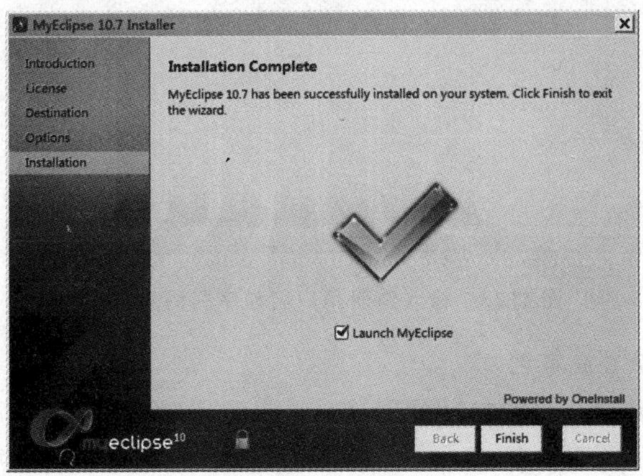

图 1.21　安装完成界面

2. 配置 MyEclipse10

(1)启动 MyEclipse,设置工作空间,用来存放项目的文件夹,如图 1.22 所示。通过【Browse】

按钮选择需要的路径和文件夹。

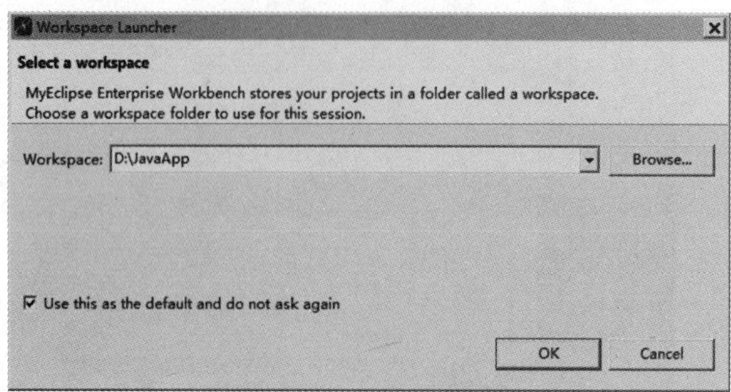

图 1.22 设置工作空间

(2)MyEclipse 启动成功后,在 MyEclipse 主界面的菜单栏中单击“MyEclipse”菜单→选择“subscription information”出现如图 1.23 所示的对话框,输入有效的注册用户名和注册序列码,单击【Finish】结束。

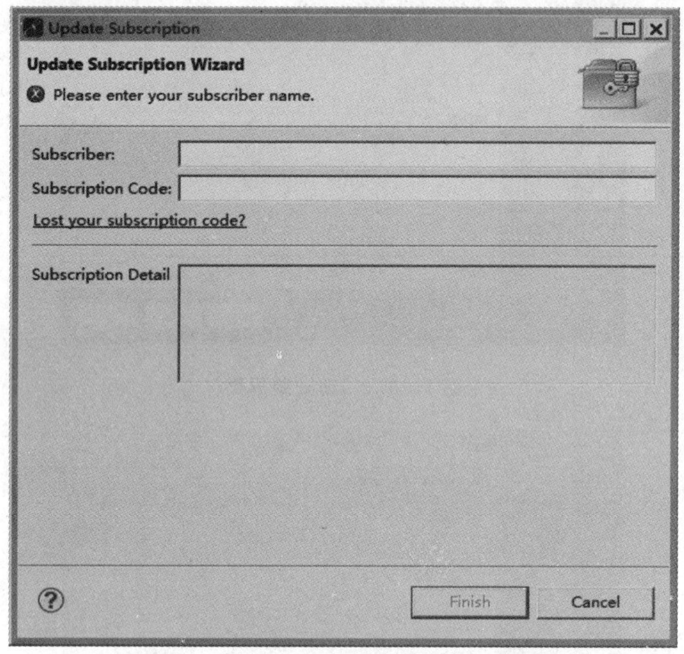

图 1.23 输入注册用户名和序列码对话框

(3)集成 Tomcat7.0 服务器

菜单栏中选择“Window(窗口)”→“Preferences(首选项)”→“MyEclipse”→“Servers”→“Tomcat”→“Tomcat7.x”→将 Tomcat Server 设置为“Enable”,并将“Tomcat Home Directory”设置为 Tomcat7.0 的安装目录,如图 1.24 所示,其他目录选项将会自动生成。选择“JDK”→在“Tomcat JDK name”下拉列表中选择之前安装的 JDK。

接着为 Tomcat 设置 JDK,“选择 Tomcat7.x”→“JDK”→在“Tomcat JDK name”下拉列表中选择之前安装的 JDK,如图 1.25 所示。最后点击【OK】就完成配置。

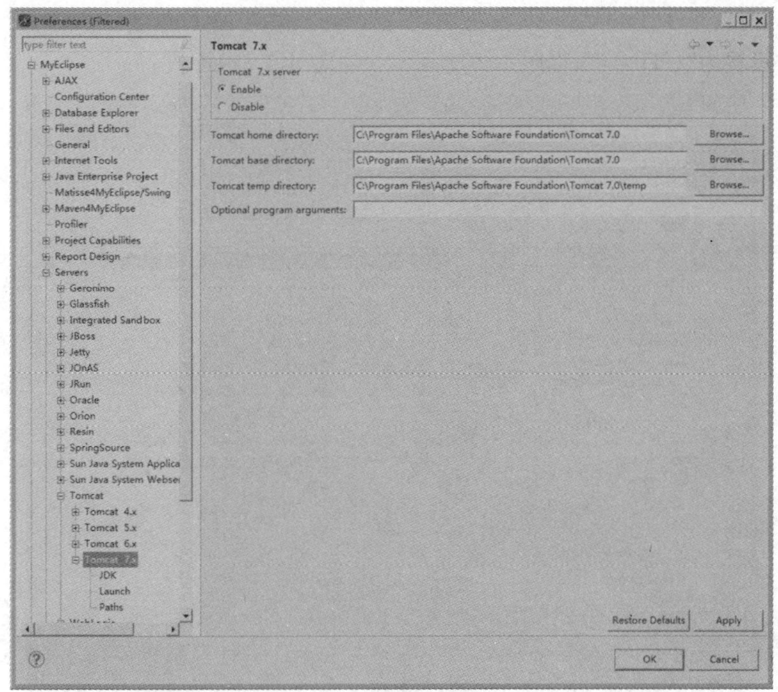

图 1.24　Tomcat7.0 设置

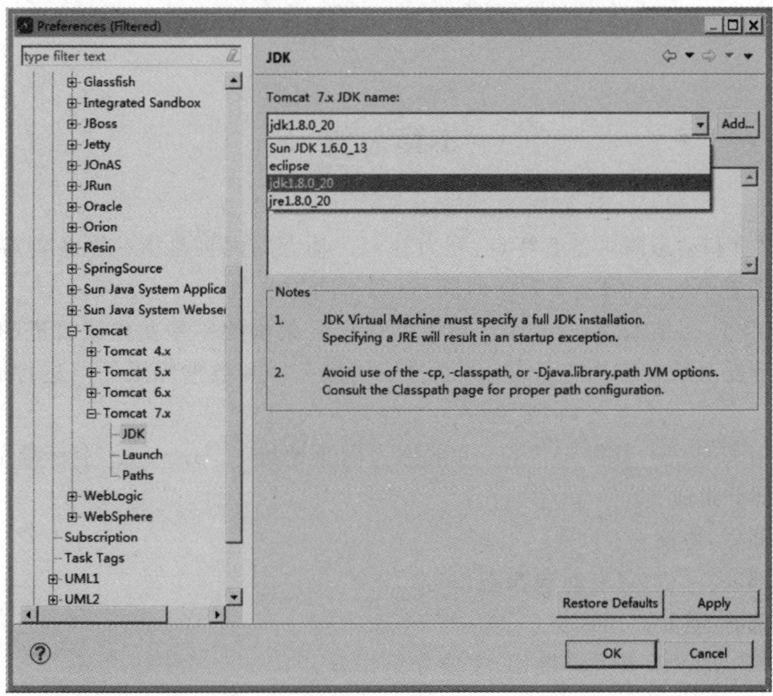

图 1.25　设置 Tomcat7.0 的 JDK

(4)JSP 页面编码的设置

为了方便处理 JSP 页面中文乱码,统一将 JSP 页面编码设置为“UTF－8”,步骤为:菜单栏中选择“Window(窗口)”→“Preferences(首选项)”→“MyEclipse”→“Files and Editors”→“JSP”→将JSP Encoding设置为“UTF－8”,如图1.26所示。点击【OK】完成配置。

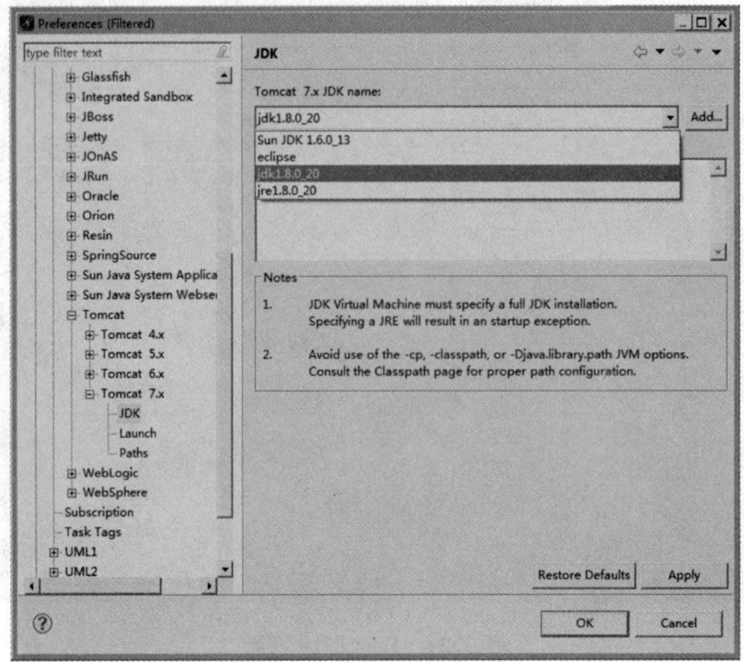

图1.26 设置JDK页面的编码

本章总结

➢ 静态网页和动态网页各有特点，互为补充。动态的网页是指在服务器端运行的程序或者网页，会随着不同的客户、不同的时间，返回不同的内容。

➢ 随着Internet技术的兴起，B/S架构是对C/S架构的一种变化或改进的结构。在这种结构下，程序完全放在应用服务器上，通过应用服务器和数据库服务器进行通信，存取数据资源。

➢ URL意思是统一资源定位符，也被称为网页地址，是Internet中标准的资源地址，URL由三个部分组成。

(1)第一部分：协议。

(2)第二部分：主机名(有时包含端口号)。

(3)第三部分：路径。

➢ 在搭建JavaWeb开发环境中，主要介绍如下。

(1)Tomcat7.0安装与配置。

(2)MyEclipse10安装与配置。

习题

一、选择题

1. 如果做动态网站的开发,( )可以作为服务器端脚本语言。

A. HTML　　B. JSP　　C. JavaScript　　D. Java

2. 在以下选项中,( )是正确的 URL。

A. http://www. linkwan. com. cn/talk/alk1. html

B. ftp://ftp. linkwan. com

C. www. baidu. com

D. /news/welcome. html

3. 在静态 Web 页面中,下面说法错误的是( )。

A. 在静态 Web 页面中可以插入 GIF 动画图片

B. 在静态 Web 页面中可以插入 JavaScript 代码

C. 在静态 Web 页面中可以执行 Java 片段代码

D. 在静态 Web 页面中可以插入 Flash 动画

4. Tomcat 服务器的默认端口号是( )。

A. 80　　B. 8080　　C. 21　　D. 2121

5. 当多个用户请求同一个 JSP 页面时,Tomcat 服务器为每个客户启动一个( )。

A. 进程　　B. 线程　　C. 程序　　D. 服务

6. 不是 JSP 运行必须的是( )。

A. 操作系统　　B. Java JDK

C. 支持 JSP 的 Web 服务器　　D. 数据库

二、简答题

1. 简述静态网页和动态网页主要区别。

2. 简述 B/S 结构的工作原理。

3. 简述 Web 开发的主流技术有哪些。

4. 简述 Tomcat 的目录结构。

三、实训题

1. 搭建 JDK7+Tomcat7+MyEclipse10+SQL Serve2008 的 Java Web 开发环境。

2. 将 Tomcat7 默认端口 8080 改为 9000,保存后重启 Tomcat 服务器,在浏览器中输入 http://localhost:9000,测试 Tomcat 端口是否修改成功。

第 2 章
贯穿项目 iNews 新闻在线系统

本章工作任务

- 熟悉 iNews 系统的需求与设计
- 配置并运行 iNews 系统
- 熟练操作 iNews 系统

本章知识目标

- 理解 iNews 系统的设计思想
- 熟悉 iNews 系统的架构设计
- 熟悉 iNews 系统的数据库设计
- 熟悉 iNews 系统的详细设计

本章技能目标

- 熟练部署并运行 JavaWeb 应用系统
- 熟练操作 iNews 系统

本章重点难点

- iNews 系统的需求
- iNews 系统的架构设计
- 配置并运行 iNews 系统

本章将介绍本教程的贯穿项目案例：新闻在线系统（简称 iNews 系统），iNews 系统几乎贯穿每一章，利用各章所学的技能来实现该系统的功能并优化已有的功能，课程完成后将得到一个完整的项目案例。下面将详细介绍本系统的需求分析、三层架构设计、数据库设计与实现以及系统的部署、运行。

2.1　新闻在线系统需求

2.1.1　新闻主题管理

主题管理模块主要涉及新闻主题的显示、添加、修改和删除。管理员登录后，可以对新闻主题列表中的新闻主题进行添加、修改和删除。普通用户访问新闻系统首页，可以看到固定主题的新闻标题和所有新闻主题，同时可以选择某一主题，查看该主题下的所有新闻。新闻在线系统首页如图 2.1 所示。

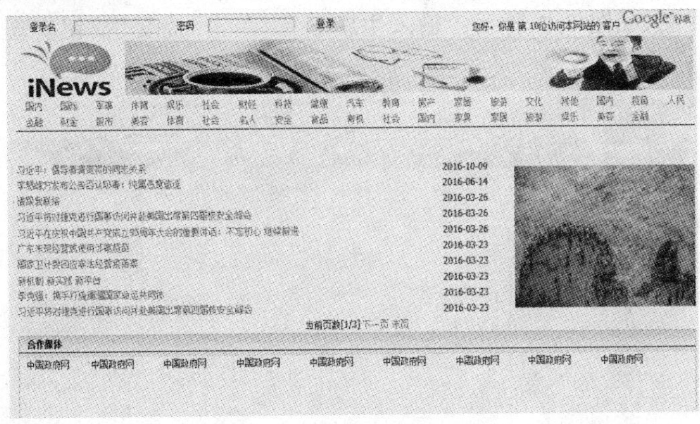

图 2.1　新闻发布系统首页

1. 添加新闻主题

管理员登录后可以添加新闻主题（类似于新闻分类）。添加新闻主题给出主题名即可。保存时，如果该主题已经存在，给出相应提示信息，如图 2.2 所示；否则保存成功，跳转至主题列表页面，如图 2.3 所示。

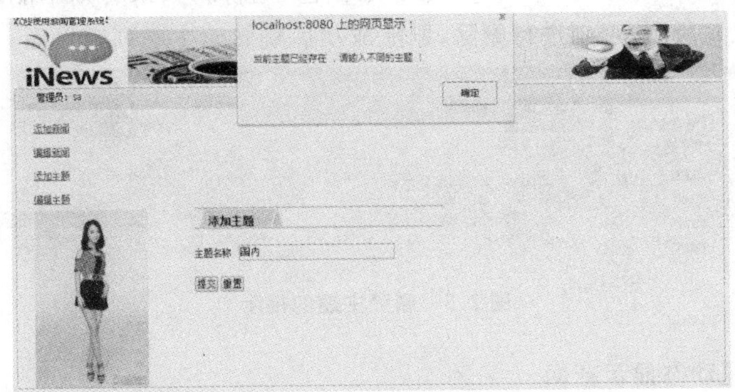

图 2.2　添加新闻主题页面

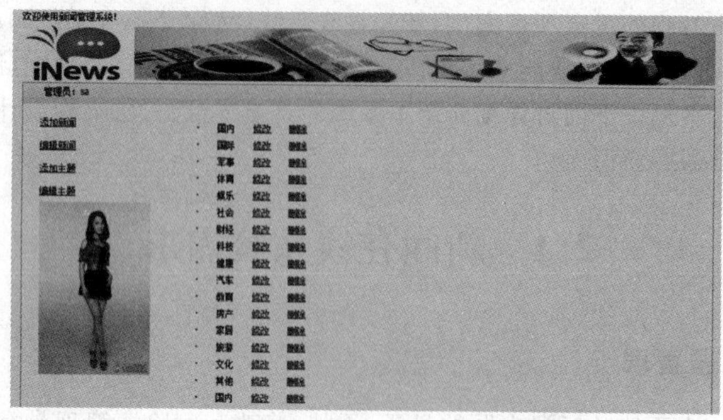

图 2.3　主题列表页面

2. 修改新闻主题

管理员登录后可以修改新闻主题。在主题列表中，选择某一项主题后的“修改”超链接，跳转至修改主题页面，如图 2.4 所示。输入主题名称，单击“提交”按钮实现主题的修改并跳转至主题列表页面。

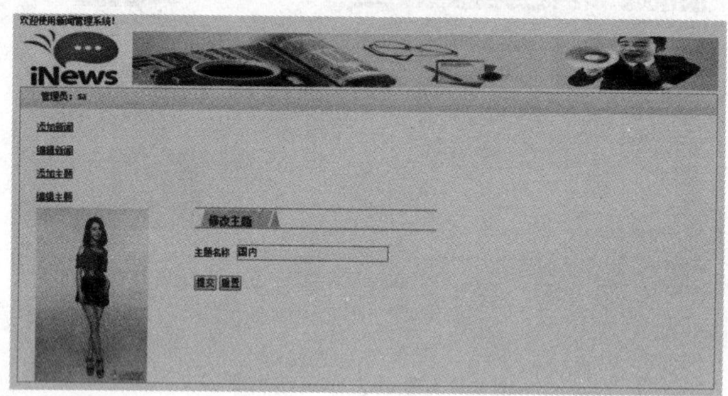

图 2.4　修改主题页面

3. 删除新闻主题

管理员登录后可以删除新闻主题。删除新闻主题时，需要给出是否确定删除的提示，如图 2.5 所示。确定删除后还要判断该主题下是否包含新闻，如果有则不能删除并给出相应提示信息，如图 2.6 所示；否则进行删除，删除成功后跳转至主题列表页面。

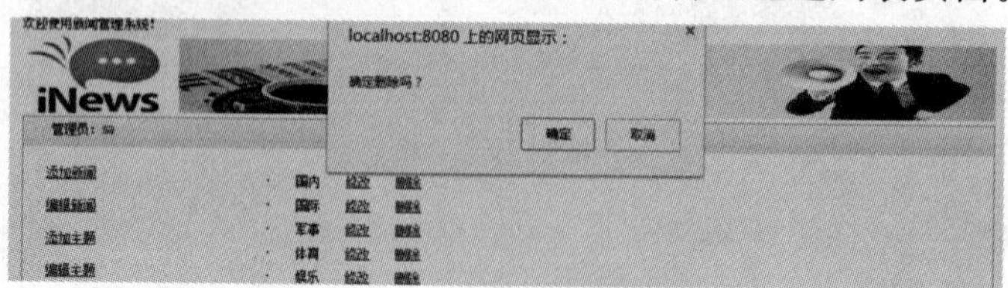

图 2.5　删除主题的提示

4. 首页按主题动态显示新闻

用户访问首页时，可以看到最新的新闻列表，如图 2.7 所示。当选择某一新闻主题时，则显示该主题的新闻，如图 2.8 所示。

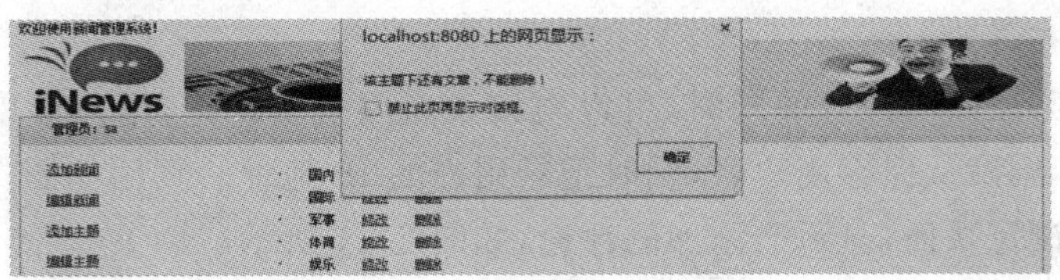

图 2.6　删除主题失败的提示

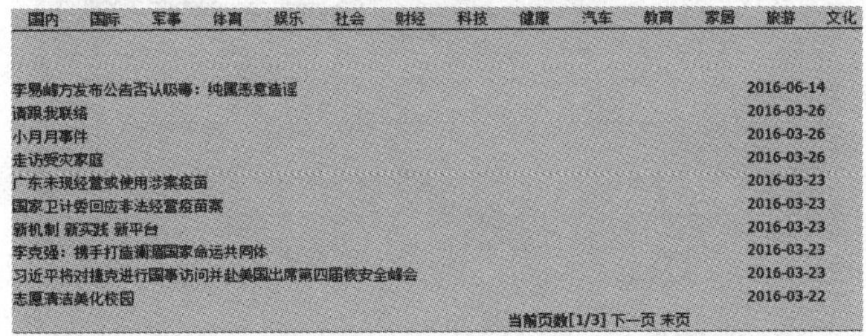

图 2.7　查看新闻列表

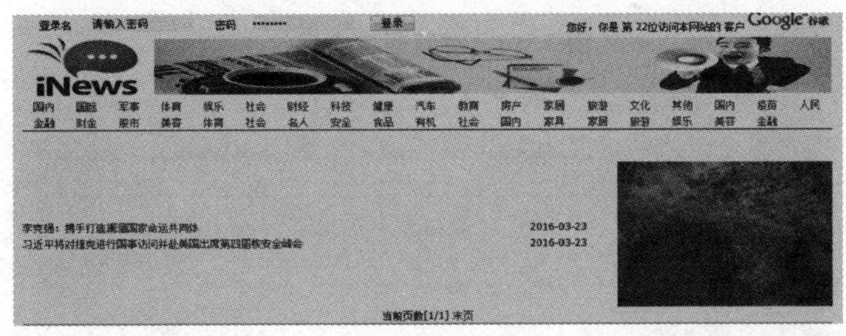

图 2.8　查看特定主题的新闻列表

2.1.2　新闻评论管理

1. 单条新闻显示

用户单击新闻列表中的某一条新闻标题后，进入新闻浏览页面，显示新闻的具体内容及新闻评论，页面如图 2.9 所示。如果此条新闻没有新闻评论，则显示“暂无评论”。

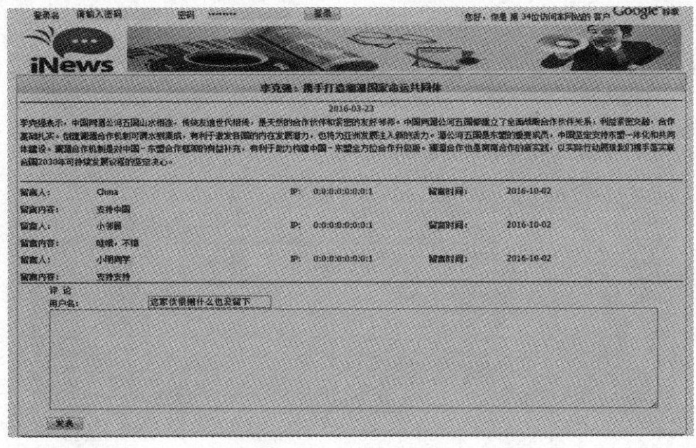

图 2.9　新闻内容显示

2. 对新闻发布评论

用户在浏览某条新闻内容的同时，可以对该条新闻发表评论，用户可以匿名发表评论，如果是登录用户，则默认保存用户名，同时记录用户的 IP 地址。页面如图 2.10 所示。添加评论后返回新闻浏览页面，显示已添加的评论，如图 2.11 所示。

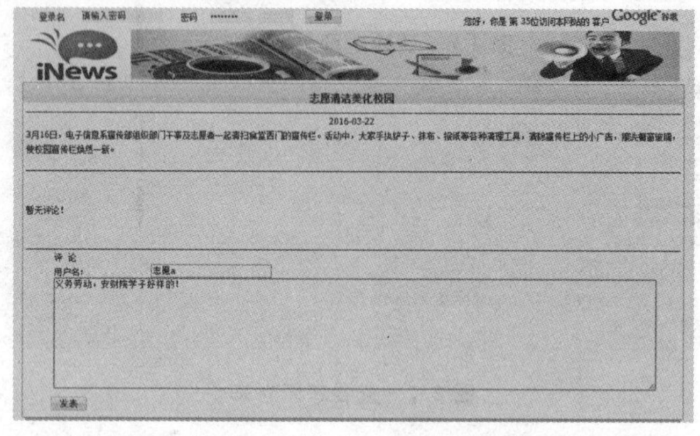

图 2.10　对新闻发表评论

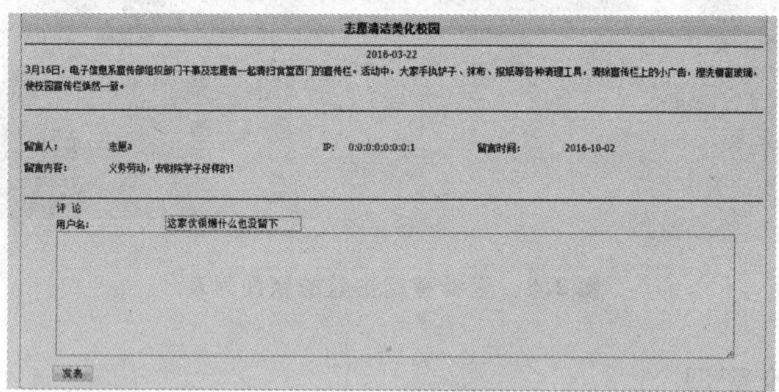

图 2.11　添加评论

2.1.3　新闻管理

新闻管理模块主要涉及新闻的显示、添加、修改和删除。

管理员登录后，进入新闻管理页面，如图 2.12 所示，可以对新闻进行添加、修改和删除。

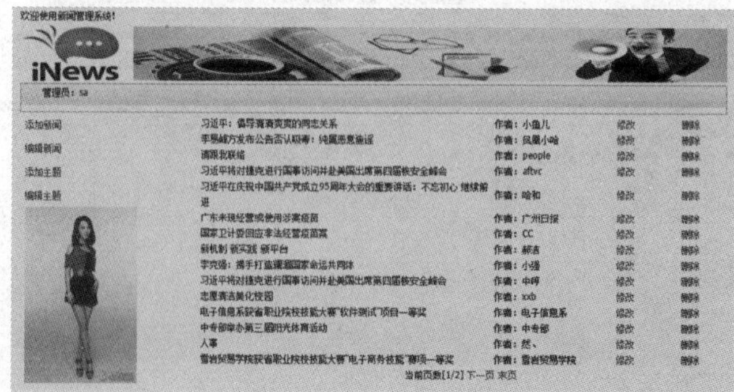

图 2.12　新闻管理页面

1. 添加新闻

管理员在发布新闻时，可以同时实现新闻图片的上传。添加新闻页面如图 2.13 所示。

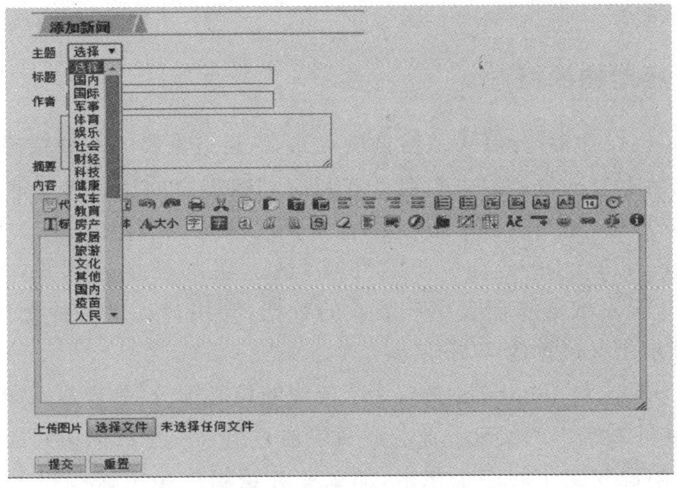

图 2.13 添加新闻页面

2. 编辑新闻

在新闻管理页面中，选择某一条新闻，单击“修改”超链接后，在新闻编辑页面显示此条新闻内容。编辑新闻页面如图 2.14 所示。编辑好新闻内容后，单击【提交】按钮更新此条新闻。

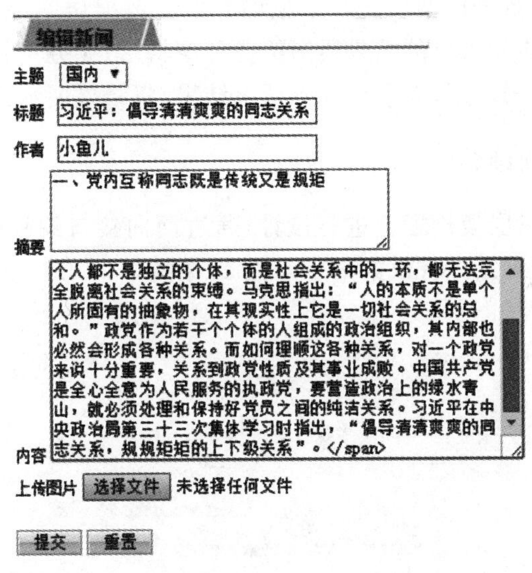

图 2.14 编辑新闻页面

3. 删除新闻

管理员登录后进入新闻管理页面，在该页面管理员可删除某条新闻。删除新闻时，需要给出是否确定删除的提示，确定删除后还要判断该新闻下是否包含评论。如果有则先删除评论，再删除该新闻，删除成功后停留此页面。

2.2 新闻在线系统架构

2.2.1 软件三层架构的概念

在软件体系架构设计中,分层式结构是最常见,也是最重要的一种结构。分层式结构一般分为三层,从上至下分别为:表示层、业务逻辑层和数据访问层。分层的目的是为了实现"高内聚低耦合"的思想,层的内部是高内聚,层与层之间是低耦合。

表示层(Presentation Layer):位于最外层(最上层),最接近用户,又称为 UI(User Interface)层。用于显示数据和接收用户输入的数据,为用户提供一种交互式操作的界面。在 B/S 系统中,表示层又可称为 Web 层。

业务逻辑层(Business Logic Layer):系统架构的核心部分,是现实问题域中的业务规则和业务流程等在软件系统中的实现。业务逻辑层通过组合一些数据访问层的操作来实现系统的业务逻辑,如果说数据访问层是积木,那么业务逻辑层是由这些积木按照业务规则搭建的。

数据访问层(Data access layer):有时候也称为持久层,其功能主要是负责数据库的访问,可以访问数据库系统、二进制文件、文本文档或是 XML 文档。

在三层架构中,各层之间相互依赖。表示层依赖于业务逻辑层、业务逻辑层依赖于数据访问层。表示层根据用户的操作,将请求提交给业务逻辑层;业务逻辑层根据用户请求执行相应的业务逻辑,并通过数据访问层进行数据的存取。数据访问层收到业务逻辑层的调用后,直接访问数据库,把访问得到的结果通知给业务逻辑层;业务逻辑层得到结果,对其进行处理,然后将结果通知给表现层;表示层收到请求结果,将结果展示给用户。

2.2.2 新闻在线系统结构

新闻在线系统采用三层架构思想进行设计,通过面向接口编程的方法进一步降低层间耦合,各层之间通过实体对象进行数据交互,其系统结构如图 2.15 所示。

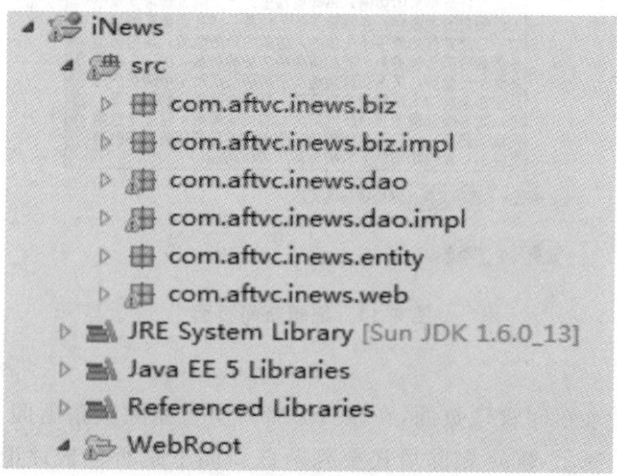

图 2.15 新闻在线系统结构

(1)数据访问层

数据访问层的 Java 对象存放在 dao(data access object)包中。

· com. aftvc. inews. dao 包:存放数据层操作的接口。

· com. aftvc. inews. dao. impl 包:存放数据库操作实现类。

(2)业务逻辑层

业务逻辑层的 Java 对象存放在 biz(business)包中。

· com. aftvc. inews. biz 包:存放业务逻辑接口。

· com. aftvc. inews. biz. impl 包:存放业务逻辑实现类。

(3)表示层

表示层(Web 层)分为控制器和视图,控制器存放在 web 包中,视图相关元素存放在 WebRoot 目录中。

· com. aftvc. inews. web 包:存放 Servlet 类,作为表示层的控制器,用于处理用户交互的部分。控制器负责从视图读取数据,控制用户输入,并负责与业务逻辑层交互。

· WebRoot 目录结构,如图 2. 16 所示,是用户和系统进行交互的界面,也称作表示层的视图。

图 2. 16　WebRoot 目录结构

· WebRoot 目录结构中每个包和文件的含义如下。

css:存放页面样式文件。

images:存放图页面片文件。

js:存放 JavaScript 文件。

newspages:存放新闻页面。

upload:存放上传到系统的文件。

index. jsp:系统首页。

(4)实体类

· com. aftvc. inews. entity 包:存放实体类,实体类是一个简单的 JavaBean,用于封装从数据库中查询的记录或来自表示层的数据是各层之间的数据交互的载体。

2.3 新闻在线系统数据库设计

2.3.1 数据库的实体—关系图

根据系统的需求分析，新闻在线系统实体关系如图 2.17 所示，其中 News 表示新闻，Topic 表示新闻的主题，Comments 表示新闻的评论，News_Users 表示系统用户。

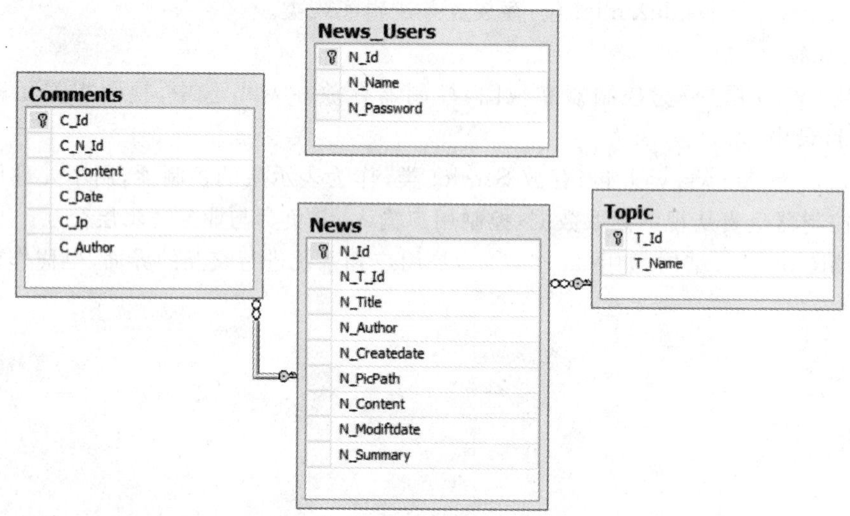

图 2.17　数据库实体关系图

2.3.2 数据库表的设计

由实体关系导出的数据库表如表 2-1～2-4 所示。

表 2-1　News 表

字段名	数据类型	说明	是否为空	备注
N_Id	int	id	否	主键，自增 1
N_T_Id	int	主题 id	否	
N_Title	varchar(500)	标题	否	
N_Author	varchar(50)	作者	否	
N_Createdate	datetime	创建时间	否	默认当前时间
N_PicPath	varchar(100)	图片路径		
N_Content	text	新闻内容	否	
N_Modiftdate	datetime	修改时间		
N_Summary	varchar(4000)	摘要		

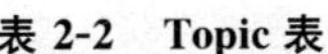

表 2-2 Topic 表

字段名	数据类型	说明	是否为空	备注
T_Id	int	id	否	主键,自增 1
T_Name	varchar(20)	主题名称	否	

表 2-3 News—Users 表

字段名	数据类型	说明	是否为空	备注
N_Id	int	id	否	主键,自增 1
N_Name	varchar(50)	用户名	否	
N_Password	varchar(50)	密码	否	

表 2-4 Comments 表

字段名	数据类型	说明	是否为空	备注
C_Id	int	id	否	主键,自增 1
C_N_Id	int	新闻 id	否	
C_Content	varchar(3000)	评论内容	否	
C_Date	datetime	评论时间	否	
C_Ip	varchar(100)	ip 地址		
C_Author	varchar(100)	评论者	否	

2.4 新闻在线系统部署

为了运行新闻在线系统,首先要将部署到运行环境中去,下面给出 Web 应用的部署方法。首先介绍如何将现有的项目导入到 MyEclipse 10 中,然后介绍如何通过 MyEclipse 10 来部署项目。

(1)将新闻在线系统 iNews 拷贝到项目空间文件夹中,然后启动 MyEclipse 10。

(2)打开"File"菜单→选择"import"打开导入对话框,如图 2.18 所示,选择"Existing Projects into Workspace"文件夹,点击【Next】继续。

(3)在导入项目对话框中,如图 2.19 所示,点击【Browse】按钮,选择工作空间文件夹中的 iNews,点击【Finish】将项目导入到 MyEclipse 10 中。

(4)在工具栏单击图标,出现项目部署对话框,如图 2.20 所示,选中需要部署的项目,如"iNews"系统,点击【Add】,出现如图 2.21 所示的对话框,选择要部署的服务器,选择"MyEclipse Tomcat",点击【Finish】,显示部署结果对话框,图 2.22 显示部署成功,点击【OK】完成部署。

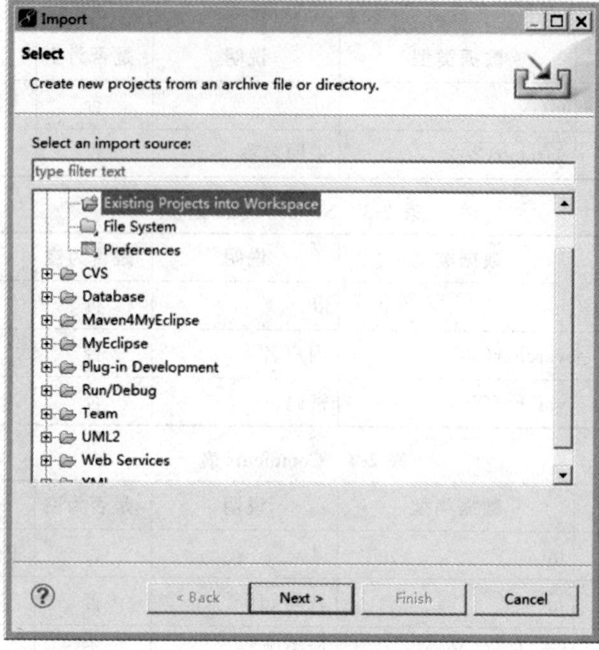

图 2.18　导入对话框

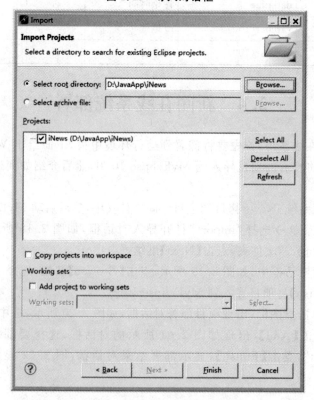

图 2.19　导入项目对话框

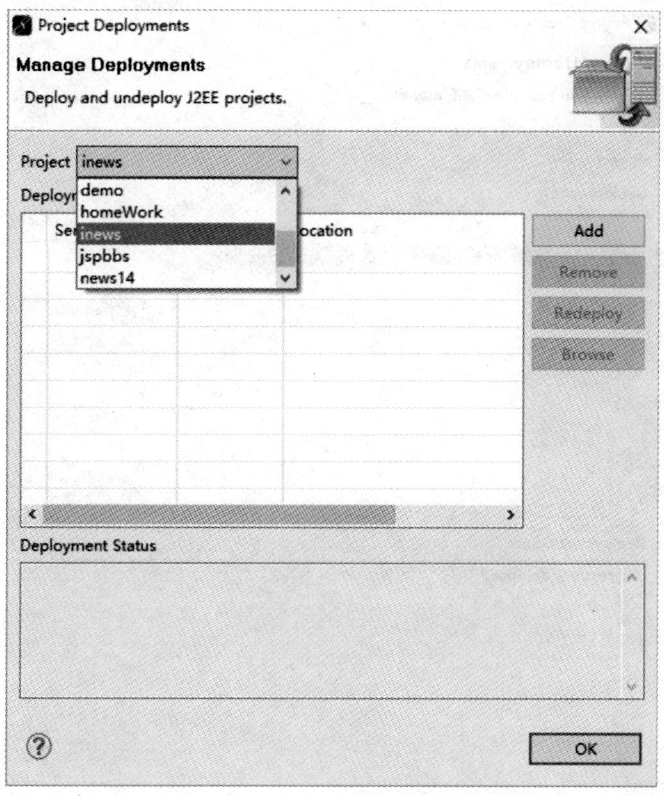

图 2.20　项目部署对话框(1)

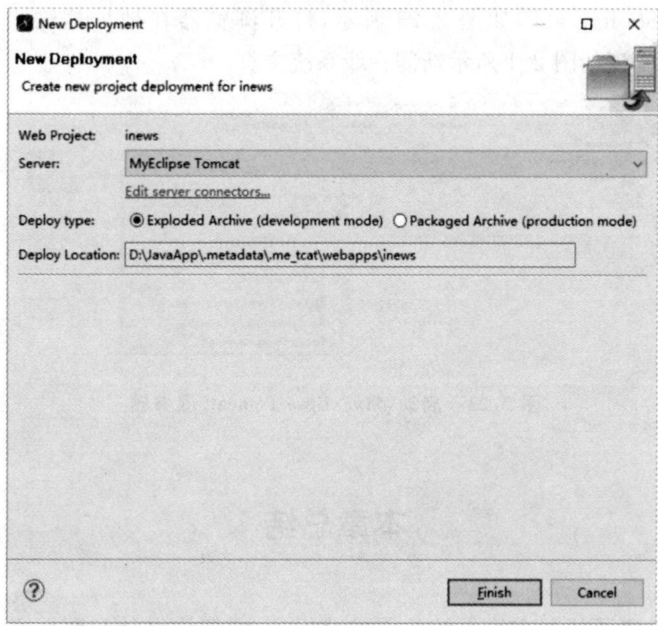

图 2.21　项目部署对话框(2)

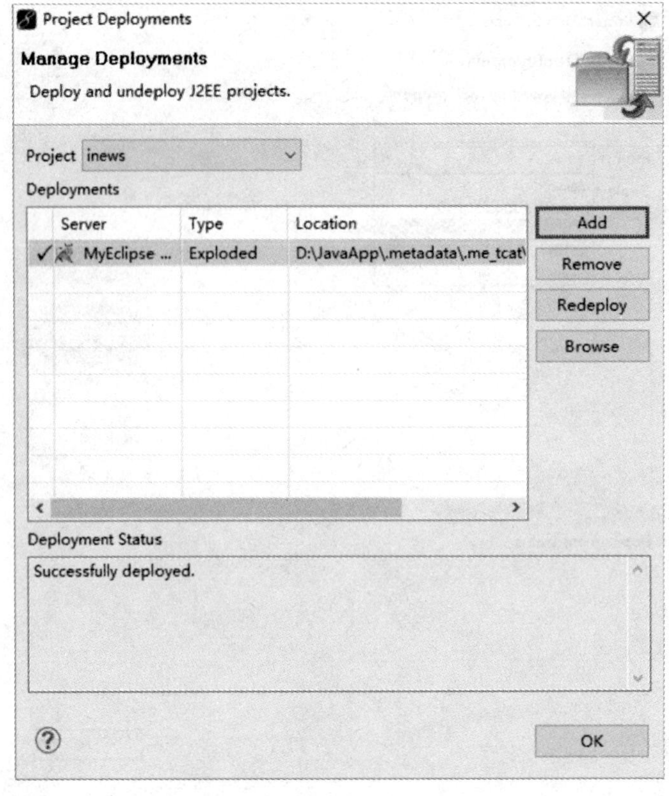

图 2.22 项目部署对话框(3)

启动"MyEclipse Tomcat",如图 2.23 所示,打开浏览器在地址栏输入 http://localhost:8080/iNews/,即可出现如图 2.1 所示新闻在线系统主页。

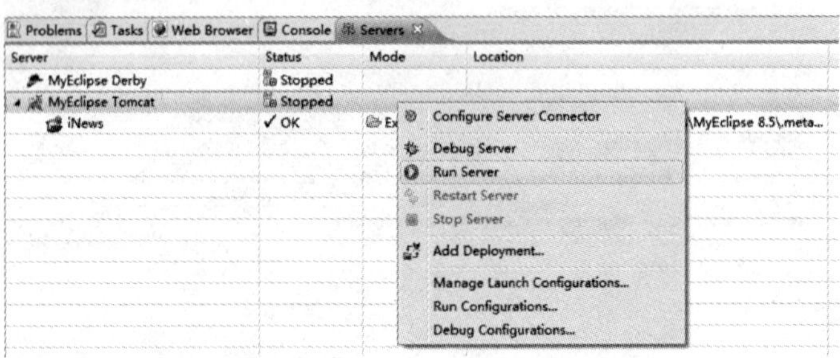

图 2.23 启动"MyEclipse Tomcat"服务器

本章总结

➢ 本章详细介绍了新闻在线系统的需求分析、系统架构设计和数据库设计与实现,并介绍了 Java Web 应用程序的部署。本教程后续部分以新闻在线系统作为项目案例,贯穿教学过程,做到教、学、做一体化。

➢ 新闻在线系统在性能功能上应达到如下需求:操作简单、界面友好、完全框架式的页面布局，使得新闻的录入工作更简便，许多选项包括新闻分类、新闻列表和新闻出处等只需要点击鼠标就可以完成。对常见网站的新闻管理的各个方面：如，新闻录入、浏览、删除和修改等都进行实现，满足网站对新闻的管理要求。

➢ 三层模式是软件架构中最常见的一种分层模式，三层架构具体划分如下。

(1)表示层：用于用户展示和交互。

(2)业务逻辑层：提供对业务逻辑处理的封装。

(3)数据访问层：实现对数据的保存和读取操作。

➢ 搭建三层架构基本框架如下。

(1)搭建表示层。

(2)搭建业务逻辑层。

(3)搭建数据库访问层。

➢ 分层开发的优势如下。

(1)职责划分明确。

(2)无损替换。

(3)复用代码。

(4)降低系统内部的依赖程度。

习题

一、实训题

1. 部署并运行 iNews 系统。

2. 熟练操作 iNews 系统并熟悉系统需求。

第3章
JSP 技术基础

本章工作任务

- 使用 MyEclipse 创建 Java Web 项目
- 编写简单 JSP 程序
- 创建 iNews 项目及架构

本章知识目标

- 理解 JSP 的执行过程
- 掌握 JSP 页面组成元素
- 掌握 JSP 的脚本元素:声明、表达式和脚本程序的使用

本章技能目标

- 掌握 Java Web 项目的创建、部署和发布
- 会编写简单的 JSP 程序
- 会进行常见错误分析

本章重点难点

- JSP 页面组成元素
- JSP 中 Page 指令、Include 指令的使用
- 创建 Java Web 项目

在第一章中，了解了动态网页开发的基础、B/S 架构与 C/S 架构的区别，并且深入了解了 B/S 架构开发技术，以及 B/S 架构技术的特点。另外，通过对 Tomcat 的学习，掌握了 Tomcat 服务器以及 MyEclipse 的基本配置。本章将学习 JSP 的基本概念、JSP 页面的创建过程、JSP 的执行过程及使用集成开发工具创建和部署 Java Web 应用。

3.1　使用 MyEclipse 创建 Java Web 项目

3.1.1　创建 Web 项目

在 MyEclipse 中创建 Web 项目共涉及以下两个步骤。

(1)创建新项目，执行“File”→“New”→“Web Project”命令，如图 3.1 所示。

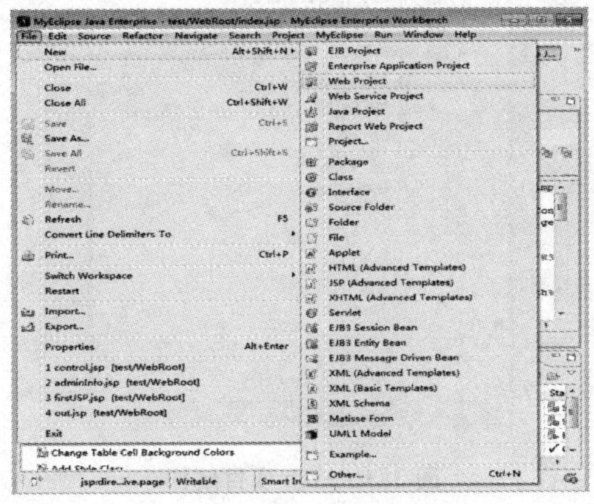

图 3.1　创建 Web 项目

(2)在弹出的对话框中为新项目命名，此处命名为“iNews”。注意 Context root URL 选项中的默认值与项目名称相同，也可以根据需要进行修改。然后单击【Finish】按钮，完成新项目的创建，如图 3.2 所示。

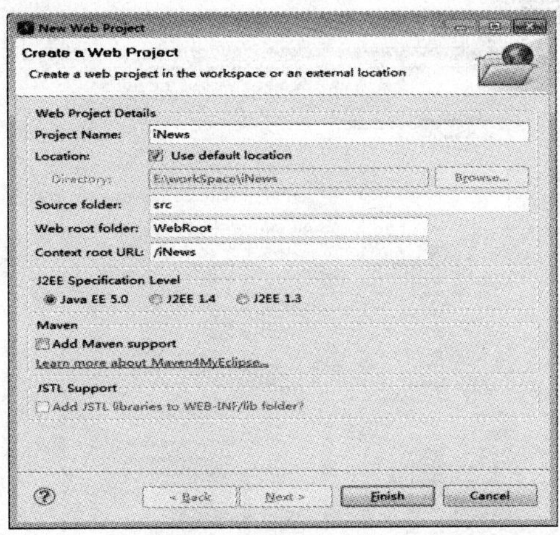

图 3.2　配置 Web 项目

现在可以在 MyEclipse 的“Package Explore”(包资源管理器)中看到刚才新建的 Web 项目了,是工具自动生成的,如图 3.3 所示。其中,src 目录中可以存放 Java 源代码,WebRoot 代表项目站点的根路径,META－INF 相当于一个信息包,用于配置应用程序、扩展程序、类加载器。WEB－INF 目录中有一个 lib 子目录和一个 web. xml 文件,lib 子目录存放应用程序所使用的各种资源(如:系统运行需要的外部 JAR 文件),web. xml 文件是系统运行配置文件。WEB－INF 目录及其子目录对客户端(浏览器)都是不可以直接访问的,一般将不允许客户端直接访问的资源存放在该目录下。请参见 2.2 节新闻在线系统结构来设置系统架构。

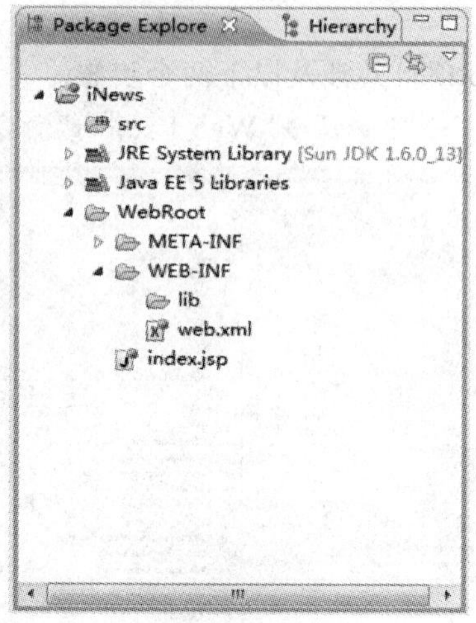

图 3.3　Web 项目结构

3.1.2　创建 JSP 页面

使用 MyEclipse 创建一个 JSP 页面的步骤如下。

(1)首先,创建一个 JSP 文件。右击“WebRoot”选项,在弹出的快捷菜单中选择“New”→“JSP”选项,如图 3.4 所示。

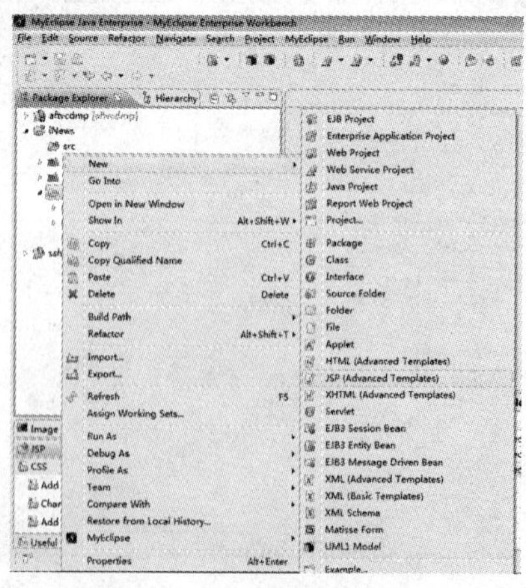

图 3.4　创建 JSP 文件

(2)在新弹出的对话框中输入文件路径及文件名称,如图 3.5 所示。

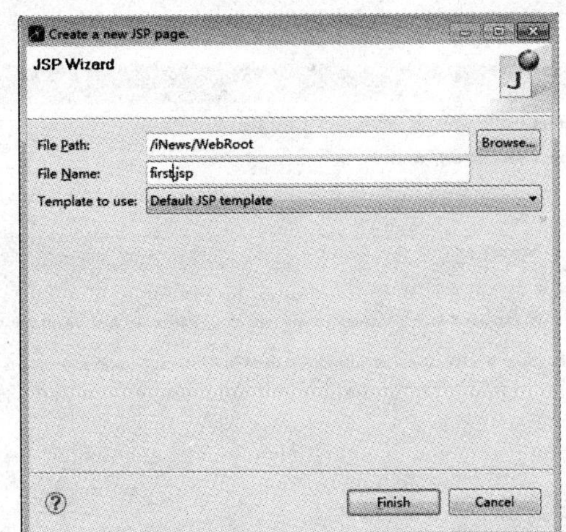

图 3.5 输入文件路径及文件名称

(3)单击【Finish】按钮,完成 JSP 页面的创建。

(4)打开 first.jsp 文件,在 body 部分输入 Hello JSP World! 字符。

```
<body>
Hello JSP World! <br>
</body>
```

3.1.3 部署并运行 Web 项目

1. Web 项目部署

(1)单击菜单栏中的部署图标。

(2)在弹出的对话框中选择需要部署的项目,如图 3.6 所示。

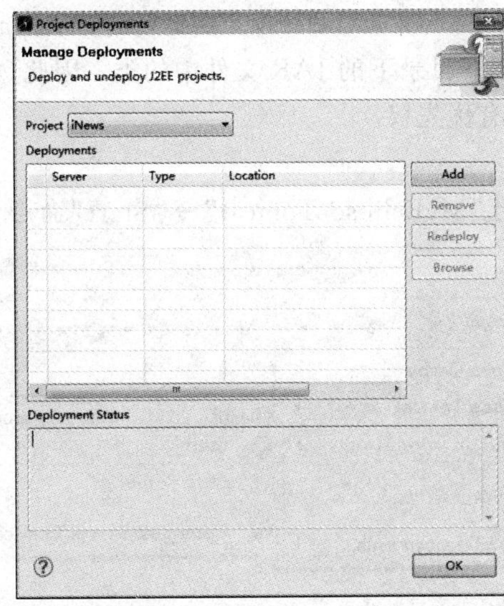

图 3.6 部署 Web 项目(一)

(3)单击【Add】按钮,在弹出的对话框中,选择 Server 为系统中安装的 Tomcat 7.x,然后单击【Finish】按钮,如图 3.7 所示。

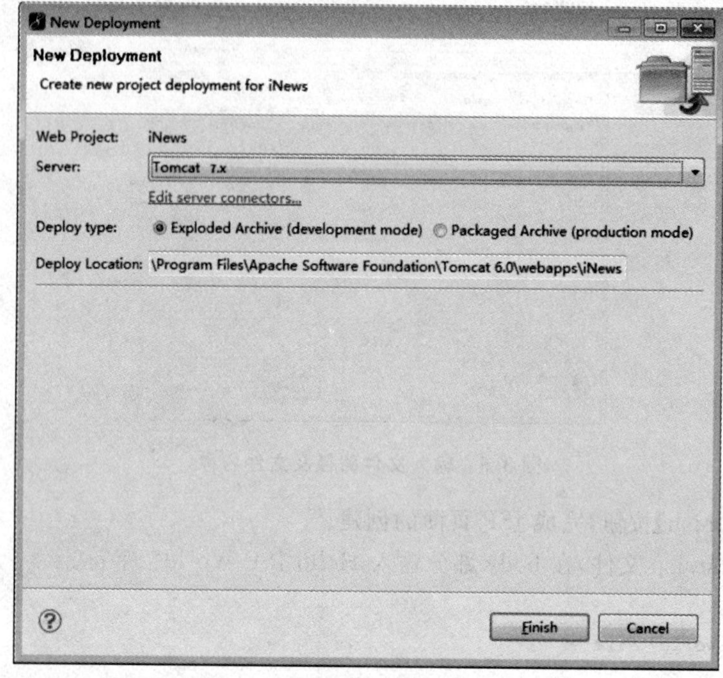

图 3.7 部署 Web 项目(二)

(4)此时会在图 3.6 所示的对话框中提示部署成功的信息,然后单击【OK】按钮关闭对话框。

部署成功后,项目会部署到 Tomcat 的 webapps(Web 应用程序的根目录)目录下,项目的目录结构和 MyEclipse 中目录结构有点差别,其中 WEB－INF 目录下多了 classes 子目录,用来存放应用程序用到的自定义类(.class)。在运行时,Tomcat 容器的类加载器先加载 classes 目录下的类,再加载 lib 目录下的 JAR 文件中的类。因此,如果两个目录下存在同名的类,classes 目录下的类具有优先权。

2. 运行 Web 项目

单击运行图标,执行“MyEclipse Tomcat”→“Start”命令,启动 Tomcat,如图 3.8 所示。

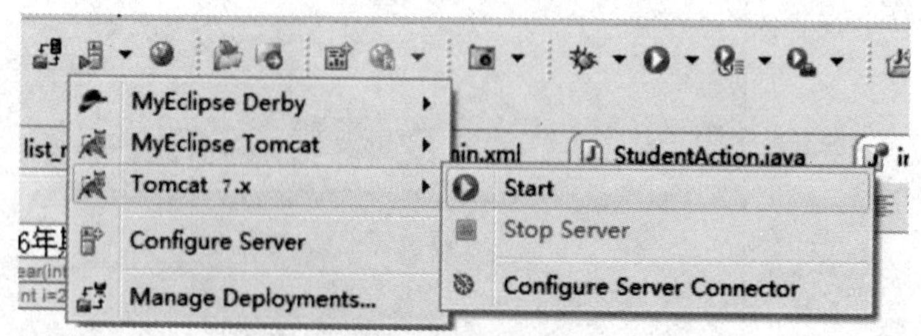

图 3.8 启动 Tomcat

此时，会在控制台输出 Tomcat 的启动信息，如图 3.9 所示。

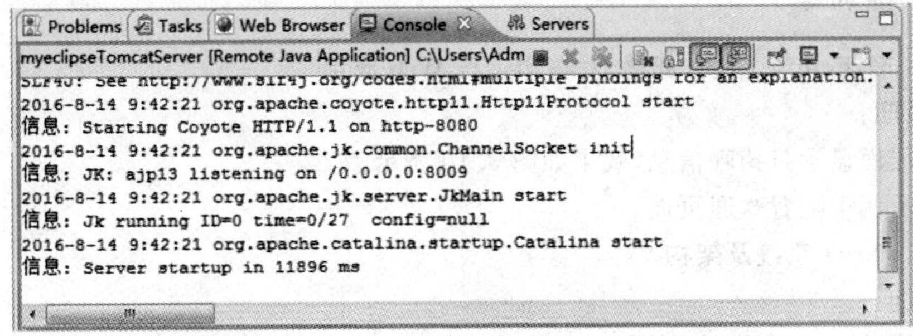

图 3.9 Tomcat 的启动信息

打开浏览器，输入 URL 为“http://localhost:8080/iNews/first.jsp”，按 Enter 键并观看运行结果，如图 3.10 所示。

图 3.10 运行效果图

3.1.4 配置欢迎页面

如果希望用户在打开浏览器访问应用程序（假设 Web 应用名称为 iNews）时，页面自动进入一个欢迎页面 index.html，这时就需要在 web.xml 文件中进行相应的配置，通过 web.xml 文件修改起始访问页面，如示例 1 所示。

示例 1：

```
<?xml version="1.0" encoding="UTF-8"?>
<web-app version="2.5" xmlns="http://java.sun.com/xml/ns/javaee"
xmlns:xsi="http://www.w3.org/2001/XMLSchema-instance"
xsi:schemaLocation="http://java.sun.com/xml/ns/javaee
http://java.sun.com/xml/ns/javaee/web-app_2_5.xsd">
<display-name></display-name>
<welcome-file-list>
    <welcome-file>index.html</welcome-file>
    <welcome-file>first.jsp</welcome-file>
<!--可以设置多个欢迎页面 -->
</welcome-file-list>
</web-app>
```

保存修改的配置信息，打开浏览器检测配置是否成功。在浏览器中输入访问地址时，直接访问 Web 应用的名称（http://localhost:8080/iNews），此时 Tomcat 会自动读取 web.xml 文件中的配置信息，然后在浏览器中显示欢迎页面，如果 index.html 页面不存在，会加载 first.jsp 页面。

3.1.5　技能训练

1. 使用 MyEclipse 创建、部署、发布和运行 Web 应用

需求说明：

(1)在页面显示打招呼信息，效果如图 3.10 所示。

(2)按示例 1 配置欢迎页面。

2. 创建 iNews 系统及架构

需求说明：

(1)创建 iNews 项目，实现图 2.15 的系统架构。

(2)向项目中导入 iNews 静态 html 页面并将其修改为 JSP 页面。

提示：

(1)在 html 静态页面首部增加如下 page 指令

```
<%@ page language="java" import="java.util.*" pageEncoding="UTF-8"%>
```

(2)将静态页面文件扩展名 html 修改为 jsp。

3.2　常见错误分析

在进行程序开发时，不可避免地会犯一些错误。不仅代码编写时容易出现错误，而且一旦疏忽掉一些重要的操作步骤，也会导致系统无法运行的严重后果。下面列举一些常犯的操作错误。

(1)未启动 Tomcat 服务，或者没有在预期的端口中启动 Tomcat 服务。

(2)未部署 Web 应用，就试图运行 Web 程序。

(3)运行时，URL 输入错误。

(4)存放文件的目录无法对外引用，如文件放入了 WEB－INF 和 META－INF 等文件夹中。

下面介绍通过观察这些错误出现的现象，学习排查错误的方法，进而将错误排除掉。

1. 未启动 Tomcat 服务

错误现象：如果没有启动 Tomcat 服务，或者没有在预期的端口中启动 Tomcat 服务，那么，当运行 Web 项目时，将在 IE 中提示“无法显示此页”，如图 3.11 所示。

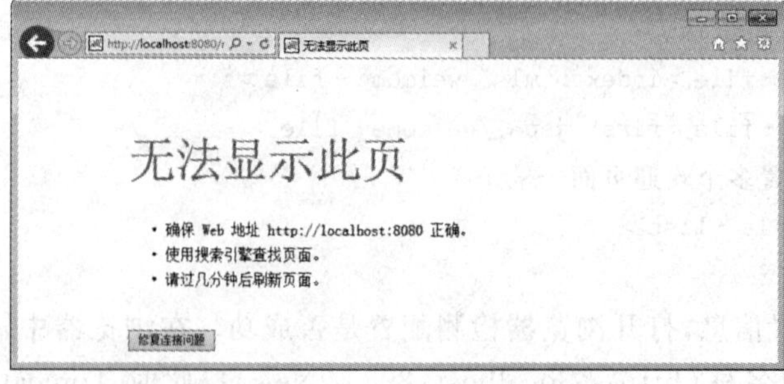

图 3.11　未启动 Tomcat

排错方法：检查 Tomcat 服务能否正确运行。在 IE 中输入“http://localhost:8080”，如果 Tomcat 正确启动了，将在 IE 中显示 Tomcat 服务的首页面；否则，将在 IE 中提示“无法显示此页”。

排除错误：查看控制台的提示信息，如果在控制台上显示 Tomcat 服务已启动，观察端口号是否与预期端口号一致，按照实际端口号重新运行 Web 项目；否则，按照第一章所学的内容启动 Tomcat 服务。

2. 未部署 Web 应用

错误现象：如果已经启动了 Tomcat，但是尚未部署 Web 应用，则当运行 Web 项目时，将在 IE 中提示“404 错误”，如图 3.12 所示。

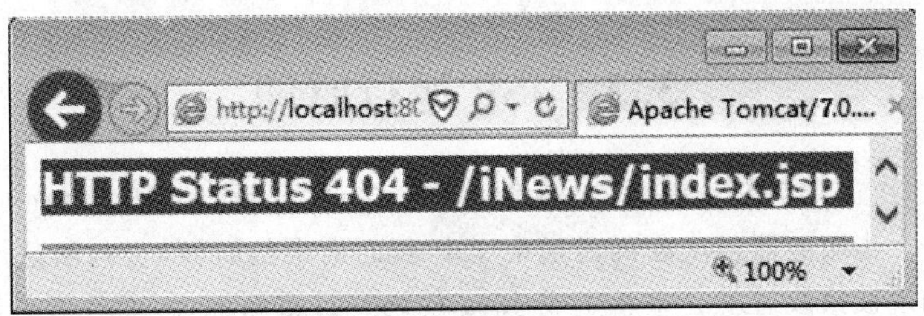

图 3.12　未部署 Web 应用

排错方法：检查 Web 应用是否正确部署。

排除错误：正确部署 Web 应用。

3. URL 输入错误

错误现象：已经启动了 Tomcat 服务，也已经部署了 Web 应用，运行 Web 项目时，在 IE 中提示“404 错误”，如图 3.13 所示。

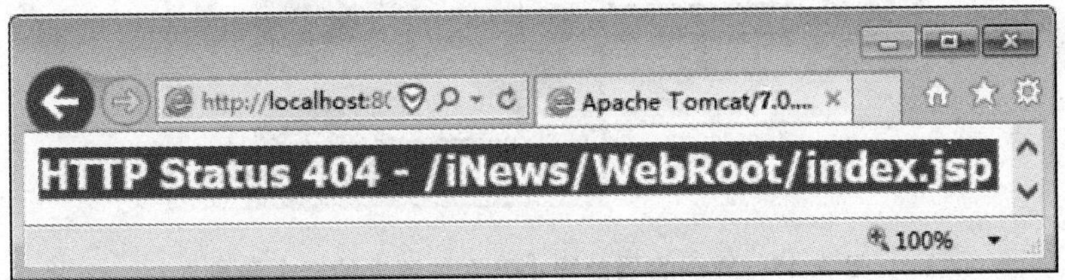

图 3.13　URL 输入错误

排错方法：检查 URL。首先，查看 URL 的前两部分(即协议与 IP 地址、端口号)是否书写正确。其次，查看上下文路径是否正确。检查在 Tomcat 安装目录下 webapps 文件目录中的项目名称是否拼写正确。最后，检查文件名称是否书写正确。

排除错误：修改 URL，正确的 URL 应该是“http://localhost:8080/iNews/index.jsp”。

4. 目录不能被引用

错误现象：已经启动了 Tomcat 服务，也已经部署了 Web 应用，而且看上去 URL 也没有什么错误，但是，运行 Web 项目时，在 IE 中提示“404 错误”，如图 3.14 所示。

排错方法：在 Web 项目的目录结构中已知，由于 META－INF、WEB－INF 文件夹下的内容无法对外发布，所以，引用“http://localhost:8080/iNews/WEB－INF/”是不允许的。检查是否把文件放在了这两个文件夹下。

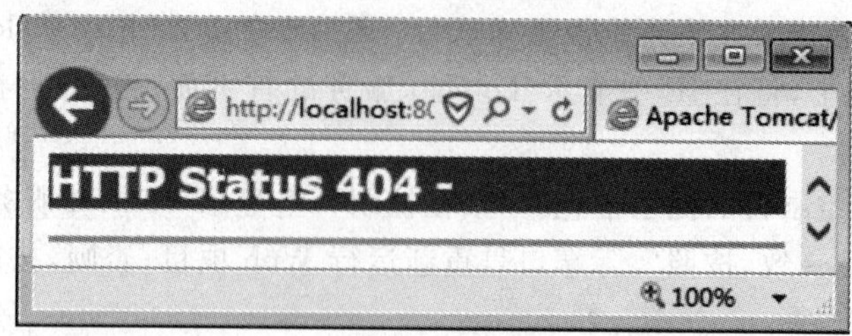

图 3.14 目录不能被引用

排除错误:把文件从 META-INF 或者 WEB-INF 文件夹下拖动到文档根目录下,同时修改 URL 为"http://localhost:8080/iNews/index.jsp"。

3.3 JSP 运行原理

客户端第一次请求 JSP 页面时,服务器的 JSP 编译器会生成 JSP 页面对应的 Java 代码,并进行编译。当服务器再次收到对这个 JSP 页面请求的时候,会判断这个 JSP 页面是否被修改过,如果被修改过就会重新生成 Java 代码并且重新编译,而且服务器中的垃圾回收方法会把没用的类文件删除。如果没有被修改,服务器就会直接调用以前已经编译过的类文件。当客户端第一次 JSP 页面的请求提交到服务器时,Web 容器会通过三个阶段实现处理,如图 3.15 所示。

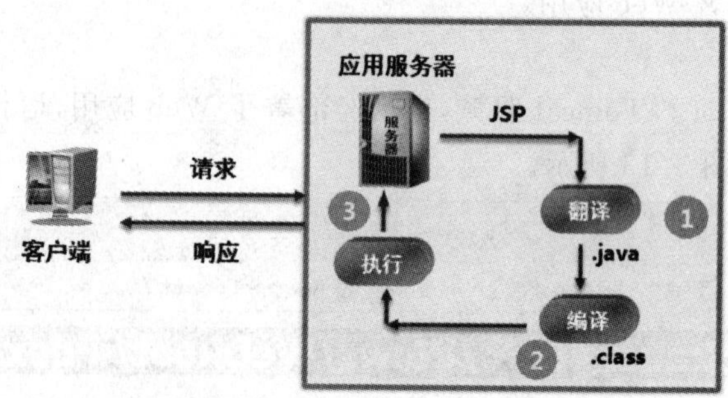

图 3.15 Web 容器处理 JSP 文件请求的三个阶段

(1)翻译阶段:当客户第一次请求 JSP 页面时,JSP 引擎会通过预处理把 JSP 文件中的静态数据(HTML 文本)和动态数据(Java 脚本)全部转换为 Java 代码。这个转换工作实际上是非常直观的,对于 HTML 文本只是简单地用 out.println()方法包裹起来,对于 Java 脚本只是保留或做简单的处理。

(2)编译阶段:JSP 引擎把生成的.java 文件编译成 Servlet 类文件(.class)。

(3)执行阶段:经过翻译和编译两个阶段,生成了可执行的二进制字节码文件,编译后的.class 文件被加载到容器中,并根据用户的请求生成 HTML 格式的响应页面。

一旦 Web 容器把 JSP 文件翻译和编译完成,Web 容器就会将编译好的字节码文件保存在内存中,当客户端再一次的请求 JSP 时,就可以重用这个编译好的字节码文件,而不会把同一个 JSP 重新进行翻译和编译,这就大大提高了 Web 应用系统的性能。所以,JSP 在第一次请求时会比较慢,后续访问的速度就很快。

Web 容器对同一 JSP 的二次请求的处理过程如图 3.16 所示。

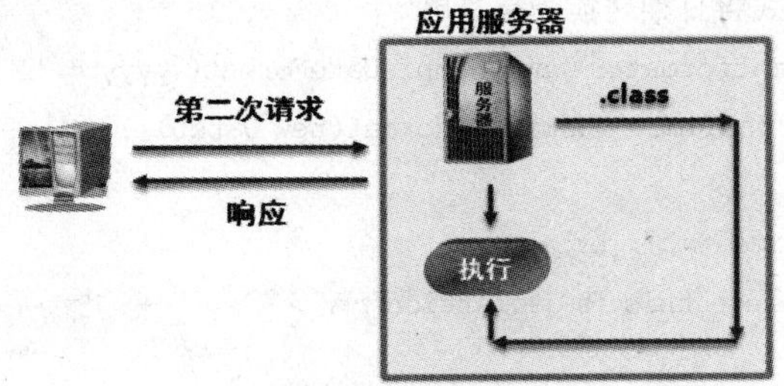

图 3.16 Web 容器处理 JSP 文件的二次请求

3.4 JSP 页面组成

JSP 页面包含 HTML 标签和 Java 脚本语言，一个 JSP 页面由两部分组成：一部分是 JSP 页面的静态部分，如 HTML、CSS、图片(jpeg、gif 和 png 等)以及 JavaScript 等组成，用来生成 web 应用程序的界面。另一部分是 JSP 页面的动态部分，如脚本程序和 JSP 标签等，用来完成数据处理。如果细分 JSP 页面可由静态内容、指令、表达式、小脚本、声明、标准动作和注释等元素构成，如图 3.17 所示。

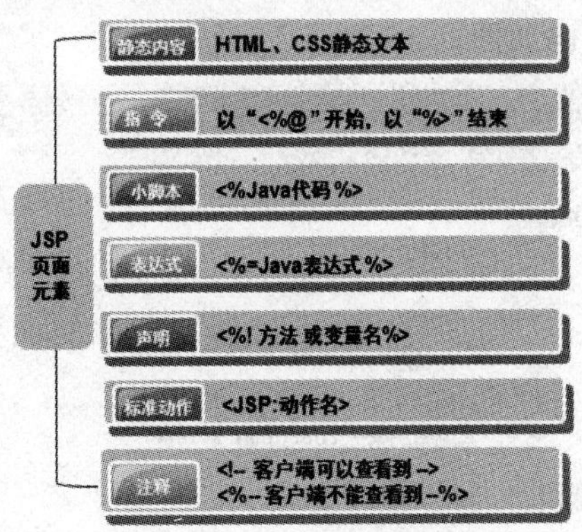

图 3.17 JSP 页面元素

下面通过示例 2 展示一些比较常见的 JSP 页面元素。

示例 2：

```
<%@ page language="java" import="java.util.*,java.text.*"
contentType="text/html; charset=UTF-8"%>
<html>
<head>
<title>第一个 JSP 页面</title>
</head>
<!--这是 HTML 注释(客户端可以看到源代码)-->
<%--这是 JSP 注释 (客户端不可以看到源代码)--%>
<body>
```

```
我编写的第一个 JSP 页面,时间是
<% //使用预定格式将日期转换为字符串
    SimpleDateFormatformater = new SimpleDateFormat("yyyy年 MM 月 dd 日");
    String strCurrentTime = formater.format(new Date());
%>
<% = strCurrentTime %><br>
<% ! String declare = "this is declartion"; %>
<% = declare %>
</body>
</html>
```

在浏览器上示例 2 的运行结果如图 3.18 所示。

图 3.18　示例 2 的运行结果

示例 2 产生的网页源代码如图 3.19 所示。

```
http://localhost:8080/news1/ - 原始源
文件(F) 编辑(E) 格式(O)

<html>
        <head>
                <title>第一个JSP页面</title>
        </head>
        <!-- 这是HTML注释(客户端可以看到源代码) -->

        <body>
        我编写的第一个JSP页面，时间是

        2016年08月17日<br>

        this is declartion
        </body>
</html>
```

图 3.19　示例 2 产生的网页源代码

在示例 2 中,一共展示了六种页面元素,包含静态内容、注释、指令、小脚本、表达式和声明。

3.4.1　JSP 中的注释

合理、详细的注释有利于代码后期的维护和阅读。在 JSP 文件的编写过程中共有三种注释方法。

(1)HTML 注释,使用格式是<!--HTML 注释-->。其中的注释内容在客户端浏览器中查看源代码时可以看到,如图 3.19 所示。这种注释方法是不安全的,而且会加大网络的传输负担。

(2)JSP 注释,使用格式是＜％－－JSP 注释－－％＞。在客户端通过查看源代码看不到注释中的内容,如图 3.19 所示,安全性比较高。

(3)在 JSP 脚本中使用注释。脚本就是嵌入到＜％和％＞标记之间的程序代码,使用的语言是 Java,因此在脚本中进行注释和在 Java 中进行注释的方法一样。其使用的格式是＜％//单行注释％＞、＜％/＊ 多行注释＊/％＞。

在示例 2 中,使用了这三种注释方法,对应的代码片断如下。

```
<! -- 这是 HTML 注释(客户端可以看到源代码) -->
<%-- 这是 JSP 注释 (客户端不可以看到源代码) --%>
<%//使用预定格式将日期转换为字符串%>
```

3.4.2 JSP 指令元素

指令元素主要用于为翻译阶段提供整个 JSP 页面的相关信息,指令不会产生任何输出到当前的输出流中。指令元素有三种指令:page、include 和 taglib。在示例 2 中,属于 JSP 指令的代码片断:

```
<%@ page language="java" import="java.util.*,java.text.*"
contentType="text/html; charset=UTF-8" %>
```

下面分别讲解常用的 page、include 和 taglib 指令元素用法。

1. page 指令

page 指令是针对当前页面进行设置的一种指令,通常位于 JSP 页面的顶端。需要注意的是,page 指令只对当前的 JSP 页面有效,但是在一个 JSP 页面中可以包含多个 page 指令。

在示例 2 中就用到了 page 指令,并在 page 指令中通过 import 关键字引入了 java.util 包和 java.text 包中的类,同时对 JSP 页面的 contentType 属性进行了设置。

page 指令的语法格式如下。

```
<%@ page 属性 1="属性值"属性 2="属性值 1,属性值 2"……属性 n="属性值" %>
```

如果没有对 page 指令中的某些属性进行设置,Web 容器将使用默认指令属性值。如果需要对 page 指令中同一个属性设置多个属性值,其间以逗号相互隔开。page 指令中常用的各个属性的含义见表 3-1。

表 3-1 page 指令常用属性

属性	描述
language	指定 JSP 页面使用的脚本语言,默认为“java”
import	通过该属性引用脚本语言中使用到的类文件,该属性用于设置 JSP 导入的类包
contentType	设置发送到客户端文档的响应报头的 MIME 类型和字符编码
pageEncoding	该属性用于定义 JSP 页面的编码格式
isErrorPage	该属性将当前 JSP 页面设置成错误处理页面。处理另一个 JSP 页面的错误,也就是异常处理,默认值为“false”
errorPage	该属性设置当 JSP 页面发生错误时转发到哪一个 JSP 页面进行错误处理。指定的错误处理 JSP 页面必须将 isErrorPage 属性设置为“true”

对各属性的详细介绍如下。

(1)language 属性。page 指令中的 language 属性用于指定当前 JSP 页面所采用的脚本语言,当前 JSP 版本只能使用 Java 作为脚本语言。该属性可以不设置,因为 JSP 默认采用 Java 作为脚本。language 属性的设置方法是<@%page language="java"%>。

(2)import 属性。JSP 页面可以嵌入 Java 代码片段,这些 Java 代码在调用 API 时需要导入相应的类包。该属性默认加载类有 java.lang、javax.servlet、javax.servlet 以及 javax.servlet.http。如果一个 import 属性引入多个类,需要在多个类之间用逗号隔开。import 属性的具体设置格式如下。

```
<%@ page import="java.util.*,java.text.*"%>
```

以上的引用格式也可以分成如下两个部分。

```
<%@ page import="java.util.*"%>
<%@ page import="java.text.*"%>
```

(3)contentType 属性。这个设置告诉 Web 容器在客户端浏览器上以何种格式以及使用何种编码方式显示响应的内容。

contentType 属性的具体设置格式如下。

```
<%@ page contentType="text/html;charset=UTF-8"%>
```

"text/html"和"charset=UTF-8"的设置之间用分号隔开,属于 contentType 属性值。当设置为 text/html 时,表示该页面以 HTML 页面的格式进行显示。charset=UTF-8 表示在浏览器中将以 UTF-8 的编码方式显示内容。

(4)pageEncoding 属性。只是指明了 JSP 页面本身的编码格式,跟页面显示的编码没有关系。容器在读取(文件)或者(数据库)或者(字符串常量)时将起转化为内部使用的 Unicode,而页面显示的时候将内部的 Unicode 转换为 contentType 指定的编码后显示页面内容;如果 pageEncoding 属性存在,那么 JSP 页面的字符编码方式就由 pageEncoding 决定,否则就由 contentType 属性中的 charset 决定。如果 charset 和 pageEncoding 属性都未设置值则 JSP 页面的字符编码方式就采用默认的 ISO-8859-1。

(5)isErrorPage 属性。当一些页面加载出错或者抛出异常的时候,可以指定一个异常的页面来进行显示,从而避免单调的比如 404 出错这样的情况。<%@ page isErrorPage="true"%>

(6)errorPage 属性。errorPage 属性的值是一个 url 字符串,<%@ page errorPage="error/loginErrorPage.jsp"%>。如果设置该属性,那么在 web.xml 文件中定义的错误页面都将被忽略,而优先使用该属性定义的错误处理页面。

2. include 指令

include 指令用于在 JSP 页面中静态包含一个文件,该文件可以是 JSP 页面、HTML 网页、文本文件或一段 Java 代码。使用了 include 指令的 JSP 页面在转换时,Web 容器会在其中插入所包含文件的文本或代码,同时解析这个文件中的 JSP 语句,从而方便地实现代码的重用,提高代码的使用效率。include 指令的语法格式如下。

```
<%@ include file="relativeURL" %>
```

以代码嵌入的方式包含(注意脚本变量定义冲突和页面指令冲突)在被包含的文件中最好不要使用<html>、</html>、<body>和</body>等标签,因为这会影响到原 JSP 文件中同样的标签，有时会导致错误。在包含文件和被包含文件中不允许定义同名的变量和方法。示例 3 中使用<%@ include%>指令包含示例 4 的 date.jsp 文件，运行结果如图 3.20所示。

示例 3：

```
<html>
<head>
<title>Include Demo</title>
</head>
<body bgcolor="white">
<font color="blue">The current date and time are:
<%@ includefile="date.jsp"%>;
</font>
</body>
</html>
```

示例 4：

```
<%@ page contentType="text/html; charset=UTF-8"
language="java" import="java.util.*,java.text.*"
%>
<%
Date date = new Date();    //获得当前日期 date
SimpleDateFormat sdf = new SimpleDateFormat("yyyy-MM-dd");//得到日期格式对象 sdf
    %>
<tr>
<td height="14" align="center">当前日期:</td>
<td><%=sdf.format(date) %></td>
</tr>
```

图 3.20 示例 3 运行效果

示例 5 通过<%@ include%>指令来为 iNews 系统主页页面布局的方法。

示例 5：

```
<%@ page language="java" import="java.util.*" pageEncoding="UTF-8"%>
<%String path = request.getContextPath();%>
<div align="center">
<%@ include file="top.jsp"%>
</div>
```

```
<div align="center">
<table width="934" border="0" cellpadding="0" cellspacing="0">
<%@ include file="main.jsp" %>
</table>
</div>
<div align="center">
    <%@ include file="bottom.jsp" %>
</div>
```

3. taglib 指令

该指令用于加载JSTL标签或用户自定义标签,使用该指令加载后的标签可以直接在JSP页面中使用。其语法格式为:

```
<%@taglib prefix="fix" uri="tagUiorDir"%>
```

prefix:该属性用于设置加载自定义标签的前缀。

uri:该属性用于指定自定义标签的描述符文件位置。

例如:

```
<%@taglib prefix="view" uri="/WEB-INF/tags/view.tld"%>
```

3.4.3 JSP脚本元素

在JSP页面中,将小脚本(scriptlet)、表达式(expression)和声明(declaration)统称为JSP脚本元素,用于在JSP页面中嵌入Java代码,实现页面的动态请求。

1. JSP小脚本

小脚本是嵌入在JSP页面中的任意Java代码段,形式比较灵活,通过在JSP页面中编写小脚本可以执行复杂的操作和业务处理。编写的方法是将Java程序片断插入到<%和%>标记中。在示例3中,属于小脚本的代码片断如下。

```
<% //使用预定格式将日期转换为字符串
SimpleDateFormat formater = new SimpleDateFormat("yyyy年MM月dd日");
String strCurrentTime = formater.format(new Date());
%>
```

现在使用小脚本实现一个简单的业务处理,输出数组中的元素,代码如示例6所示。

示例6:

```
<%@ page language="java" contentType="text/html; charset=UTF-8"%>
<html>
<head>
    <title>输出数组中的元素</title>
</head>
<body>
    <%
        int[] value = {20,30,40};
        for (int i : value) {
            out.println(i);
```

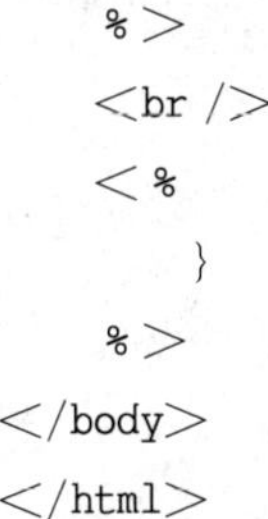

```
        %>
        <br />
        <%
            }
        %>
    </body>
    </html>
```

这段代码使用了JSP的一个内置对象out,out.println()方法用于在页面中输出数据。

2. JSP表达式

表达式在JSP请求处理阶段进行运算,运算结果转换成字符串并在表达式所在的位置进行显示。当需要在页面中获取一个Java变量或者表达式值时,使用表达式是非常方便的。其格式语法为:

```
<%=Java表达式%>。
```

下面对示例6的代码进行修改,使用表达式实现数据的输出,代码如示例7所示。

示例7:

```
<%@ page language="java" contentType="text/html; charset=UTF-8" %>
        <%
        int[] value={20,30,40};
        for (int i : value) {
    %>
    <%=i%><br />
    <%
        }
    %>
```

需要注意的是,在Java语法的规定中,每一条语句末尾必须要使用分号代表结束。而在JSP中,使用表达式输出显示数据时,则不能在表达式结尾处添加分号,表达式也不能嵌套在小脚本中。

3. JSP声明

在JSP中,声明表示一段Java源代码,用来定义类的属性和方法,声明后的属性和方法可以在JSP文件的任意地方使用。声明的语法格式如下。

```
<%! Declaration;[Declaration;]…… %>
```

以下是在JSP中声明相关变量的代码:

```
<%! int i=0; %>
<%! int k,m,n; %>
<%! Circle a=new Circle(2.0); %>
```

在同一个JSP页面中,如果需要在多个地方格式化日期,可通过声明一个方法来解决,实现代码如示例8所示。

示例8:

```
<%@ page language="java" import="java.util.*,java.text.*"
contentType="text/html; charset=UTF-8" %>
```

```
<html>
<head>
    <title>声明方法</title>
</head>
<body>
<%!
    String dateFormater(Date date){
    SimpleDateFormat formater = new SimpleDateFormat("yyyy年MM月dd日 HH:mm:ss");
    return formater.format(date);
    }
    %>
第一次调用:今天是<% = dateFormater(new Date()) %>
<br/>
第二次调用:今天是<% = dateFormater(new Date()) %>
</body>
</html>
```

代码说明:声明一个方法名为 dateFormater,返回值为 String 类型的方法,在调用时直接调用方法名即可。示例 8 的运行结果如图 3.21 所示。

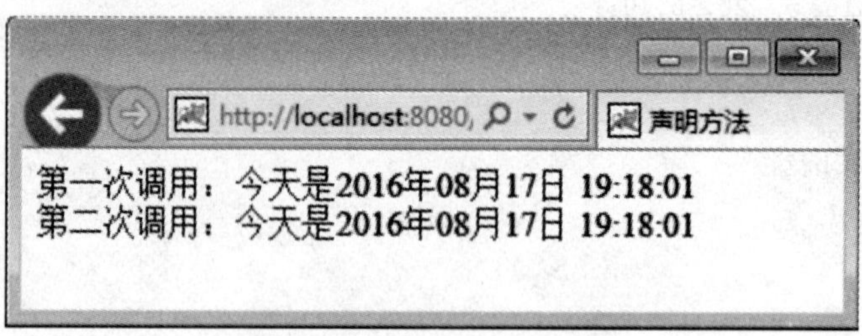

图 3.21　示例 8 的运行结果

3.4.4　技能训练

1. 小脚本和表达式的综合应用

需求说明:

在 JSP 页面中计算两个数的和,并将结果输出显示。运行效果如图 3.22 所示。

图 3.22　技能训练 1 的运行效果

提示：

根据问题的需求，可以将其分为三个步骤实现，分别如下。

(1)编写 JSP 页面，并使用 page 指令设置页面属性。

(2)在 JSP 页面中添加小脚本，嵌入实现求和计算的 Java 代码。

(3)使用表达式输出显示计算的结果。

2. 统计闰年的个数并输出每个闰年

需求说明：

编写 JSP 页面，计算 2000－2016 年中存在几个闰年，代码的运行效果如图 3.23 所示。

图 3.23 技能训练 2 的运行效果

提示：

(1)声明方法 isYear(int year)，用于判断指定年份是否是闰年。

(2)闰年的判断条件：能够被 4 整除而不能被 100 整除，或者能够被 400 整除。

(3)设置循环，条件是从 2000－2016 年。

(4)声明一个变量 count 用于统计闰年的个数。

(5)在循环体内调用 isYear(int year)，根据返回结果，改变 count 变量的值。

本章总结

➢ Web 应用的核心文件是 web.xml，位于 WEB－INF 文件目录下，该文件目录不允许外部用户访问。通过修改 web.xml 文件可以实现对 Web 应用的配置。

➢ 手动部署 Web 应用的步骤如下。

(1)创建应用页面。

(2)遵循 Web 应用目录结构，在 Tomcat 目录的 webapps 子目录下创建应用文件目录。

(3)将创建的页面复制到应用目录下。

(4)启动 Tomcat 服务，在浏览器中进行访问。

➢ JSP 技术是指在 HTML 中嵌入 Java 脚本语言，然后由应用服务器中的 JSP 容器来编译和执行，之后再将生成的结果返回给客户端。

➢ Web 容器负责 JSP 文件的执行，提供 JSP 运行时环境。

➤ JSP 页面由静态内容、指令、表达式、小脚本、声明和注释等元素构成。

习题

一、选择题

1. 当用户请求 JSP 页面时，JSP 引擎就会执行该页面的字节码文件响应客户的请求，执行字节码文件的结果是(　　)。

   A. 发送一个 JSP 源文件到客户端　　B. 发送一个 Java 文件到客户端

   C. 发送一个 HTML 页面到客户端　　D. 什么都不做

2. 下面对 JSP 指令的描述，正确的是(　　)。

   A. 指令以"＜％@"开始，以"％＞"结束　　B. 指令以"＜％"开始，以"％＞"结束

   C. 指令以"＜"开始，以"＞"结束　　D. 指令以"＜jsp:"开始，以"/＞"结束

3. 在 Web 项目的目录结构中，一般把 JSP 和 HTML 文件放在(　　)下。

   A. src 目录　　B. WEB－INF 目录

   C. META－INF 目录　　D. 文档根目录或子文件夹

4. 在某个 JSP 页面中存在这样一行代码：＜％="3"+"5"％＞，运行该 JSP 后，以下说法正确的是(　　)。

   A. 这行代码没有对应的输出　　B. 这行代码对应的输出是 8

   C. 这行代码对应的输出是 35　　D. 这行代码将引发错误

5. 与 page 指令＜％@ page import="java.util. * ,java.text. * " ％＞等价的是(　　)。

   A. ＜％@ page import="java.util. *" ％＞
   　＜％@ page import="java.text. *" ％＞

   B. ＜％@ page import="java.util. *"import="java.text. *" ％＞

   C. ＜％@ page import="java.util. *"; ％＞
   　＜％@ page import="java.text. *"; ％＞

   D. ＜％@ page import="java.util. * ;java.text. *" ％＞

6. page 指令用来定义与整个 JSP 页面相关的属性，下列关于其描述不正确的是(　　)。

   A. 在一个 JSP 页面中，可以使用多个 page 指令

   B. Language 属性定义 JSP 页面使用的脚本语言，但目前只能取 java

   C. Import 属性的作用是为 JSP 页面引入 Java 核心包中的类，可以为该属性指定多个值

   D. contentType 属性的取值只能是"text/html;charset=gb2312"

7. 可以在(　　)标记之间插入变量与方法声明。

   A. ＜％和％＞　　B. ＜％！和％＞　　C. ＜/和％＞　　D. ＜％和！＞

8. 在下列选项中，(　　)是正确的表达式。

   A. ＜％！Int a=0;％＞　　B. ＜％int a=0;％＞

   C. ＜％=(3+5);％＞　　D. ＜％=(3+5)％＞

9. 下列语法错误的为(　　)。

   A. ＜％！intnum％＞

B. <! －－ hello world －－! >

C. <%= 5 + 3 %>

D. <%@ page　import="java. io. * ; java. util. * "%>

10. 在 JSP 中，HTMI 注的特点是(　　)。

A. 发布网页时看不到，在源文件中也看不到

B. 发布网页时看不到，在源文件中能看到

C. 发布网页时能看到，在源文件中看不到

D. 发布网页时能看到，在源文件中也能看到

二、简答题

1. 用自己的语言解释下什么是 JSP。

2. 简述对 JSP 页面元素的理解。

3. 在某个 JSP 页面中使用了如下 page 指令。

```
最高成绩为:< % Math.max(grade[0],grade[1]) % ><br>
最低成绩为:< % out.print(Math.min(grade[0],grade[1])) % ><br>
</html>
```

请指出在这个 page 指令中存在几处错误，并对这些错误做出修改。

三、实训题

1. 将新闻在线系统静态页面导入到 MyEclipse 中，并且可以通过浏览器访问各 JSP 页面。

2. 在 JSP 中编写程序输出 100 以内的素数和它们的和，要求编写一个方法来判断给定数是否是素数。

3. 编写一个 JSP 页面，综合使用表达式、方法声明和小脚本技术从身份证号码中提取生日信息并显示出来。

第 4 章
iNews 系统数据访问层开发

本章工作任务

- iNews 系统 DAO 层开发
- iNews 系统业务逻辑层开发
- iNews 系统数据库连接池的配置和使用

本章知识目标

- 了解分层设计的思想
- 理解 DAO 设计模式
- 理解数据源概念和 JNDI 技术

本章技能目标

- 熟练运用 DAO 设计模式
- 熟练进行数据库连接池的配置
- 会使用分层架构开发应用系统

本章重点难点

- DAO 设计模式
- 数据源配置和 JNDI 技术

通过前面的学习已经了解了JSP的基础概念、JSP页面组成、创建Web项目及编写简单JSP程序。现在使用JDBC技术，采用DAO设计模式来开发新闻在线系统的数据访问层，并且使用数据库连接池技术优化数据库连接。

4.1 使用DAO优化数据库访问

使用JSP实现数据库访问，可以将连接数据库的相应代码，借助小脚本的方式嵌套在JSP页面中，这种方式可读性和可维护性较差。使用DAO设计模式可以简化大量代码，增强程序的可移植性和可扩展性。采用面向接口编程方法将数据层分为接口层和接口实现层，新闻在线系统DAO层结构如图4.1所示，包括四个主要部分：数据库连接类、实体类、DAO层接口和DAO实现类。

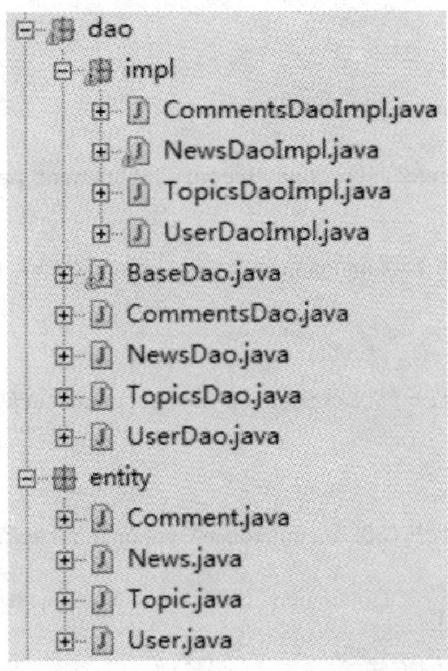

图4.1 新闻在线系统DAO层结构

4.1.1 iNews系统DAO层开发

1. 数据库连接类

数据库连接类的主要功能是连接数据库并获得连接对象，以及关闭数据库。通过数据库连接类可以简化开发，在需要进行数据库连接时，调用其中的方法就可以获得数据库连接对象和关闭数据库，不必再进行重复操作。数据库连接类代码如示例1所示。

示例1：

```
public class BaseDao {
public final static String
            DRIVER = "com.microsoft.sqlserver.jdbc.SQLServerDriver";
public final static String
            URL = "jdbc:sqlserver://localhost:1433;DataBaseName = DB_iNews";
```

```
public final static String DBNAME = "sa";
public final static String DBPASS = "sa";
    //获得数据库连接方法
public Connection getConn() throwsSQLException{
    Connection conn = null;
try {
Class.forName(DRIVER);
        conn = DriverManager.getConnection (URL,DBNAME,DBPASS);
}catch (ClassNotFoundException e) {
        e.printStackTrace();
        System.out.print("加载驱动错误!");
        }
    return conn ;
}
//关闭数据库连接方法
public void closeAll(Connection conn,PreparedStatement pstm,ResultSet rs ) {
if(rs ! = null){
try { rs.close();} catch (SQLException e) {e.printStackTrace();}
}
if(pstm ! = null){
try { pstm.close();} catch (SQLException e) {e.printStackTrace();}
}
if(conn ! = null){
try { conn.close();} catch (SQLException e) {e.printStackTrace();}
}
    }
    //执行增、删、改操作的方法
public int executeSQL(String preparedSql,Object[]params){
        Connection conn = null;
PreparedStatement pstm = null;
int num = 0;
try {
conn = getConn();
pstm = conn.prepareStatement(preparedSql);
if(params ! = null ) {
for(int i = 0; i <params.length; i ++ ) {
pstm.setObject(i + 1,params[i]);   //为预编译 sql 设置参数
                }
            }
num = pstm.executeUpdate();
}catch (SQLException e) {
```

```
e.printStackTrace();
        }finally {
closeAll(conn,pstmt,null);
    }
return num;
    }
}
```

2. 实体类

实体类是一个 JavaBean 主要用来封装数据并在各层之间进行传输，JavaBean 实际上是符合下列要求的一个 Java 类。

(1)JavaBean 是一个公有类，并提供无参的公有的构造方法。

(2)属性私有。

(3)具有公有的访问属性的 getter 和 setter 方法。

新闻在线系统共有 Topic、News、Comment 和 User 等四个实体类并存放在 com. aftvc. inews. entity 包中。示例 2 给出了 Topic 实体类的代码。

示例 2：

```
public class Topic {
private int T_Id;
private String T_Name;
public Topic() {
    super();
}
public int get T_Id() {
    return T_Id;
}
public void setT_Id(in ttId) {
    T_Id = tId;
}
public String getT_Name() {
    return T_Name;
}
public void setT_Name(String tName) {
        T_Name = tName;
    }
}
```

3. DAO 层接口

DAO 层接口定义了 DAO 层向业务逻辑层提供的服务，新闻在线系统 DAO 层定义了 NewsDao、CommentsDao、TopicsDao 和 UserDao 四个接口并存放在 com. aftvc. inews. dao 包中。示例 3 给出了 TopicsDao 接口的定义。

示例 3:

```
public interface TopicsDao{
//添加主题
public int addTopic(Topic topic);
//通过 tid 删除主题
public int deleteTopic(String tid);
//更新主题
public int updateTopic(Topic topic);
//根据名称查找主题
public Topic findTopicByName(String name);
//根据 tid 查找主题
public Topic findTopicByTid(String tid);
//获取所有主题
    public List<Topic>getAllTopics();
}
```

4. DAO 实现类

DAO 实现类继承 BaseDao 并实现相应的 DAO 接口中定义方法的具体。新闻在线系统 DAO 层共有 NewsDaoImpl、CommentsDaoImpl、TopicsDaoImpl 和 UserDaoImpl 等四个实现类并存放在 com.aftvc.inews.dao.impl 包中。示例 4 给出了 TopicsDaoImpl 接口的具体实现。

示例 4:

```
public class TopicsDaoImpl extends BaseDao implements TopicsDao {
//添加主题
public int addTopic(String name) {
    String sql = "insert into Topic(T_Name) values(?)";
    return executeSQL(sql,new Object[]{name});
}
//根据主题 id 删除主题
public int deleteTopic(String tid) {
    String sql = "delete from Topic where T_Id = ?";
    return executeSQL(sql,new Object[]{Integer.valueOf(tid)});
}
//更新主题
public int updateTopic(Topic topic) {
    String sql = "update Topic set T_Name = ? where T_Id = ?";
Object[] params = new Object[]{topic.getT_Name(),topic.getT_Id()};
return executeSQL(sql,params);
}
//根据主题名称查找主题
public Topic findTopicByName(String name) {
    Connection conn = null;
    PreparedStatement pstmt = null;
```

```
        ResultSet rs = null;
        Topic topic = null;
        try {
            conn = getConn();
            String sql = "select * from Topic where T_Name = ?";
            pstmt = conn.prepareStatement(sql);
            pstmt.setString(1,name);
            rs = pstmt.executeQuery();
            while(rs.next()){
                topic = new Topic();
                topic.setT_Id(rs.getInt(1));
            }
        } catch (SQLException e) {
            e.printStackTrace();
        }finally{
        closeAll(conn,pstmt,rs);
        }
        return topic;
        }
    ……//省略了其他方法的实现
    }
```

4.1.2　技能训练

1. 完成新闻在线系统新闻管理部分 DAO 层开发

需求说明：

(1)实体类 News 开发。

(2)NewsDAO 接口开发。

(3)NewsDAOImpl 实现类开发。

(4)编写测试类对 NewsDAO 接口方法进行测试。

提示：

NewsDAO 接口定义如下。

```
public interface NewsDao{
//增加一条新闻
public int addNews(News news);
//更新一条新闻
public int updateNews(News news);
v//根据新闻 nid 删除新闻
public int deleteNews(String nid);
//根据主题 tid 查找新闻
public List<News>findNewsByTid(int tid);
//根据新闻名字查找新闻
```

```
    public List<News>findNewsByTname(String Tname);
    //根据新闻 nid 查找新闻
    public NewsfindNewsByNid(int nid);
    //根据主题 Tid统计新闻数目
    public int countNews(String tid);
    //统计新闻数目
    public int getTotalCount();
}
```

2. 完成新闻在线系统评论管理部分 DAO 层开发

需求说明：

(1)实体类 Comments 开发。

(2)CommentsDao 接口开发。

(3)CommentsDaoImpl 实现类开发。

(4)编写测试类对 CommentsDao 接口方法进行测试。

提示：

CommentsDao 接口定义如下。

```
    public interface CommentsDao{
    //增加一条新闻评论
    public int addComment(Comment comment);
    //根据新闻 nid 删除所有新闻评论
    public int delCommentsByNid(String nid);
    //根据评论 cid 删除一条评论
    public int deleteComment(String cid);
    //根据新闻 Nid 查找所有新闻评论
    public List<Comment>findCommentsByNid(int nid);
}
```

4.2 iNews 系统业务逻辑层开发

在完成 DAO 层编码后，可进一步对业务逻辑层进行编码，业务逻辑层提供对业务逻辑处理的封装，采用面向接口的编程方法，业务逻辑层又可分为接口层和接口实现层，表示层调用业务逻辑层的接口实现各种操作。新闻在线系统业务逻辑层结构如图 4.2 所示。

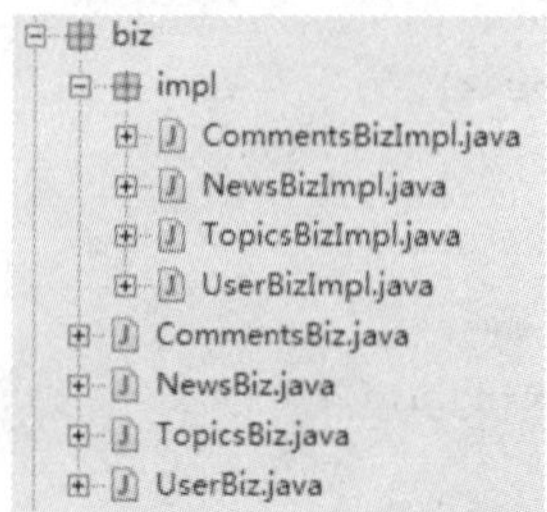

图 4.2 新闻在线系统业务逻辑层结构

新闻在线系统业务逻辑层业务逻辑层相对简单,下面就以新闻发布系统的新闻主题管理为例给出该层的开发。TopicsBiz 业务逻辑接口代码如示例 5 所示,TopicsBiz 接口的实现类 TopicsBizImpl 的代码如示例 6 所示。

示例 5:

```
public interface TopicsBiz {
//添加主题
public int addTopic(String name);
//通过 tid 删除主题
public int deleteTopic(String tid);
//更新主题
public int updateTopic(Topic topic);
//根据名称查找主题
public Topic findTopicByName(String name);
//根据 tid 查找主题
public Topic findTopicByTid(String tid);
//获取所有主题
public List<Topic>getAllTopics();
}
```

示例 6:

```
public class TopicsBizImpl implements TopicsBiz {
    //通过 DAO 层接口提供的服务完成主题业务逻辑功能
NewsDao newsDao = new NewsDaoImpl();
TopicsDao topicsDao = new TopicsDaoImpl();
    //添加主题
public int addTopic(String name) {
        return topicsDao.addTopic(name);
}
    //通过 id 删除主题,表示层根据返回值来判断页面的跳转
public int deleteTopic(String tid) {
    if(newsDao.countNews(tid)< = 0){
        if(topicsDao.deleteTopic(tid)>0){
            return 1;
        }else{
            return - 1;//删除主题失败
        }
    }else{
            return 0;//该主题下有新闻,不能删除
        }
    }
……//省略其他方法实现
}
```

4.3 使用连接池优化数据库连接

4.3.1 数据库连接池

使用JDBC直接访问数据库中的数据，每一次数据访问请求都必须经历建立数据库连接、打开数据库、存取数据和关闭数据库连接等步骤，而连接并打开数据库是一件既消耗资源又费时的工作，如果频繁发生这种数据库操作，系统的性能会急剧下降。数据库连接池技术是解决这个问题最常用的方法，许多应用程序服务器都提供了这项技术。

数据库连接池负责分配、管理和释放数据库连接，允许应用程序重复使用一个现有的数据库连接，而不再是重新建立一个；释放空闲时间超过最大空闲时间的数据库连接来避免因为没有释放数据库连接而引起的数据库连接遗漏。这项技术能明显提高对数据库操作的性能。

数据库连接池在初始化时将创建一定数量的数据库连接放到连接池中，这些数据库连接的数量是由最小数据库连接数来设定的。无论这些数据库连接是否被使用，连接池都将一直保证至少拥有这么多的连接数量。连接池的最大数据库连接数量限定了这个连接池能占有的最大连接数，当应用程序向连接池请求的连接数超过最大连接数量时，这些请求将被加入到等待队列中。数据库连接池的最小连接数和最大连接数的设置要考虑到下列几个因素。

(1)最小连接数是连接池一直保持的数据库连接，所以如果应用程序对数据库连接的使用量不大，将会有大量的数据库连接资源被浪费。

(2)最大连接数是连接池能申请的最大连接数，如果数据库连接请求超过此数，后面的数据库连接请求将被加入到等待队列中，这会影响之后的数据库操作。

(3)如果最小连接数与最大连接数相差太大，那么最先的连接请求将会获利，之后超过最小连接数量的连接请求等价于建立一个新的数据库连接。不过，这些大于最小连接数的数据库连接在使用完不会马上被释放，将被放到连接池中等待重复使用或是空闲超时后被释放。

4.3.2 在Tomcat中配置数据库连接池

在JDBC扩展包中定义了javax.sql.DataSource接口，负责建立与数据库的连接，在应用程序中访问数据库时不必编写连接数据库的代码，可以直接从数据源获得数据库的连接。

配置好的数据库连接池也是以数据源的形式存在的，在DataScource中事先建立多个数据库连接，这些连接保存在连接池中。Java程序访问数据库时，只需从连接池中取出空闲状态的数据库连接，当程序访问数据库结束时，再将数据库连接返回给连接池。

1. 配置context.xml文件

Tomcat根目录\conf\context.xml文件为全局的上下文配置文件，对所有的Web应用有效。将数据源信息配置在此文件中。配置数据源时需要在＜Context＞节点下添加＜Resource＞元素，如示例7所示，Resource(资源)元素的属性用于配置数据库连接池的参数。Resource元素的属性见表4-1所示。

示例 7：

```
<Resource
    name = "jdbc/iNews"
    auth = "Container"
    type = "javax.sql.DataSource"
    maxActive = "100"
    maxIdle = "30"
    maxWait = "10000"
    username = "sa"
    password = "sa"
    driverClassName = "com.microsoft.sqlserver.jdbc.SQLServerDriver"
    url = "jdbc:sqlserver://localhost:1433;DatabaseName = DBNews"
/>
```

表 4-1　Resource 元素的属性

属性	说明
name	指定资源(数据源)的 JNDI 名称
auth	指定资源的管理者，有两个可选值：Container 和 application，Container 表示由 WEB 容器来创建资源并管理，application 表示由 Web 应用程序来创建资源并管理
type	指定资源对应的 Java 类型
maxActive	指定连接池中处于活动状态的数据库连接的最大数目，值为 0 表示无限制
maxIdle	指定连接池中处于空闲状态的数据库连接的最大数目，值为 0 表示无限制
maxWait	连接池中连接用完时，新的连接请求最大等待时间(单位：毫秒)。如果超过此时间将接到异常。设为－1 表示无限制
username	指定连接数据库的用户名
password	指定连接数据库的口令
driverClassName	指定连接数据库的 JDBC 驱动程序
url	指定连接数据库的 URL

2. 配置 web.xml 文件

在 Web 应用程序的 WEB－INF/web.xml 文件的<web－app>节点下添加<resource－ref>元素，内容示例 8 所示。<resource－ref>元素的属性见表 4-2 所示。

示例 8：

```
<web-app>
<resource-ref>
<res-ref-name>jdbc/iNews</res-ref-name>
<res-type>javax.sql.DataSource</res-type>
<res-auth> Container </res-auth>
</resource-ref>
```

```
    ……//其他配置信息
</web-app>
```

表 4-2 resource-ref 元素的属性

属性	说明
description	引用资源的说明
res-ref-name	指定所引用资源的 JNDI 名字,与<Resource>元素中的 name 属性值一致
res-type	指定所引用资源的类名字,与<Resource>元素中的 type 属性值一致
res-auth	指定所引用资源的管理者,与<Resource>元素中的 auth 属性值一致

数据源配置完毕,要通过数据源访问数据库,还要添加数据库驱动文件,由于数据源由 Tomcat 创建并维护,所以必须把数据库驱动文件放到 Tomcat 的 lib 目录下。所有配置完成后要重启 Tomcat 服务器,使配置生效。

4.3.3 使用 JNDI 访问数据源

JNDI(Java Naming and DirectoryInterface, Java 命名和目录接口)是 SUN 公司提供的一个应用程序设计的 API,为开发人员提供了查找和访问各种命名和目录服务的通用、统一的接口。把 JNDI 简单地理解为是一种将对象和名字绑定的技术,即指定一个资源名称,将该名称与某一资源或服务相关联,当需要访问其他组件和资源时,就需要使用 JNDI 服务进行定位,应用程序可以通过名字获取对应的对象或服务。Tomcat 把 DataSource 作为一种可配置的 JNDI 资源来处理,示例 9 给出了使用 JNDI 访问数据源的代码。

示例 9:

TestConPool.jsp 页面代码

```
<%@ page language="java"
    import="java.util.*,java.sql.Connection,java.sql.SQLException,
    javax.sql.DataSource,javax.naming.Context,javax.naming.InitialContext,
    javax.naming.NamingException"
    pageEncoding="UTF-8"%>
<%
try {
    Connection conn = null;
    //context 接口提供了查找 JNDI Resource 的接口
    Context ct = new InitialContext();
    //datasource 对象由 tomcat 提供,所以不能在程序中实例化获得,需查找获取
    DataSource ds = (DataSource) ct
        .lookup("java:comp/env/jdbc/iNews");
    //获取 datasource 对象后,由对象的 getConnection 方法获取一个连接对象
    conn = ds.getConnection();
    if (conn != null) {
        out.println("获取数据库连接成功");
    }
```

```
        } catch (NamingException e) {
            out.println("获取数据库连接失败");
        } catch (SQLException e) {
            out.println("获取数据库连接失败");
        }finally{
            conn.close();
        }
%>
```

示例 9 运行效果如图 4.4 所示。

图 4.4 示例 9 运行效果

代码说明：

(1)DataSource 对象是由 Web 容器(Tomcat)提供的，因此不能在程序中采用创建一个实例的方式生成 DataSource 对象，需要使用 JNDI 来实现。

(2)代码首先要导入 DataSource 接口和与 JNDI 相关的接口和类。javax.naming 包下的 Context 接口表示命名上下文，由一组名称到对象的绑定组成。InitialContext 是 Context 接口的实现类。使用 Context 接口的 lookup(String name)方法，根据资源的名称检索指定资源。

(3)为了避免 JNDI 命名空间中的资源名称互相冲突以及可移植性问题，JavaEE 应用程序中的所有名称以字符串"java:comp/env"作为前缀，如本例中的资源路径为"java:comp/env/jdbc/iNews"，其中 jdbc/iNews 是在 Tomcat 中配置的资源名。

(4)程序结束数据库访问后，应该调用 Connection 的 close()方法及时将 Connection 返回给数据库连接池，使 Connection 恢复空闲状态。

4.3.4 技能训练

使用连接池优化新闻在线系统数据库连接。

需求说明：

在 Tomcat 下配置数据源文件，并通过 JNDI 查找数据源，实现数据访问。

提示：

(1)根据 4.3.2 节的步骤配置数据库连接池。

(2)修改 BaseDao 中 getConn()方法代码，实现 JNDI 查找数据源。

```
public Connection getConn() throws SQLException{
    Connection conn = null;
    try {
        Context ctx = new InitialContext();
```

```
            DataSource s = (DataSource)ctx.lookup("java:comp/env/jdbc/iNews");
            conn = ds.getConnection();
        } catch (NamingException e) {
            e.printStackTrace();
        }
        return conn;
    }
```

本章总结

➢ 数据访问层实现对数据的增、删、改、查操作。采用面向接口编程方法将数据层分为接口层和接口实现层。数据访问包括访问关系数据库、文本文件以及 XML 文件等。

➢ 数据库连接池的配置和使用步骤如下。

(1)配置 Tomcat 的 conf 目录下 context. xml 文件。

(2)配置 Web 应用程序的 WEB－INF/web. xml 文件。

(3)Tomcat 的 lib 目录下添加 JDBC 数据库驱动。

(4)编写代码,使用 JNDI 的 Context 接口的 lookup()方法获得数据源。

(5)重启 Tomcat 服务器,运行程序。

➢ JNDI 是 SUN 公司提供的一个应用程序设计的 API,为开发人员提供了查找和访问各种命名和目录服务的通用、统一的接口。

习题

一、选择题

1. 下面对 JavaBean 描述正确的是(　　)。

A. 一个 JavaBean 中的方法全部为私有方法

B. 使用 JavaBean 封装数据时,应当将属性设为私有

C. 通过公有的 setXxx()来获取属性值

D. JavaBean 可以是一个公有的类,也可以是一个私有的类

2. 获取数据源的正确的方法是(　　)。

A. DataSource source＝new DataSource(　　);

B. DataSource source＝DataSource. newInstance();

C. DataSource source＝(DataSource)ic. lookup("java:comp/env/jdbc/iNews");

D. 以上说法都不对

3. 下面对于连接池描述错误的是(　　)。

A. 使用连接池技术可以提高数据库的操作效率

B. 在程序中使用连接池可以减少系统资源的开支

C. 使用数据库连接池技术，所有的连接与释放均由连接池统一管理

D. 连接池可以自行分配连接，当连接使用完毕后需要通过编码实现正确的关闭

4. 使用 JNDI 配置数据源对象时，配置的步骤包括(　　)。

A. 配置 context. xml

B. 配置 web. xml

C. 添加数据库驱动

D. 使用 lookup()方法来获取数据源对象

5. 在使用数据源时，数据库驱动程序的 jar 文件应放在(　　)。

A. 应用程序的类库内　　B. 应用程序的 WEB－INF/lib 目录下

C. Tomcat 根目录\lib 下　　D. Tomcat 的 common\lib 目录下

6. 使用三层框架开发的优势不包括(　　)。

A. 提高了代码的重用性　　B. 功能职责划分明确

C. 实现了内部的无损替换　　D. 增强了各层之间的依赖程度

7. 下面对于分层模式的解释描述错误的是(　　)。

A. 将解决方案的组件分隔到不同层

B. 每一层都应与它下面的各层保持松耦合

C. 每一层都应与它下面的各层保持高耦合

D. 每一层中的组件应保持内聚性

8. 下面对于层与层关系的描述错误的是(　　)。

A. 各个层之间独立存在，不相互依赖

B. 表示层接受用户的请求，根据用户的请求去通知业务逻辑层

C. 数据访问层收到请求后便开始访问数据库

D. 业务逻辑层收到请求，根据请求内容执行数据库访问，并将访问结果返回表示层

二、简答题

1. 简述数据源配置大致步骤。

2. 简述 JNDI 访问数据源。

3. 简述 DAO 层发需要开发那些类和接口。

三、实训题

1. 完成新闻在线系统用户管理部分 DAO 层开发。

需求说明：

(1)实体类 UserDao 开发。

(2)UserDao 接口开发。

(3)UserDaoImpl 实现类开发。

(4)编写测试类对 UserDao 接口方法进行测试。

(5)UserDao 接口定义为：

```
public interface UserDao{
//增加用户
public int addUser(User user);
//根据用户名查找用户
```

```
    public User findUserByName(String name);
    //根据用户名和密码查找用户
        public User findUser(String uname,String password);
    }
```

2.新闻在线系统业务逻辑层开发。

需求说明:

(1)新闻在线系统业务逻辑接口开发。

(2)新闻在线系统业务逻辑实现类开发。

(3)对实现类方法进行测试。

第5章
JSP 内置对象(一)

本章工作任务

- 完成注册和登录程序
- 完成新闻主题列表的显示
- 完成新闻主题的添加、修改和删除

本章知识目标

- 掌握 out、request、response 对象的应用
- 掌握转发和重定向使用方法

本章技能目标

- 使用 request 对象获取用户请求
- 使用 response 对象处理响应
- 使用转发与重定向控制页面跳转

本章重点难点

- request、response 对象的应用
- 转发与重定向的应用

本章将学习常用的 JSP 内置对象，掌握使用 request 对象、response 对象处理用户请求和响应。JSP 的内置对象在 JSP 中非常重要，这些内置对象是由 Web 容器创建出来的，所以用户不用创建。JSP 内置对象，是指可以不加声明和创建就可以在 JSP 页面脚本中使用的成员变量。

5.1 out 对象

out 内置对象是 JspWriter 类的实例，out 对象主要用来向客户端输出各种数据类型的值和 HTML 格式文本，out 对象管理应用服务器上的输出缓冲区，缓冲区默认值一般是 8KB，可以通过页面指令 page 来改变默认值。out 内置对象常用的方法有：

out. print()：输出各种类型数据。

out. newLine()：输出一个换行符。

out. close()：关闭流。

例如，在页面上显示 Hello World，可以写为：

```
<%
out.print("Hello World");
out.newLine();
%>
```

5.2 request 对象

5.2.1 request 对象

request 对象是 HttpServletRequest 类的实例，是最常用的 JSP 内置对象之一。客户端的请求信息被封装在 request 对象中，例如，在登录页面上填写的用户名和密码等信息就封装在 request 当中。request 对象在完成客户端的一次请求之前，该对象一直有效。通过调用 request 对象的方法来获取客户端请求信息。request 对象用于处理请求的方法有很多，表 5-1 列出了该对象常用的方法。

表 5-1 request 对象的常用方法

方法名称	说明
String getParameter(String name)	根据页面表单组件名称获取页面提交的数据
String[] getParameterValues(String name)	获取一组以相同名称的表单组件提交的数据
void setCharacterEncoding(String charset)	设置请求数据的编码方式
RequestDispatcher getRequestDispatcher(String path)	返回一个 javax. servlet. RequestDispatcher 对象，该对象的 forward()方法用于转发请求
void setAttribute(String name, Object obj)	设置属性的属性值
Object getAttribute(String name)	返回指定属性的属性值和 setAttribute 对应

1. 使用 request 获取表单参数值

下面通过一个用户注册示例来演示使用 request 对象获取客户端信息方法，图 5.1 为输入注册信息的界面，实现代码如示例 1 所示。图 5.2 为显示注册信息结果的界面，实现代码如示例 2 所示。

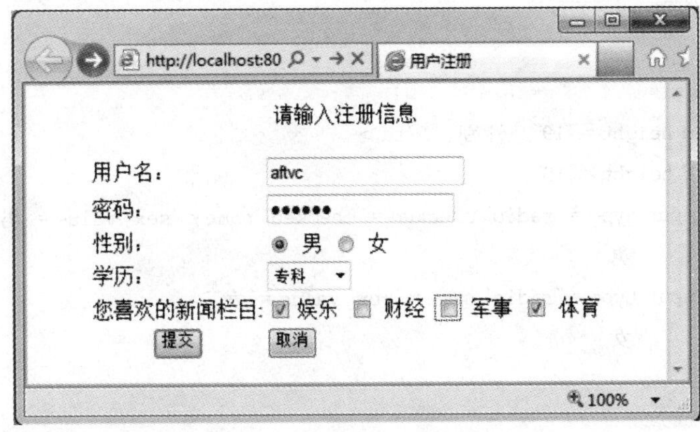

图 5.1　输入注册信息

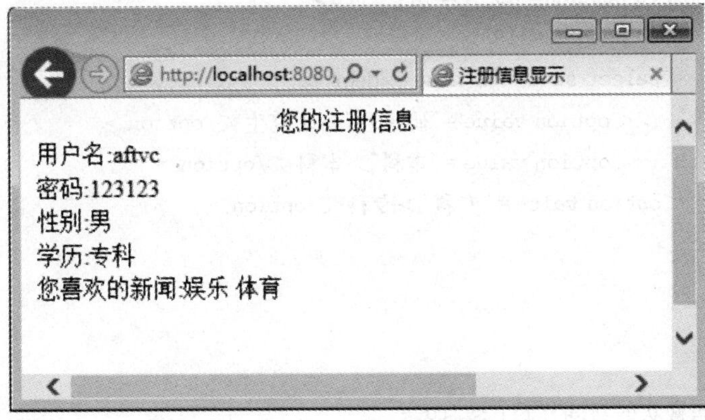

图 5.2　显示注册结果信息

示例 1:

用户注册页面 register.jsp 代码如下。

```
<%@ page language="java" pageEncoding="UTF-8"%>
    //省略了部分 HTML 代码
    <form name="form1" method="post" action="reginfo.jsp">
    <table border="0" align="center">
        <tr>
            <td>用户名:</td>
            <td>
                <input type="text" name="name">
            </td>
        </tr>
```

```
        <tr>
            <td height="19">密码:</td>
            <td height="19">
            <input type="password" name="pwd">
            </td>
        </tr>
        <tr>
            <td height="19">性别:</td>
            <td height="19">
            <input type="radio" checked="checked" name="sex" value="男">
                    男
            <input type="radio" name="sex" value="女">
                    女
        </td>
            </tr>
            <tr>
                <td height="19">学历:</td>
                <td height="19">
                <select size="1" name="degr">
                    <option value="研究生">研究生</option>
                    <option value="本科">本科</option>
                <option value="专科">专科</option>
        </select>
        </td>
    </tr>
    <tr>
        <td>您喜欢的新闻栏目:</td>
    <td>
        <input type="checkbox" name=" hobby" value="娱乐">娱乐
        <input type="checkbox" name=" hobby" value="财经">财经
        <input type="checkbox" name=" hobby" value="军事">军事
        <input type="checkbox" name=" hobby" value="体育">体育
    </td>
    </tr>
    <tr>
    <td>
    <div align="center">
        <input type="submit" name="Submit" value="提交">
        </div>
    </td>
        <td><input type="reset" name="Reset" value="取消"></td>
```

```
</tr>
</table>
</form>
```

显示用户注册信息页面 reginfo.jsp 代码如下。

```
<%@ page language="java" pageEncoding="UTF-8" %>
    <%
        request.setCharacterEncoding("UTF-8");
        String name = request.getParameter("name");
        String pass = request.getParameter("pwd");
        String sex = request.getParameter("sex");
        String[] hobbies = request.getParameterValues("hobby");
        String degree = request.getParameter("degr");
    %>
<html>
    <body>
        <div align="center">
            您的注册信息
            <table width="600" border="0" align="center">
                <tr>
                    <td colspan="2">用户名:<%= name %></td>
                </tr>
                <tr>
                    <td colspan="2">密码:<%= pass %></td>
                </tr>
                <tr>
                    <td height="19" colspan="2">性别:<%= sex %></td>
                </tr>
                <tr>
                    <td height="19" colspan="2">学历:<%= degree %></td>
                </tr>
                <tr>
                    <%
                        String hobbyStr = "";
                        for (int i = 0; i <hobbies.Length; i++) {
                            hobbyStr += hobbies[i] + " ";
                        }
                    %>
                    <td width="200">您喜欢的新闻:<%= hobbyStr %></td>
                </tr>
            </table>
        </div>
```

```
    </body>
</html>
```

代码说明：

(1)客户端常用的表单提交方式有“POST”和“GET”两种，通过表单的 method 属性来设置，默认为 GET 方式。示例 1 中表单的 method 属性设置为 POST 方式，action 属性设置为 reginfo.jsp 表示请求提交到该页面进行处理。“POST”和“GET”提交方式的区别是：

GET 方式将请求参数名和值转换成字符串，并附加在源 URL 之后，因此可以在地址栏中看到请求参数的名和值。且 GET 请求传送的数据量较小，一般不能大于 2KB。

POST 方式将请求参数以及对应的值放在 HTTP HEADER 中传输，在地址栏中看到请求参数及值，安全性相对较高。POST 方式传输的数据量比 GET 传输的数据量大，理论上 POST 方式请求参数的大小不受限制。

(2)表单控件的 name 属性指定请求参数名，value 指定请求参数的值。每个表单控件的 name 属性对应一个请求参数。如果有多个表单控件有相同的 name 属性，且也只对应一个请求参数，则该参数的值可能有多个。

(3)在 reginfo.jsp 中通过 request 的 getParameter()和 getParameterValues()方法获取表单参数的值。表单控件的 name 属性有多个值时使用 getParameterValues()方法，该方法返回一个字符串数组。

(4)request 对象的 setCharacterEncoding()方法用于设置请求参数的编码方式，可以用来解决 POST 方式提交时的中文乱码问题。

2. request 对象的其他常用方法

出于网站安全管理的需要，在网站日志中要记载客户端的 IP 地址、客户访问网站的资源等信息，这些信息可以通过 request 对象获取，示例 2 演示了如何从客户端请求中获取相关信息。

示例 2：

```
<%@ page language="java" import="java.util.*" pageEncoding="UTF-8"%>
<html>
    <body>
        客户端 IP 地址：<%=request.getRemoteAddr()%><br>
        客户端主机名：<%=request.getRemoteHost()%><br>
        客户端的端口：<%=request.getRemotePort()%><br>
        请求用的协议：<%=request.getProtocol()%><br>
        请求的资源名(含资源路径)：<%=request.getRequestURI()%><br>
        请求的项目名：<%=request.getContextPath()%><br>
        请求的文件路径名：<%=request.getServletPath()%><br>
        请求的服务器的名：<%=request.getServerName()%><br>
        请求服务器的端口：<%=request.getServerPort()%><br>
    </body>
</html>
```

示例 2 运行效果如图 5.3 所示。

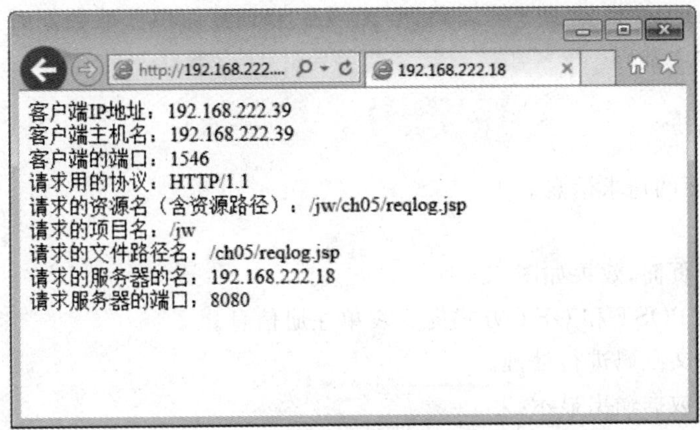

图 5.3 示例 2 运行效果

3. 表单数据的中文乱码处理

常用字符集编码有 ASCII、ISO－8859－1、GB2312、GBK、Unicode 和 UTF－8 等，Java 在其内部使用 Unicode 字符集来表示字符，这样就存在 Unicode 字符集和本地字符集进行转换的过程。在 Web 应用中，通常都包括了浏览器、Web 服务器、Web 应用程序和数据库等部分，每一部分都有可能使用不同的字符集，从而导致字符数据在各种不同的字符集之间转换时，出现乱码问题。例如 Web 容器默认的编码方式是 ISO－8859－1。

对于参数中的文乱码问题，根据产生的原因，主要有以下几种解决方案。

(1)POST 方法提交的表单数据中有中文字符时。

在调用 request 的 getParameter( )获取请求参数之前，要调用 request 对象的 setCharacterEncoding("UTF－8")方法，指定每个请求的编码方式为 UTF－8。在向浏览器发送中文数据之前，通过 JSP 页面设置 page 指令的 contentType 属性，指定输出内容的编码格式也为 UTF－8。

```
<%@ page contentType="text/html;charset=UTF-8" %>
```

(2)以 GET 方法提交的表单数据中有中文字符时。

当提交表单采用 GET 方法时，以如下方式指定字符编码。

```
String name=request.getParameter("name");
name=new String(name.getBytes("ISO-8859-1"),"UTF-8");
```

其中，name.getBytes("ISO－8859－1")是按照"ISO－8859－1"字符集编码把 name 字符串转换为 byte 数组，再通过 new String( )方法，使用指定的“UTF－8”字符集把 byte 数组构造为一个新的 String。

(3)在 Tomcat 中设置字符集。

表单采用 GET 方法提交时，当获取多个参数值时，每个参数都进行重新编码，操作比较烦琐。这时可以通过在 Tomcat 中设置字符集方式解决。配置方式如下：找到 Tomcat 目录结构\conf\server.xml 文件，在<Connector>元素中添加 URIEncoding 属性，并设置为“UTF－8”。代码如下所示。

```
<Connector port="8080" protocol="HTTP/1.1"connectionTimeout="20000"
    redirectPort="8433" URIEncoding="UTF-8"/>
```

如果在 Tomcat 中设置了字符编码，则无须在 JSP 页面中获取数据时再重新构造字符串，否则会出现中文乱码。

5.2.2 技能训练

获取注册页面的请求信息。

需求说明：

(1)制作注册页面，效果如图 5.4 所示。

(2)分别使用 POST 和 GET 方式提交表单注册信息。

(3)需要对中文乱码进行处理。

(4)将获得的数据输出显示。

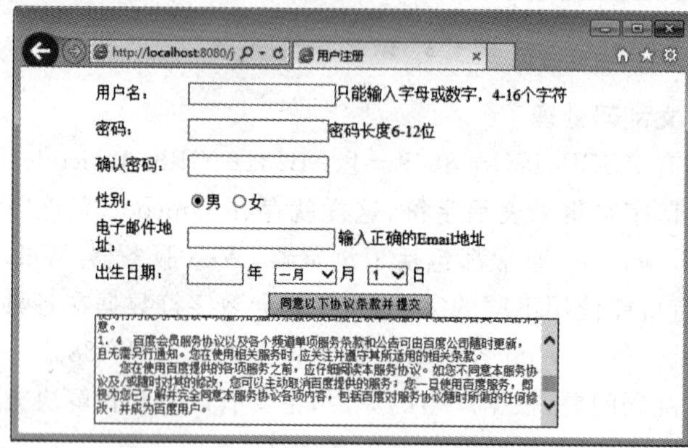

图 5.4 注册页面效果

5.3 response 对象

5.3.1 response 对象

response 对象是 HttpServletResponse 类的实例，包含了响应客户请求的有关信息。response 对象具有页面作用域，只有接受这个对象的页面才可以访问这个对象，其他页面的 response 对象对当前页面无效。response 对象也提供了多个方法用于处理 HTTP 响应，表 5-2 列出了该对象常用的方法。

表 5-2 response 对象的常用方法

方法名称	说明
void addCookie(Cookie cookie)	在客户端添加 cookie
void setContentType(String type)	设置 HTTP 响应的 MIME 类型
void setCharacterEncoding(String charset)	设置响应所采用的字符编码类型，为了避免服务器的响应信息在浏览器端显示为乱码，通常用该方法设置字符编码
void sendRedirect(String url)	将请求重新定位到一个新的 URL 上

示例3演示了通过 setContentType(String type)方法,设置响应的 MIME 类型将服务器端返回的页面保存为 Word 文档的方法。

示例 3:

```
<%@ page language="java" import="java.util.*" pageEncoding="UTF-8"%>
    <html>
    <body>
        将当前页面保存为 WORD 文档吗?
        <FORM action="" method="get" name=form>
            <INPUT TYPE="submit" value="YES" name="submit">
            <INPUT TYPE="submit" value="NO" name="submit">
        </FORM>
        <%
        String str=request.getParameter("submit");
        if (str.equals("YES")) {
        response.setContentType("application/msword;charset=gbk");
        }
        %>
    </body>
</html>
```

示例3的运行效果如图5.5所示,当单击【YES】按钮时,会弹出打开或保存对话框,此时页面内容将转换为 Word 文档。将 setContentType("application/msword; charset=gbk");方法参数设置为"application/vnd.ms-excel"或"application/msword"时,可将当前页面内容保存为 Excel 和 Pdf 形式。保存为其他类型可参阅 HTTP 响应的 MIME 类型。

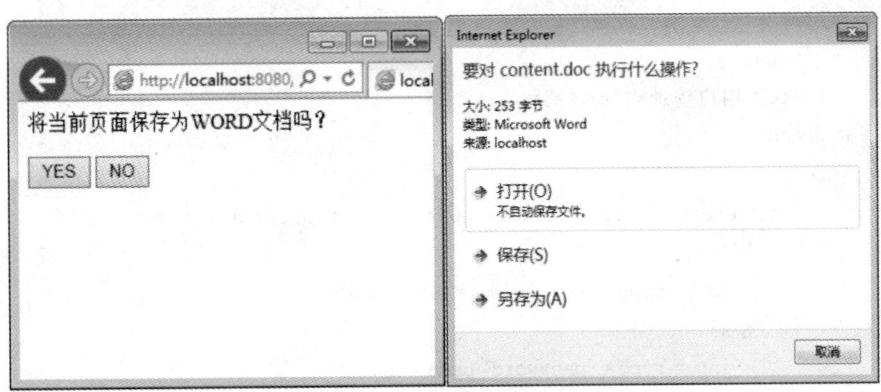

图 5.5 示例 3 运行效果

5.3.2 重定向和转发

1. 重定向

重定向使用的是 response 对象的 sendRedirect(String url),该方法用于将请求重定向到一个新的 URL 上。示例4说明该方法的使用。

在登录页面 login. jsp 上输入用户名、密码，提交至 dologin. jsp 进行处理。假设输入的用户名和密码都是“admin”，跳转至系统主页 index. jsp。登录页面如图 5.6 所示，成功跳转后的系统主页面如图 5.7 所示。

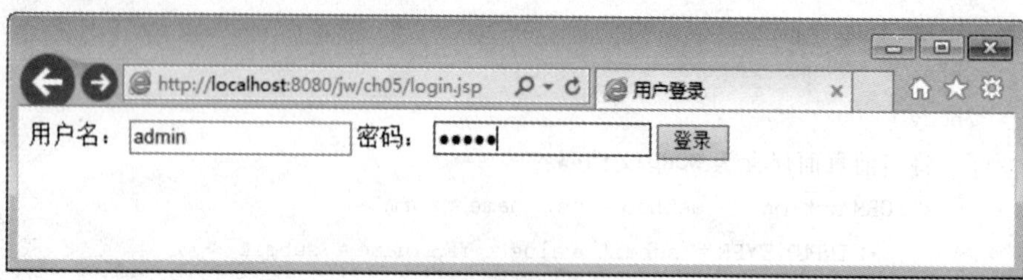

图 5.6　用户登录页面

图 5.7　系统主页面

实现代码如示例 4 所示。

示例 4：

登录页面 login. jsp 的代码如下。

```
<%@ page language = "java" import = "java.util. * " pageEncoding = "UTF - 8" %>
    <html>
        <head>
    <title>用户登录</title>
    </head>
    <body>
        <form name = "form1" method = post action = "dologin. jsp">
            用户名：
            <input type = "text" name = "userName">
            密码：
            <input type = "password" name = "pwd">
            <input type = "submit" value = "登录">
        </form>
    </body>
</html>
```

登录处理页面 dologin. jsp 的代码如下。

```
<%@ page language = "java"pageEncoding = "UTF - 8" %>
    <html>
        <head>
```

```
        <title>登录处理页面</title>
    </head>
    <body>
        <%
        request.setCharacterEncoding("UTF-8");
        String name = request.getParameter("userName");
        String pwd = request.getParameter("pwd");
        if("admin".equals(name)&&"admin".equals(pwd)){
            response.sendRedirect("index.jsp");
        }
    %>
  </body>
</html>
```

系统主页 index.jsp 的代码如下。

```
<%@ page language="java" pageEncoding="UTF-8"%>
  <html>
    <head>
        <title>系统主页</title>
    </head>
    <body>
        欢迎访问主页面!
  </body>
</html>
```

从运行结果可知,由登录页面重定向到主页面后,客户端浏览器 URL 地址发生了改变,如图 5.7 所示。能否使用重定向方法,在主页面显示登录用户的相关信息呢?示例 5 将试图在 index.jsp 页面代码中通过 request.getParameter("userName")方法来验证。

示例 5:

```
<%@ page language="java"  pageEncoding="UTF-8"%>
  <html>
    <head>
        <title>系统主页</title>
    </head>
    <body>
        <%
            String name = request.getParameter("userName");
        %>
        欢迎<%=name%>访问主页面!
  </body>
</html>
```

运行结果如图 5.8 所示,用户名的显示为 null,说明 request.getParameter("userName")没有获取到用户名信息。这是因为重定向方法是客户端重新向服务器请求一个地址链接，相当于在地址栏里重新输入新地址的效果完全一样，即从客户端发送了一个新的请求，容器会给该请求生成一个新的 request 对象，也就是说此时的 request 对象和 dologin.jsp 中的 request 对象不同，上次请求中的数据也将随之丢失，所以不能获取用户名信息。

重定向是在客户端发挥作用，通过请求新的地址实现页面转向。通过浏览器重新请求地址，在地址栏中可以显示转向后的地址。

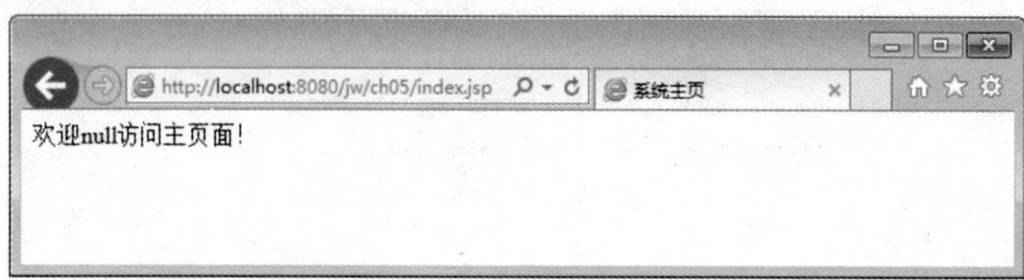

图 5.8 系统主页面

2. 转发

转发是使用 request 的 getRequestDispatcher()方法获得 RequestDispatcher 对象，此对象是用于封装一个由路径所标识的服务器资源，然后调用该对象 forward()方法转发给服务器上的其他 Web 组件(JSP 页面或 Servlet)并同时将当前的 request 和 response 对象传递过去。为了能在 index.jsp 中显示用户名，可以使用转发来实现，首先对 dologin.jsp 的代码进行修改，修改后的代码如示例 6 所示。

示例 6：

```
<%@ page language="java" pageEncoding="UTF-8"%>
    <html>
        <head>
            <title>登录处理页面</title>
        </head>
        <body>
            <%
            request.setCharacterEncoding("UTF-8");
            String name = request.getParameter("userName");
            String pwd = request.getParameter("pwd");
            if("admin".equals(name)&&"admin".equals(pwd)){
        RequestDispatcherdispatcher
                    = request.getRequestDispatcher("index.jsp");
                dispatcher.forward(request,response);
            }
        %>
    </body>
</html>
```

示例 6 运行结果如图 5.9 所示，在主页中显示了用户名。转发可在多个页面交互过程中实现请求数据的共享。Web 服务器内部将一个 request 请求的处理权交给另外一个资源,属于同一个访问请求,所以 request 对象的信息不会丢失。转发是服务器内部控制权的转移,而对应到客户端,无论服务器内部如何处理,作为浏览器都只是提交了一个请求,因而客户端的 URL 地址不会发生改变,也就是客户端浏览器的地址栏不会显示转向后的地址,如图 5.9 所示。

图 5.9　示例 6 运行效果

3. 在超链接中传递数据

在实际开发中,经常需要在超链接中传递数据,下面通过示例 7 演示如何超链接实现页面间的数据传递。

示例 7:

用户选择页面 select.jsp 的代码如下。

```
<%@ page language="java" import="java.util.*" pageEncoding="UTF-8" %>
    <!DOCTYPE HTML PUBLIC "-//W3C//DTD HTML 4.01 Transitional//EN">
    <html>
        <head>
            <title>选择喜欢的水果</title>
        </head>
        <body>
            请从以下 10 中水果中,选择你最喜欢的水果
            <br />
            <a href="fruit.jsp? fruit=苹果">苹果</a>  
            <a href="fruit.jsp? fruit=葡萄">葡萄</a>  
            <a href="fruit.jsp? fruit=香蕉">香蕉</a>  
            <a href="fruit.jsp? fruit=水蜜桃">水蜜桃</a>  
            <a href="fruit.jsp? fruit=猕猴桃">猕猴桃</a>
            <br />
            <a href="fruit.jsp? fruit=橘子">橘子</a>  
            <a href="fruit.jsp? fruit=菠萝">菠萝</a>  
            <a href="fruit.jsp? fruit=西瓜">西瓜</a>  
            <a href="fruit.jsp? fruit=火龙果">火龙果</a>  
            <a href="fruit.jsp? fruit=哈密瓜">哈密瓜</a>
        </body>
</html>
```

显示页面 fruit.jsp 的代码如下。

```
<%@ page language="java" import="java.util.*" pageEncoding="UTF-8" %>
```

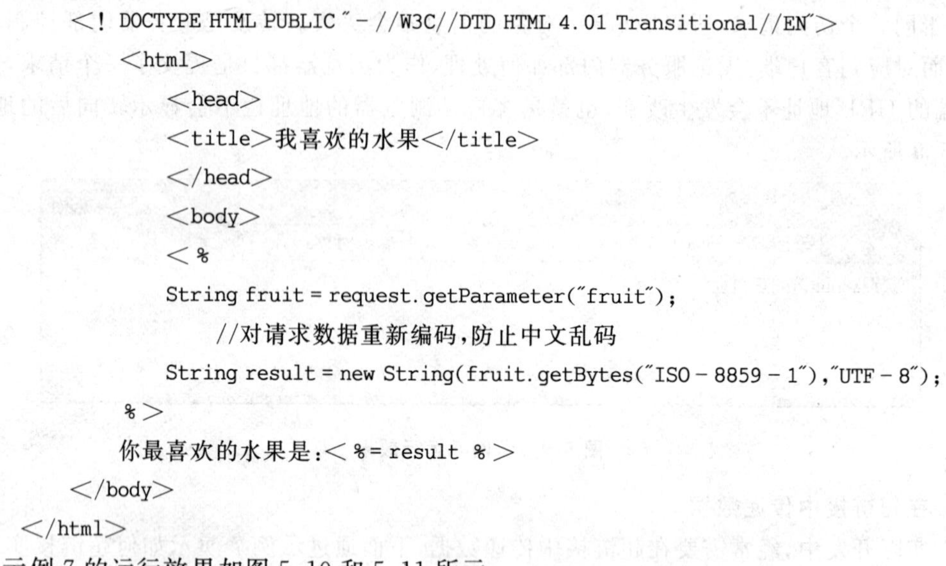

```
<! DOCTYPE HTML PUBLIC "-//W3C//DTD HTML 4.01 Transitional//EN">
  <html>
     <head>
     <title>我喜欢的水果</title>
     </head>
     <body>
     <%
     String fruit = request.getParameter("fruit");
         //对请求数据重新编码,防止中文乱码
     String result = new String(fruit.getBytes("ISO-8859-1"),"UTF-8");
  %>
  你最喜欢的水果是:<%= result %>
 </body>
</html>
```

示例 7 的运行效果如图 5.10 和 5.11 所示。

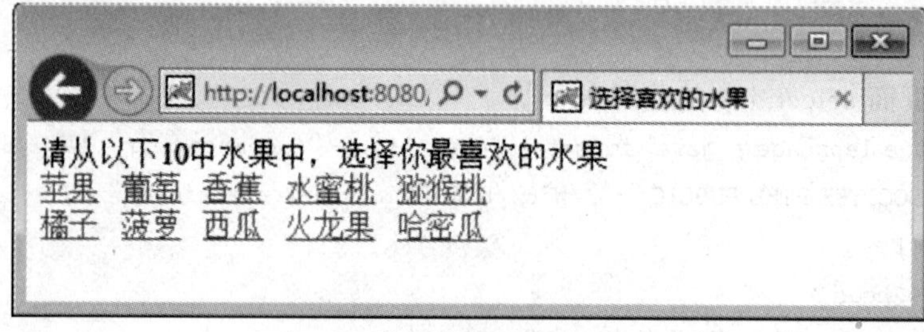

图 5.10　选择水果

图 5.11　选择结果

在示例 7 中,在每个跳转页面的后面都有一个“?”,以及一个参数名“fruit”,每一个参数的值就是所选择的水果。而在结果页面中使用 request 对象的 getParameter()方法,读取参数“fruit”的值,达到了数据的传递效果。需要注意以下几点。

(1)使用超链接进行数据传递时,采用的是 GET 方式提交请求。如果在传递数据中存在中文,需要对数据进行重编码,这里使用 String 对象的方法实现。

(2)当传递多个数据时,可用“&”连接。例如:

```
<a href="fruit.jsp? fruit=苹果&id=1">苹果</a>。
```

(3)使用转发也可以通过这种方式传递数据,采用的是 POST 方式提交请求,如:

```
request.getRequestDispatcher("fruit.jsp? fruit=苹果&id=1")
```

```
.forward(request,response);
```

5.3.3 技能训练

实现邮箱登录验证。

需求说明：

(1)制作邮箱登录页面。

(2)用户通过登录页面输入用户名和密码。

(3)如果用户名为 admin，密码为 123456，在欢迎页面显示“你好：admin!”。

(4)如果验证失败，则返回登录页面重新登录。

提示：

(1)用户验证通过后，使用 request. getRequestDispatcher(). forward()方法实现页面转发。

(2)用户验证失败后，使用 response. sendRedirect()方法实现重定向。

5.4 技能训练

5.4.1 显示新闻主题列表

需求说明：

实现新闻在线系统的显示新闻主题列表，管理员单击“编辑主题”超链接后，进入主题列表页面，如图 5.12 所示。

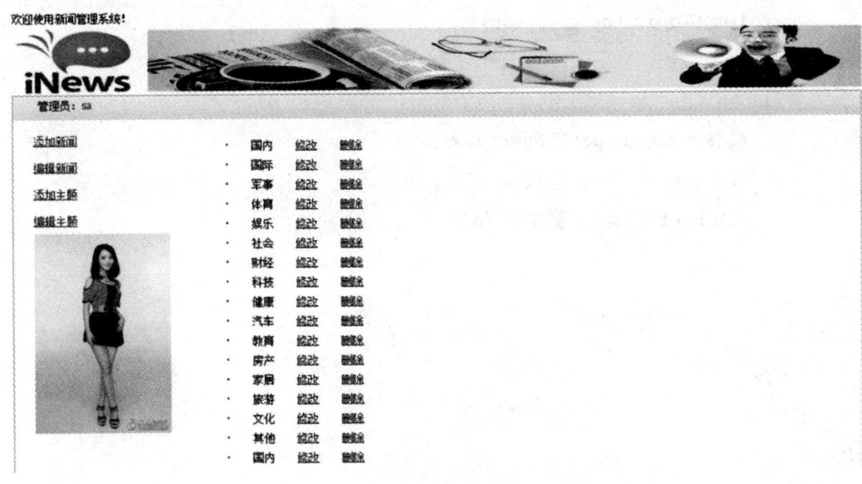

图 5.12 新闻主题列表页面

提示：

管理员 admin. jsp 的左侧 left. jsp 页面的代码如下。

```
<div id = "opt_list">
<ul>
<li><a href = "#">添加新闻</a></li>
```

```
<li><a href="#">编辑新闻</a></li>
<li><a href="topic_add.jsp">添加主题</a></li>
<li><a href="util/topic_control.jsp? opr=list">编辑主题</a></li>
</ul>
</div>
```

编辑主题的处理页面 topic_ control.jsp 的关键代码如下。

```
<%
    String opr = request.getParameter("opr");
    TopicsDao topicsDao = new TopicsDaoImpl();
    if (opr.equals("list")) {
        List<Topic> list = topicsDao.getAllTopics();
        request.setAttribute("list",list);
        request.getRequestDispatcher("../newspages/topic_list.jsp")
                                    .forward(request,response);
    }
%>
```

显示主题列表页面 topic_list.jsp 的关键代码如下。

```
<div id="opt_area">
    <ul class="classlist">
        <%
            List<Topic>list
                    =(List<Topic>)request.getAttribute("list");
            for (Topic topic : list) {
        %>
        <li>
            <% =topic.getT_Name() %>
            <a href='#'>修改</a>
            <a href='#'>删除</a>
        </li>
        <%
            }
        %>
    </ul>
</div>
```

5.4.2 添加新闻主题

需求说明:

实现新闻在线系统的添加主题功能,管理员单击“添加主题”超链接后,进入添加主题页面,如图 5.13 所示。输入主题名称,单击【提交】按钮实现主题的添加。

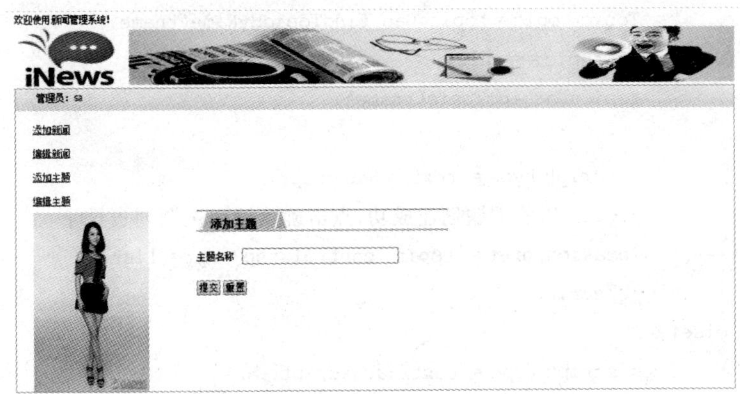

图 5.13 添加新闻主题页面

提示:

(1)访问数据库查询该主题是否已存在。

(2)主题已存在则返回主题发布页面。

(3)主题不存在则保存主题到数据库中。

(4)给出保存是否成功提示,并跳转回主题列表显示。

添加主题的 topic_add. jsp 页面的关键代码如下。

```
<h1 id="opt_type">添加主题:</h1>
<form action="../util/topic_control.jsp? opr=add" method="post" onsubmit="return check()">
<p>
<label>主题名称</label>
<input name="tname" type="text" class="opt_input" id="tname"/>
</p>
<input name="action" type="hidden" value="addtopic"/>
<input type="submit" value="提交" class="opt_sub" />
<input type="reset" value="重置" class="opt_sub" />
</form>
```

添加主题的处理页面 topic_control. jsp 的关键代码如下。

```
<%
    request.setCharacterEncoding("utf-8");
    String opr = request.getParameter("opr");
    TopicsDao topicsDao = new TopicsDaoImpl();
    if(opr.equals("list")){
        List<Topic> list = topicsDao.getAllTopics();
            request.setAttribute("list",list);
            request.getRequestDispatcher("../newspages/topic_list.jsp")
                                                    .forward(request,response);
            }elseif(opr.equals("add")){//添加主题
                String tname = request.getParameter("tname");
```

```
                Topic topic = topicsDao.findTopicByName(tname);
                if(topic == null){
                topicsDao.addTopic(tname);
%>
                <script type="text/javascript">
                alert("当前主题创建成功,点击确认返回主题列表!");
                location.href = "topic_ control.jsp? opr = list";
                </script>
    <% }else{ %>
                <script type="text/javascript">
                    alert("当前主题已存在,请输入不同的主题!");
                    location.href = "../newspages/topic_add.jsp";
                </script>
    <%
        }
}%>
```

5.4.3 修改、删除新闻主题

需求说明:

在主题列表中,选择某一项主题的超链接,跳转至修改主题页面并显示该主题名称,如图 5.14 所示。修改主题时,不能使用已有主题名,若使用则给出提示信息。删除主题时,需要判断该主题下是否包含新闻,如果有则不能删除并给出相应提示,否则进行删除。

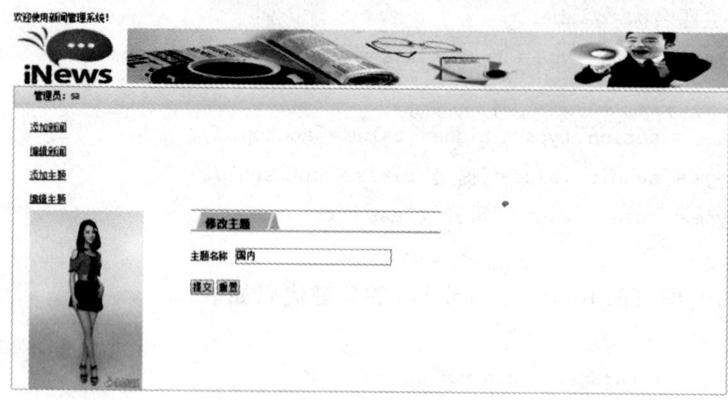

图 5.14 修改新闻主题页面

提示:

修改主题的控制页 topic_control.jsp 页面的关键代码如下。

```
<%
    String opr = request.getParameter("opr");
    TopicsDao topicsDao = new TopicsDaoImpl();
    if(opr.equals("update")){//更新主题
        String tid = request.getParameter("tid");
```

```
        String tname = request.getParameter("tname");
        Map<String,String> topic = new HashMap<String,String>();
        topic.put("tid",tid);
        topic.put("tname",tname);
        if(topicsDao.updateTopic(topic)>0){
%>
        <script type="text/javascript">
            alert("已经成功更新主题,点击确认返回主题列表");
            location.href="topic_ control.jsp? opr=list";
        </script>
            <%
                }else{
        %>
            <script type="text/javascript">
                alert("更新主题失败,点击确认返回主题列表");
                location.href="../newspages/topic_list.jsp";
            </script>
<%
        }
}%>
```

删除主题的控制页 topic_control.jsp 页面的关键代码如下。

```
<%
    if(opr.equals("del")){//删除主题
        String tid = request.getParameter("tid");
        NewsDao newsDao = new NewsDaoImpl();
        if(newsDao.getAllnewsByTID(Integer.valueOf(tid)).size()<=0){
            if(topicsDao.deleteTopic(tid)>0){
%>
            <script type="text/javascript">
                alert("已经成功删除主题,点击确认返回原来页面");
                location.href="topic_ control.jsp? opr=list";
            </script>
<%      }else{ %>
                <script type="text/javascript">
                alert("删除主题失败!请联系管理员查找原因!点击确认返回
                原来页面");location.href="topic_ control.jsp? opr=list";
                </script>
<%      }
        }else{ %>
                <script type="text/javascript">
                alert("该主题下还有文章,不能删除!");
```

```
            location.href = "topic_control.jsp? opr = list";
            </script>
<%      }
}
%>
```

本章总结

➢ 所谓内置对象就是 Web 容器加载的一组类的实例，不需要使用“new”关键字去获取实例。

➢ request 对象主要用于获取客户端用户提交的请求信息。

➢ response 对象与 request 对象相对应，用于响应客户端请求并向客户端返回响应信息。

➢ 转发和重定向区别如下：forward()只能将请求转发给同一个 Web 应用中的组件，而 sendRedirect()方法不仅可以重定向到当前应用程序中的其他资源，还可以重定向到其他站点的资源。forward()方法的调用者与被调用者之间共享相同的 request 对象和 response 对象；而 sendRedirect()方法调用者和被调用者使用各自的 request 对象和 response 对象，属于两个独立的请求和响应过程。

➢ 使用超链接进行数据传递时，采用的是 GET 方式提交请求。可以在超链接中传递多个参数与数据(如：<a href="fruit.jsp? fruit=苹果&id=1">苹果</a>)。

习题

一、选择题

1. 客户端请求一个 JSP 页面时，Web 容器会将客户端的请求信息封装在(   )中。

   A. out 对象　　B. respone 对象　　C. response 对象　　D. exception 对象

2. 在下列选项中，(   )可以准确地获取请求页面的一个名为 name 文本框的输入。

   A. request. getParameter(name)

   B. request. getParameter(“name”)

   C. request. getParameterValues(name)

   D. request. getParameterValues(“name”)

3. 使用 response 对象进行重定向，使用的是(   )方法。

   A. setRequestDispatcher()　　B. forward()

   C. sendRedirct()　　D. getRequestDispatcher()

4. JSP 内置对象 request 的 getParameterValues()方法的返回值是(   )。

   A. String[]　　B. Object[]　　C. String　　D. Object

5. 下面对 Http 请求消息使用 GET 和 POST 方法陈述正确的是(   )。

   A. POST 和 GET 方法提交表单时中文乱码处理方式相同

B. 可以使用 GET 方法提交敏感数据

C. 使用 POST 提交数据量没有限制

D. 使用 POST 方法提交数据比 GET 方法快

6. 对于转发与重定向的描述，错误的语句是(　　)。

A. 重定向是在客户端发生作用，通过请求新的地址实现页面转向

B. 使用重定向时可以在地址栏中看到转向后的 URL

C. 转发和重定向都可以实现在页面跳转，因而没有区别

D. 使用转发时由于是服务器内部控制权的转移，因而地址栏中的 URL 没有变化

7. 在 JSP 页面程序片中，可以使用(　　)将 strNumx=request. getParamter("ix")得到的数据类型转换为 Double 类型。

A. Double. parseString(strNumx)　　B. Double. parseDouble(strNumx)

C. Double. parseInteger(strNumx)　　D. Double. parseFloat(strNumx)

8. 当利用 request 的方法获取 Form 中元素时，默认情况下字符编码是(　　)。

A. ISO－8859－1　B. GB2312　　C. GB3000　　D. ISO－8259－1

二、简答题

1. 简述重定向和转发的区别。

2. 简述 POST 和 GET 表单提交方式的区别。

3. 简述 POST 和 GET 方法提交表单时中文乱码处理方式。

三、实训题

1. 使用 JSP 实现用户登录，用户名为 admin，密码为 123，登录后显示管理员信息。显示效果如图 5.15、5.16 和 5.17 所示。

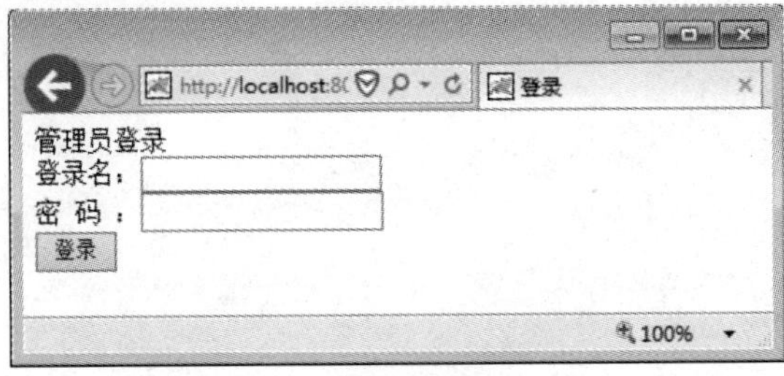

图 5.15　管理员登录页面

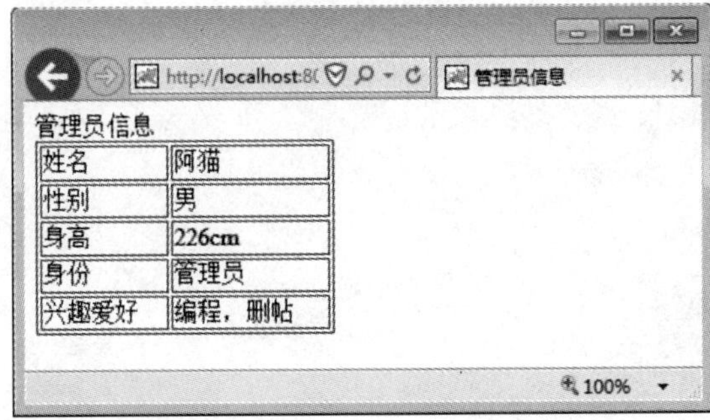

图 5.16　管理员信息展示

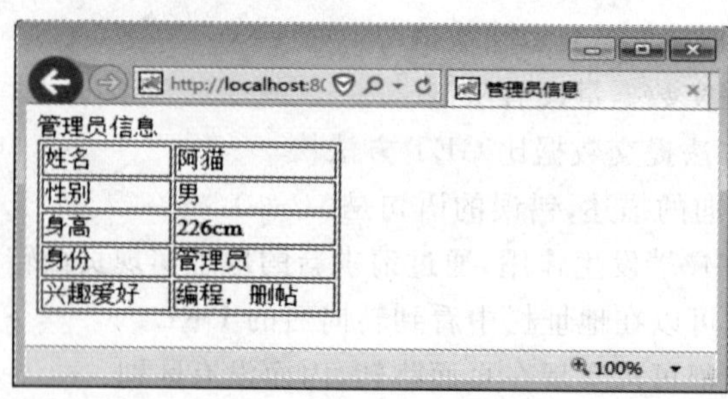

图 5.17　输入错误的提示信息

2. 编写一个 JSP 页面，要求提供一组复选框，让用户选择其出行时常乘坐的交通工具，提交后在页面上输出用户的所有选择项。

第 6 章 JSP 内置对象（二）

本章工作任务

- 完成新闻在线系统访问控制
- 统计新闻在线系统已访问人数
- 完成新闻在线系统按主题动态显示新闻列表
- 完成新闻在线系统新闻内容显示和发表评论

本章知识目标

- 掌握 session 的应用
- 掌握 application 的应用
- 掌握 JSP 对象的作用域
- 掌握 cookie 的应用

本章技能目标

- 了解 session、application 和 cookie 的原理
- 熟练应用 session、application 和 cookie

本章重点难点

- JSP 对象的作用域
- session、application 和 cookie 对象

前面已经掌握使用 request 对象和 response 对象处理用户请求与响应，本章将学习 session 对象、application 对象和 Cookie 技术的使用方法以及内置对象的作用域，并使用这些技术和对象开发新闻在线系统相关功能。

6.1 session 对象

6.1.1 session 对象常用方法

1. WEB 应用的会话

浏览器和 WEB 服务器之间使用 HTTP 协议进行传输数据，HTTP 是无状态协议，一旦数据交换完毕，客户端与服务器端的连接就会关闭，再次交换数据需要建立新的连接。这意味着每次客户端访问服务器时，都要单独打开一个服务器连接，也就是说，当服务器收到一个 HTTP 请求时，无论客户端是否是第一次访问，服务器都看作是第一次访问，因此服务器不会记录下先前客户端请求的任何信息。那么 WEB 服务器如何识别同一个用户的不同的请求呢？WEB 服务器提供会话跟踪技术，存储不同客户的信息来识别不同客户的请求。

在 WEB 应用中，一次会话就是指从用户打开浏览器访问 WEB 应用开始，到用户关闭浏览器退出访问这一中间的过程。一次会话可能包含多个请求和响应。常用的 WEB 会话跟踪技术是 Cookie 与 session。Cookie 通过在客户端保存信息确定用户身份，session 通过在服务器端保存信息确定用户身份。JSP 提供了对这两种技术的支持，本节介绍 session 技术，第 4 节介绍 Cookie 技术。

2. session 对象

session 对象是 HttpSession 类的实例，负责存取会话信息。当客户端第一次请求服务器资源时，服务器为其创建一个 session 对象，然后将标识 sessionid 在本次请求的响应返回到客户端并存放在 cookie 中，当客户端再次访问该服务器时，将 sessionid 提交到服务器端，服务器不再为该客户端创建新的 session 对象，直到客户关闭浏览器后，服务器端将该客户的 session 对象取消。当客户重新打开浏览器再连接到该服务器时，服务器为该客户再创建一个新的 session 对象。表 6-1 给出 session 对象的常用方法。

表 6-1　session 对象的常用方法

方法名称	说明
void setAttribute(String key,Object value)	以 key/value 的形式将对象保存到 session 中
Object getAttribute(String key)	通过 key 获取 session 中保存的对象
String getId()	获取 sessionid
long getCreationTime()	获取 session 对象创建的时间
void setMaxInactiveInterval(int interval)	设定 session 的最大活动时间，参数为负值表示 session 永远不会超时
int getMaxInactiveInterval()	获取 session 的最大活动时间，以秒为单位
void removeAttribute(String key)	从 session 中删除 key 所对应的对象
void invalidate()	注销当前 session 对象

示例 1 演示了 session 对象的 getId()方法和 set/getAttribute()方法。

示例 1：

sdemo.jsp 页面代码如下。

```
<%@ page language="java" import="java.util.*" pageEncoding="UTF-8"%>
<html>
    <head>
        <title>Session 方法演示</title>
    </head>
    <body>
        <%
            session.setAttribute("demo", "Session Demo");
            response.sendRedirect("sinfo.jsp");
        %>
    </body>
</html>
```

在 sinfo.jsp 中读取 session 对象信息，代码如下。

```
<%@ page language="java" import="java.util.*" pageEncoding="UTF-8"%>
<html>
    <head>
    <title>Session 信息显示</title>
    </head>
    <body>
        获取 sessionid:<%=session.getId()%><br/>
        获取 session 对象中保存的信息:<%=session.getAttribute("demo")%><br/>
        获取 session 创建时间:<%=new Date(session.getCreationTime())%><br/>
    </body>
</html>
```

示例 1 的运行结果如图 6.1 所示。当关闭浏览器后再次打开浏览器并运行示例 1，运行结果如图 6.2 所示，此时服务器重新创建一个 session 对象，sessionid 已发生改变。

图 6.1 示例 1 运行效果(一)

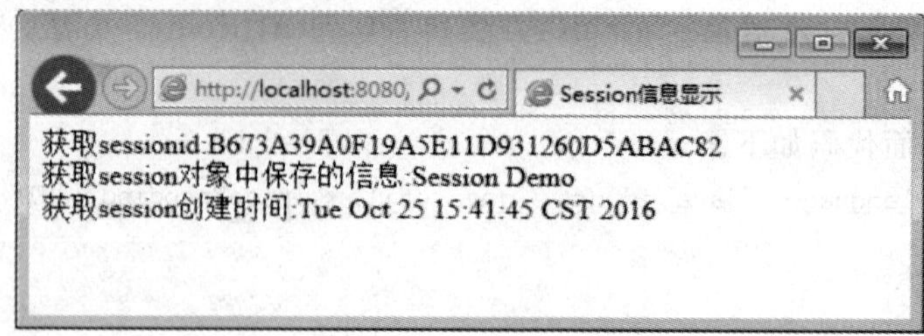

图 6.2 示例 1 运行效果(二)

6.1.2 session 实现访问控制

在新闻在线系统中,如果用户未登录,直接在浏览器地址栏输入"http://localhost:8080/iNews/admin.jsp"访问管理员页面时,则系统转到登录页面,提示用户登录。如果用户已经登录,则直接进入管理员页面。那么系统是如何判断用户是否已经登录该网站呢?这是简单的访问权限控制,需要通过 session 对象来完成。下面就使用 session 为新闻在线系统增加访问控制。

新闻在线系统中所有针对新闻的操作,如发布新闻、修改新闻、发布新闻标题和修改新闻标题等都只能由管理员才能完成,普通用户没有权限进行访问。实现访问控制流程的大致步骤为:

(1)用户在登录页面输入用户名和密码。

(2)在登录处理页面进行用户验证。

(3)如果验证成功,在 session 对象中保存用户信息,并转发到管理员页面。

(4)在管理员页面读取会话中的用户信息,并进行校验。

(5)校验失败,则返回登录页面。

实现代码如示例 2 所示。

示例 2:

登录处理页面 doLogin.jsp 的代码如下。

```
<%@ page language="java" import="java.util.*,com.aftvc.inews.biz.*,
com.aftvc.inews.biz.impl.*,com.aftvc.inews.entity.*" pageEncoding="UTF-8"%>
    <%
    request.setCharacterEncoding("UTF-8");
    //获取请求数据,并去除空格
    String name = request.getParameter("userName").trim();
    String pwd = request.getParameter("pwd").trim();
    UserBiz userBiz = new UserBizImpl();
    User user = userBiz.findUser(name,pwd);
    if(user == null){
        response.sendRedirect("index.jsp");
        }else{
        //保存用户登录信息
        session.setAttribute("login",name);
```

```
        session.setAttribute("user",user);
        request.getRequestDispatcher("admin.jsp")
                                              .forward(request,response);
    }
  %>
```

在管理员页面 admin.jsp 加入访问控制代码，如示例 3 所示。

示例 3：

```
  <%
  String login = (String)session.getAttribute("login");
      if(login == null){
          response.sendRedirect("index.jsp");
          return;
      }
  %>
```

在 admin.jsp 添加访问控制代码是防止用户直接在浏览器地址栏中输入管理员页面的地址，从而获得 admin.jsp 访问权限。

6.1.3　注销 session 对象方法

session 会话也是有时效的，如果超过 session 的最大活动时间，session 对象就失效了。注销 session 对象可以通过四种方式实现。

(1)通过 setMaxInactiveInterval()方法设置 session 的最大活动时间，例如，设置 15 分钟后 session 对象失效的代码如下。

```
sessison.setMaxInactiveInterval(15 * 60);
```

(2)在 web.xml 中设置。

```
<session-config>
<session-timeout>15</session-timeout>
</session-config>
```

其中 15 的单位是分钟，或设置为 0、-1 表示永不超时。

(3)在 Tomcat 目录/conf/web.xml 中找到<session-config>元素，其中<session-timeout>元素中的 30 就是默认的时间，单位是分钟，可以修改其值。

(4)调用 invalidate()方法实现注销 session。如果只想删除 session 中的某个对象，则可以调用 session.removeAttribute(String key)方法，将指定对象从 session 中清除，session 仍然有效。

6.1.4　技能训练

1. 实现新闻在线系统的访问控制

需求说明：

(1)新闻在线系统只允许管理员进入后台管理员操作页面。

(2)普通用户只有浏览新闻和发布评论的权限。

提示：

(1)session 是 JSP 内置对象，无须通过 new 关键字创建。

(2)使用 session. setAttribute(String key, Object value)方法保存用户登录信息。

(3)使用 session. getAttribute(String key)方法获取用户登录信息。该方法返回值是一个 Object 对象，必须要进行强制类型转换。

2. 使用 include 指令优化访问控制代码

需求说明：

(1)示例 3 在 admin. jsp 中添加了访问控制代码实现了该页面的访问控制，但还有许多二级页面。如，新闻发布和修改等，同样需要添加这些代码进行权限控制。

(2)可以将一些重用的内容写入一个单独的文件中，然后通过 include 指令引用该文件，从而缓解代码的冗余问题，并且修改时也更加方便。

提示：

(1)创建 accessControl. jsp 文件，编写访问控制代码如下所示。

```
<%
String login = (String)session.getAttribute("login");
    if(login == null){
        response.sendRedirect("index.jsp");
        return;
    }
%>
```

(2)通过 include 指令在每个要实施访问控制的页面中包含 accessControl. jsp 文件。

```
<%@ include file="应用文件路径" %>
```

6.2 application 对象

6.2.1 application 对象常用方法

application 对象是 javax. servlet. ServletContext 类的实例，负责存取 Web 应用程序在服务器中运行时的一些全局信息，因此，通过 application 对象可以实现多客户间的数据共享。一个 Web 服务器通常部署多个 Web 应用，当 Web 服务器启动时，自动为每个 Web 应用创建一个 application 对象，这些 application 对象各自独立，而且和 Web 应用一一对应，访问同一个 Web 应用的所有客户都共享一个 application 对象。当服务器关闭时，application 对象消失。application 对象的常用方法如表 6-2 所示。

表 6-2 application 对象的常用方法

方法名称	说明
void setAttribute(String key, Object value)	以 key/value 的形式将对象保存到 application 中
Object getAttribute(String key)	通过 key 获取 application 中保存的对象
String getRealPath(String path)	获取资源在服务器上的物理路径(绝对路径)
String getContextPath()	获取当前 Web 应用程序的根目录

6.2.2 application 实现网页计数器

下面通过一个案例来演示 application 的使用。由于 application 对象能够存取 Web 应用程序的一些全局信息，如果希望在网站中统计并显示已访问人数，可以使用 set/getAttribute()方法来实现，具体实现代码如示例 4 所示。

示例 4：

在登录控制页面中增加如下代码。

```
<%
Integer count = (Integer)application.getAttribute("COUNT");
if(count! = null){
    count = count + 1;
}else{
    count = 1;
}
application.setAttribute("COUNT",count);
%>
```

代码说明：

这里使用 COUNT 存储统计的访问人数，由于无法控制是第几个用户访问本网站，所以先通过 getAttribute()方法取值进行判断。如果 COUNT 为 null，说明是第一个访问本网站的用户，赋值为 1，否则在原来计数上加 1。

统计页面增加的代码如下。

```
<%
Integer i = (Integer)application.getAttribute("COUNT");
out.println("您好，你是第 " + i + "位访问本网站的客户");
%>
```

示例 4 运行效果如图 6.3 所示。

图 6.3 示例 4 运行效果

6.2.3 技能训练

统计网页已访问人数

需求说明

实现统计网站在线人数的功能，在网页中显示访问的人数统计，每当访问页面时，计算器加 1。运行效果如图 6.4 所示。

图 6.4　统计在线人数

6.3　对象的作用域

在 JSP 中为内置对象提供了四种作用域，分别是 page 作用域、request 作用域、session 作用域和 application 作用域。作用域规定的是内置对象的有效期。

6.3.1　page 作用域

具有 page 范围的对象被绑定到 pageContext 对象中，在这个范围内的对象，只能在创建对象的页面中访问。可以调用 pageContext 内置对象的 set/getAttribute 方法来访问具有这种范围的对象，该对象提供了对 JSP 页面中所有的对象及命名空间的访问，使用这个对象可以访问 application 对象、session 对象和 request 对象等。Page 范围的对象，在客户端每次请求 JSP 页面时创建，在页面向客户端发送响应或者请求被转发或者重定向之后这个对象或属性就会被删除了。示例 5 代码演示了 page 作用域。

示例 5：

pageOne.jsp 页面的关键代码如下。

```
<%
pageContext.setAttribute("TestPage", "TestPageScope");
%>
pageOne:<%= pageContext.getAttribute("TestPage") %>
<%
pageContext.include("pageTwo.jsp");
%>
```

pageTwo.jsp 页面的关键代码如下。

```
pageTwo:<%= pageContext.getAttribute("TestPage") %>
```

代码说明：

(1)在 pageOne.jsp 页面中，调用 pageContext 对象的 setAttribute()方法将字符串"TestPageScope"保存到 page 作用域，然后调用 pageContext 对象的 getAttribute()方法获取值。

(2)在 pageOne.jsp 通过 pageContext 对象的 include()方法将 pageTwo.jsp 响应结果包含到 pageOne.jsp 页面中。

示例 5 的运行效果如图 6.5 所示。在 pageTwo.jsp 页面中，也就是另一个 page 作用域中，则无法访问到"TestPageScope"对象，即“pageTwo:null”。

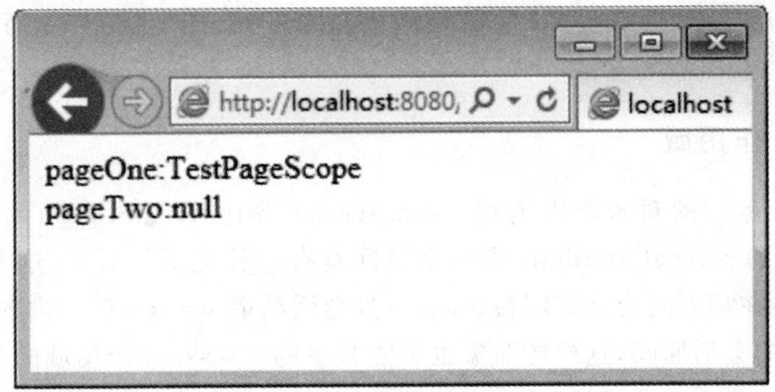

图 6.5　示例 5 运行效果

6.3.2　request 作用域

具有 request 范围的对象被绑定到 javax.servlet.ServletRequest 对象中，可以调用 request 内置对象的 set/getAttribute 方法来访问具有这种范围的对象，request 范围内的对象只对同一个请求是有效的。一旦请求结束，request 范围内的对象就被删除，也就是说不同请求之间是不能共享这个范围内的对象。request 对象的作用域的演示代码如示例 6 所示。

示例 6：

requestOne.jsp 页面的关键代码如下。

```
<%
    request.setAttribute("TestReqest","TestReqestScope");
    request.getRequestDispatcher("requestTwo.jsp")
                                        .forward(request,response);
%>
```

requestTwo.jsp 页面的关键代码如下。

```
request 作用域内的对象:<%= request.getAttribute("TestReqest") %>
```

示例 6 的运行效果如图 6.6 所示。

图 6.6　示例 6 运行效果

如示例 6 所示，在 requestOne.jsp 页面中，通过 RequestDispatcher 对象的 forward()方法转发至 requestTwo.jsp，所以在 requestTwo.jsp 页面中可以访问到"TestReqScope"对象。

如果采用 response. sendRedirect()重定向到 requestTwo. jsp,则在该页面中不能访问到"TestReqScope"对象。

6.3.3 session 作用域

具有 session 范围的对象被绑定到 javax. servlet. http. HttpSession 对象中,可以调用 session 内置对象的 set/getAttribute 方法来访问具有这种范围的对象,这个范围的对象是针对会话的,只能在相同的会话期间被访问,一旦会话结束 session 范围内的对象就被删除,也就是在说不同的会话期间,这样的对象也不能共享的。session 作用域的演示代码如示例 7 所示。

示例 7:

sessionOne. jsp 页面的关键代码如下。

```
<%
    request.setAttribute("TestReqest", "TestReqestScope");
    session.setAttribute("TestSession","TestSessionScope");
    response.sendRedirect("sessionTwo.jsp");
%>
```

sessionTwo. jsp 页面的关键代码如下。

```
request 作用域内的对象:<% = request.getAttribute("TestReqest") %><br/>
session 作用域内的对象:<% = session.getAttribute("TestSession") %>
```

示例 7 的运行效果如图 6.7 所示。使用 response 对象将页面重定向至 sessionTwo. jsp,在 sessionTwo. jsp 中能够读取到 session 对象。由此可见 session 作用域内的对象在该会话有效期内可以访问,使用 response. sendRedirect()重定向到另外一个页面时,相当于重新发起了一次请求,所以上一次请求中的 request 对象则失效。

图 6.7 示例 7 运行效果

6.3.4 application 作用域

具有 application 范围的对象被绑定到 javax. servlet. ServletContext 对象中,可以调用 application 内置对象的 set/getAttribute 方法来访问具有这种范围的对象。在 Web 应用运行期间,所有的页面都可以访问这个范围的对象。application 作用域的演示代码如示例 8 所示。

示例 8：

applicationOne.jsp 页面的关键代码如下。

```
<%
session.setAttribute("TestSession","TestSessionScope");
application.setAttribute("TestApplication","TestApplicationScope");
response.sendRedirect("applicationTwo.jsp");
%>
```

applicationTwo.jsp 页面的关键代码如下。

```
session 作用域内的对象：<% = session.getAttribute("TestSession") %><br/>
application 作用域内的象：<% = application.getAttribute("TestApplication") %>
```

示例 8 的运行效果如图 6.8 所示。

图 6.8　示例 8 运行效果(一)

如果关闭当前浏览器，重新打开浏览器直接访问 applicationTwo.jsp，运行效果如图 6.9 所示。因为关闭浏览器后，当前 session 对象失效了，重新打开浏览器将重新创建一个新会话，新的 session 作用域中没有相关对象，所以显示 null。而 application 作用域针对当前 Web 应用的，因而数据可以被再次读取到。

图 6.9　示例 8 运行效果(二)

6.4 Cookie对象

6.4.1 Cookie会话跟踪

Cookie也是一种技术，在session出现之前，Web应用都采用Cookie来跟踪会话。在JSP中使用Cookie的步骤如下。

首先在服务器端创建Cookie对象，用来保存需要存储到客户端的信息，然后调用response.addCookie()方法将其发送到客户端，当客户端访问服务器端时通过调用request.getCookies()从客户端读入所有Cookie对象。getCookies()方法返回一个Cookie对象数组，循环访问该数组的各个元素并调用getName()方法获取Cookie的名字，然后调用getValue()方法取得与指定名字关联的值。

Cookie类在javax.servlet.http包下，当JSP翻译成.java文件时，自动导入javax.servlet.http.Cookie类，Cookie对象的方法很多，表6-3列出了几个常用的方法。

表6-3 Cookie对象的常用方法

方法名称	说明
Cookie(String name,String value)	构造函数，name用于代表cookie的名称，value表示cookie的值。
void setMaxAge(int expiry)	设置cookie的有效期，以秒为单位
void setValue(String value)	设置cookie的值
String getName()	获取cookie的名称
String getValue()	获取cookie的值
intgetMaxAge()	获取cookie的有效时间，以秒为单位

示例9演示了在JSP中使用Cookie技术的方法。

示例9：

首先在testCookie.jsp创建两个Cookie对象分别用来保存用户名和密码，然后通过response.addCookie()方法写入客户端，最后重定向到cookieInfo.jsp页面。关键代码如下。

```
<%
    Cookie nameCookie = new Cookie("name","marry");
    Cookie pwdCookie = new Cookie("pwd","123123");
    response.addCookie(nameCookie);
    response.addCookie(pwdCookie);
    response.sendRedirect("cookieInfo.jsp");
%>
```

在cookieInfo.jsp中使用request.getCookies()获取客户端所有Cookie对象，关键代码如下。

```
<%
    Cookie[] cookies = request.getCookies();
```

```
        String name = "";
        String pwd = "";
    if (cookies != null) {
        for (Cookie cookie : cookies) {
            if (cookie.getName().equals("name"))
                name = cookie.getValue();
            else if (cookie.getName().equals("pwd"))
                pwd = cookie.getValue();
        }
    }
    out.print("姓名:" + name + ",密码:" + pwd);
    %>
```

示例 9 的运行效果如图 6.10 所示。

图 6.10 示例 9 的运行效果

在 session 进行会话跟踪时，也需要使用 Cookie 在客户端保存 sessionid 信息。示例 10 演示了这一过程。

示例 10：

在 sessionid.jsp 页面代码如下。

```
<%
response.sendRedirect("sidInfo.jsp");
%>
```

在 sidInfo.jsp 中进行读取，代码如下。

```
sessionid:<% = session.getId() %><br>
<%
    Cookie[] cookies = request.getCookies();
    if (cookies != null) {
        for (Cookie cookie : cookies) {
%>cookieName:<%= cookie.getName() %><br>
            cookieValue:<% = cookie.getValue() %><br>
<%
        }
    }
%>
```

示例 10 的运行效果如图 6.11 所示。

图 6.11　示例 10 的运行效果

从图 6.11 的输出结果中可以看出，Cookie 对象的值与 sessionid 的值是一致的。sessionid 通过名为 JSESSIONID 的 Cookie 对象保存在客户端。sessionid.jsp 使用 response 进行重定向，不能改为转发，因为重新向服务器发送了一个请求，服务器已经对上一个请求做出了处理，在客户端写入了 Cookie。如果使用转发的形式，那么服务器接收的是相同的请求，并没有返回响应，因而在客户端没有写入 Cookie。

6.4.2　Cookie 的有效期

一个 Cookie 在客户端存在的时间并不是无期限的，也有生命周期。可以指定 Cookie 在客户端的有效期，在有效期内 Cookie 始终存在并能够被读取，当到达 Cookie 有效期后 Cookie 会被从客户端清除。通过 Cookie 对象的 setMaxAge(int expiry)方法设置 Cookie 有效期，其中，参数 expiry 代表 Cookie 的有效时间，以秒为单位。expiry 参数的值有以下几种情况。

(1)expiry 参数值大于 0，表示 Cookie 的有效存活时间。

(2)expiry 参数值等于 0，表示删除 Cookie。

(3)expiry 参数值为负数或者不设置，表示 Cookie 会在当前窗口关闭后失效。

示例 11 演示了该方法的使用。

示例 11：

设置 cookie 有效期的页面 cookieAge.jsp 代码如下。

```
<%
    Cookie cookie = new Cookie("Test","testCookie");
    cookie.setMaxAge(30);
    response.addCookie(cookie);
    response.sendRedirect("showInfo.jsp");
%>
```

编写 showInfo.jsp 页面代码如下。

```
<%
    Cookie[] cookies = request.getCookies();
    boolean flag = false;
    if (cookies != null) {
    for (Cookie cookie : cookies) {
```

```
            if (cookie.getName().equals("Test")) {
                flag = true;
                out.print("读取 Cookie 的值:" + cookie.getValue());
            }
        }
        }
    if (!flag) {
        out.print("Cookie 已失效,无法读取 Cookie");
        }
    %>
```

示例 11 中的执行效果如图 6.12 所示，Cookie 有效期是 30 秒，在此期间内可以对 Cookie 进行读取，一旦超过 30 秒，直接访问 showInfo.jsp 将无法读取 Cookie，如图 6.13 所示。

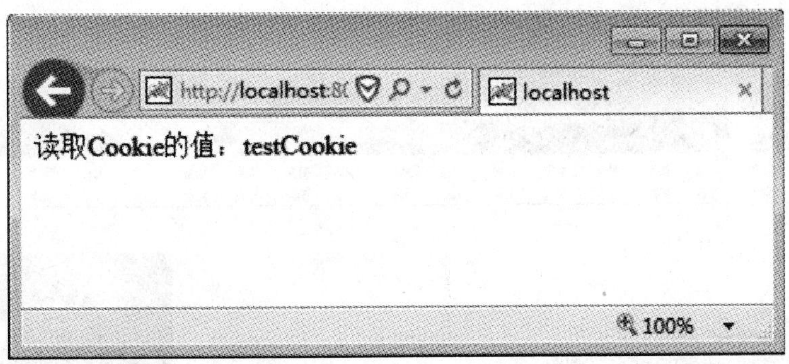

图 6.12　示例 11 运行效果(一)

图 6.13　示例 11 运行效果(二)

6.4.3　技能训练

使用 Cookie 对新闻在线系统管理员操作实施访问控制。

需求说明：

(1)用户第一次登录成功后在 Cookie 中保存用户的登录信息，并重定向到管理员页面。

(2)设置 Cookie 有效期为 10 分钟。

(3)在 Cookie 有效期内用户再次访问管理员页面时，先读取 Cookie 判断用户是否已登录。如果已登录，则直接显示管理员页面，否则，转到登录页面。

提示:

(1)用户登录后,创建 Cookie 保存用户信息。

(2)使用 setMaxAge(10 * 60)设置 Cookie 的有效期为 10 分钟。

(3)循环遍历 Cookie 数组,判断是否存在指定名称的 Cookie。

6.5 技能训练

6.5.1 按主题动态显示新闻列表

需求说明:

用户访问首页时,当选择某一新闻主题时,则显示该主题的所有新闻列表,如图 6.14 所示。

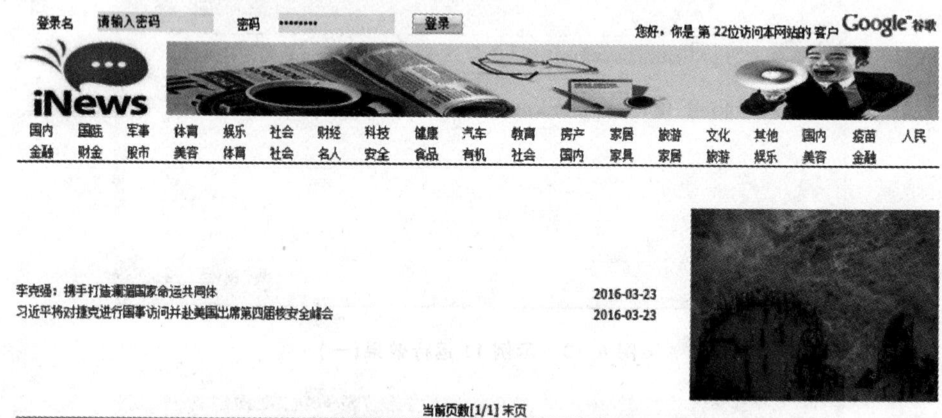

图 6.14 查看特定主题的新闻列表

提示:

新闻的控制页面 new_control.jsp 的关键代码如下。

```
<%
request.setCharacterEncoding("utf-8");
    String opr = request.getParameter("opr");
    NewsDao newsDao = new NewsDaoImpl();
TopicsDao topicDao = new TopicsDaoImpl();
    if(opr.equals("list")){
    List<News> list = newsDao.getAllnews();
    session.setAttribute("list",list);
    response.sendRedirect("admin.jsp");
}else if(opr.equals("listTitle")){//首次进入首页面
    List<Topic> list4 = topicDao.getAllTopics();
    List<News> list5 = newsDao.getAllnews();
    session.setAttribute("list4",list4);//所有的主题
```

```
        session.setAttribute("list5",list5);//所有新闻
        response.sendRedirect("index.jsp");
        }else if(opr.equals("topicNew")){//某主题下的新闻
        String Tid = request.getParameter("tid");
        List<News> list5 = newsDao.getAllnewsByTID(Integer.valueOf(Tid));
        session.setAttribute("list5",list5);//某主题下的新闻
        response.sendRedirect("index.jsp");
    }
    %>
```

首页主题动态显示的页面的关键代码如下。

```
  <table width = "934" border = "0" align = "center">
  <tr>
        <%
        int j = 0;
        for (Topic topic : topicsList) {
            j++;
            if (j % 20 == 0){//每行显示20个主题
        %>
  </tr>
  <tr>
        <%
        }
        %>
        <td height = "20" align = "center">
        <ahref = "util/news_control.jsp? opr = topicNew&tid = <% = topic.getT_Id() %
>">
        <% = topic.getT_Name() %></a>
        </td>
        <%
        }
        %>
  </tr>
  </table>
  ……//其他内容省略
  <table>
  <%
        for(Newsnews:newsList){//newsList是存放某主题的新闻列表%>
  <tr>
        <td width = "600">
        <a href = "read.jsp? nid = <% = news.getN_Id() %>"><% = news.getN_Title() %>
</a>
```

```
</td>
<td width="100"><% =news.getN_Createdate()  %>
</td>
</tr>
<%}%>
</table>
```

6.5.2 新闻内容显示

需求说明:

用户单击新闻列表中的某一条新闻标题后,进入新闻浏览页面,显示新闻的具体内容及新闻评论,页面效果如图 6.15 所示。如果此条新闻没有新闻评论,则显示“暂无评论!”。

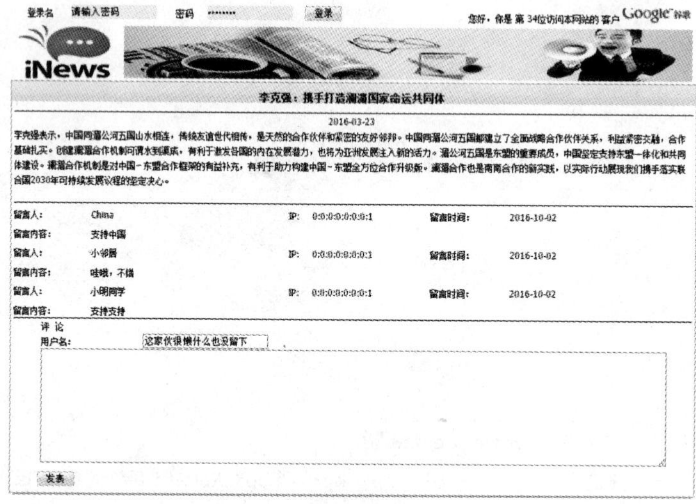

图 6.15 新闻内容显示

提示:

(1)编写根据新闻 ID 读取评论的方法。

(2)编写读取单条新闻的方法,读取新闻时调用根据新闻 ID 读取评论的方法,并将评论集合通过 setter 方法进行封装。

(3)在显示单条新闻时,通过 getter 方法将集合取出,判断集合是否为空并做相应显示。

新闻浏览页面 read.jsp 的关键代码如下。

```
……//省略部分代码
<table width="934" border="0" cellpadding="0" cellspacing="0">
    <tr>
        <td width="600" height="40" align="center" class="tddown">
            <span class="STYLE1"><% =news.getN_Title() %></span>
        </td>
    </tr>
<tr>
```

```
    <td width="600" align="center"><%=news.getN_Createdate()%></td>
</tr>
<tr>
    <td width="600" align="left">
        <span class="content2"><%=news.getN_Content()%></span>
    </td>
</tr>
<tr>
<td class="tddown"> </td>
</tr>
<tr>
    <td width="934" height="107" valign="middle" class="tddown">
    <%
        if (commentlist.size()!=0) {
    %>
<table width="900" border="0" cellpadding="0">
<%
    for (Comment comment : commentlist) {
%>
<tr>
    <td width="58" height="31">留言人:</td>
    <td width="253"><%=comment.getC_Author()%></td>
    <td width="31"><p>IP:</p></td>
    <td width="150"><%=comment.getC_Ip()%></td>
    <td width="100">留言时间:</td>
    <td width="200"><%=comment.getC_Date()%></td>
</tr>
<tr>
    <td width="100">留言内容:</td>
    <tdcolspan="5"><%=comment.getC_Content()%></td>
</tr>
<%}%>
</table>
<%} else {%>暂无评论!<%}%>
    ……
<td width="75">用户名:</td>
<%
if (session.getAttribute("admin")!=null
    && session.getAttribute("admin").toString().length()>0) {
%>
<input id="cauthor" name="cauthor"
```

```
        value = "<% = session.getAttribute("admin") %>" />
<% } else { %>
<input id = "cauthor" name = "cauthor" value = "这家伙很懒什么也没留下" />
<% } %>
……//省略部分代码
```

6.5.3 发表新闻评论

需求说明：

用户在浏览某条新闻内容的同时，可以对该条新闻发表评论，用户可以匿名发表评论，如果是登录用户，则默认保存用户名，同时记录用户的IP地址。页面效果如图6.16所示。

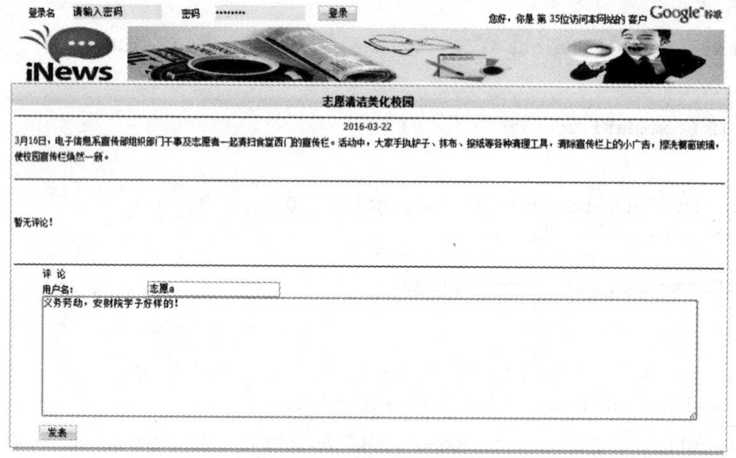

图6.16 发表新闻评论

提示：

(1)用户如果以匿名的方式发表评论，则默认用户名为“这家伙很懒什么也没留下”。

(2)使用request对象的getRemoteAddr()方法记录用户的IP地址。

(3)编写添加评论的方法，实现评论的添加。

(4)添加评论后返回新闻浏览页面，显示已添加的评论，如图6.17所示。

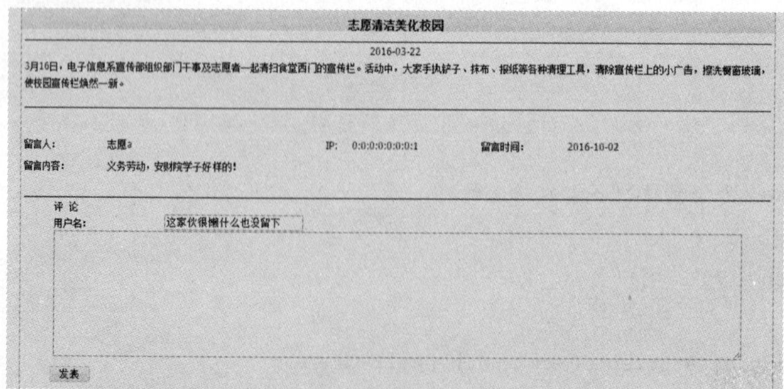

图6.17 添加评论

本章总结

➢ session 对象可以保持每个用户的会话信息，为不同的用户保存数据，主要通过一个唯一的标识 sessionid 来区分每个用户，而 sessionid 存储在客户端。

➢ JSP 中 session 与 Cookie 的区别：session 保存在服务器，Cookie 保存在客户端；session 中保存的是对象，Cookie 中保存的是文本；session 在用户会话结束后就会关闭，但 Cookie 因为保存在客户端，可以长期保存。Cookie 安全性不够高，所有的 Cookie 都是以纯文本的形式记录于文件中，因此如果要保存用户名和密码等信息时，最好先经过加密处理。

➢ JSP 中每个对象都有其特定的作用域，作用域定义了 JSP 访问这些对象的原则，在 JSP 中有四种作用域的划分，分别为：page 作用域、request 作用域、session 作用域和 application 作用域。

(1)如果把变量放到 pageContext 里，作用域是 page，有效范围只在当前 JSP 页面里。

(2)如果把变量放到 request 里，作用域是 request，有效范围是当前请求周期。

(3)如果把变量放到 session 里，作用域是 session，有效范围是当前会话。

(4)application 作用域里的变量，存活时间是最长的，如果不关闭服务器，就一直可以使用。

➢ JSP 九个内置对象和四个作用域如表 6-4 所示。

表 6-4 JSP 内置对象和作用域

对象名称	类型	作用域
request	javax. servlet. ServletRequest	request
response	javax. servlet. ServletResponse	page
pageContext	javax. servlet. jsp. PageContxt	page
session	javax. servlet. http. HttpSession	session
application	javax. servlet. ServletContext	application
out	javax. servlet. jsp. JspWriter	page
config	javax. servlet. ServletConfig	page
page	java. lang. Object	page
exception	java. lang. Throwable	page

习题

一、选择题

1. 在 JSP 中作用域由小到大的组合是(　　)。

A. request，pagesession，application

B. page，request，session，application

C. pageContext，request，session，application

D. pageScope，request，sessionScope，applicationScope

2. 不能在不同用户之间共享数据的方法是（　　）。

A. 通过 cookie　　B. 利用文件系统

C. 利用数据库　　D. 通过 ServletContext 对象

3. 关于 session 的使用，下列说话正确的是（　　）。

A. 不同的用户窗口具有不同的 session

B. 不同的用户窗口具有相同的 session

C. session 可能超时间

D. session 永远不可能超时

4. 如果要将一个用户名 Tony 保存在 session 对象中，则下列语句中正确的是（　　）。

A. session. setAttribute(name，jone)；

B. session. setAttribute("name"，"jone")；

C. session. setAttribute("jone"，"name)；

D. session. setAttribute("jone"，"name")；

5. 以下关于 Cookie 与 session 说法错误的是（　　）。

A. Cookie 可以长期保存在客户端

B. session 和 Cookie 都可以保存 Object 类型

C. session 是在服务器端保存用户信息的，Cookie 是在客户端保存用户信息

D. 在实际开发中，通常使用 Cookie 保存用户的银行账号和密码

6. 除了 Session 以外，还有（　　）也是会话跟踪技术

A. 隐藏表单　　B. 超链接　　C. URL 重写　　D. Cookie

7. 写入和读取 Cookie 的代码分别是（　　）。

A. request. addCookies()和 response. getCookies()；

B. response. addCookie()和 request. getCookie()；

C. response. addCookies()和 request. getCookies()；

D. response. addCookie()和 request. getCookies()；

8. 关于 session 的 getAttibute()和 setAttribute()方法，正确的说法是（　　）。

A. getAttributer()方法返回类型是 String

B. getAttributer()方法返回类型是 Object

C. setAttributer()方法保存数据时如果名字重复会抛出异常

D. setAttributer()方法保存数据时如果名字重复会覆盖以前的数据

二、简答题

1. 简述 session 和 application 作用域。

2. 简述 session 和 Cookie 的区别。

三、实践题

1. 编写一个 JSP 页面，产生 0～9 之间的随机数作为用户幸运数字，将其保存到会话中，并重定向到另一个页面中，在该页面中将用户的幸运数字显示出来。

2. 编写一个 JSP 页面，统计该网页被访问的次数。

第 7 章
EL 和 JSTL 技术

本章工作任务

- 使用 EL 表达式实现用户注册功能
- 使用 JSTL 和 EL 简化新闻栏目页面
- 使用 JSTL 和 EL 简化新闻列表页面
- 使用 JSTL 和 EL 读取新闻内容及评论并显示

本章知识目标

- 掌握 EL 表达式的语法
- 了解 EL 表达式隐式对象
- 掌握 JSTL 核心标签库和格式化标签

本章技能目标

- 熟练使用 EL 和 JSTL 表达式进行 JSP 页面开发

本章重点难点

- EL 表达式隐式对象
- JSTL 标签

本章将介绍JSTL标签库和EL表达式,实现无Java代码嵌入的JSP页面开发。主要介绍EL表达式的语法和隐式对象,JSTL的核心标签和格式化标签。

7.1 EL表达式

7.1.1 EL表达式

EL(Expression Language),表达式语言的灵感来自于ECMAScript和XPath表达式语言,提供了在JSP中简化表达式的方法,让JSP的代码更加简化。

当在JSP中使用嵌入Java代码的方式访问JavaBean的属性时,需要调用该属性的getter方法。如果访问的属性是String类型或者其他的基本数据类型,可以比较方便地达到目的。但是如果该属性是另外一个JavaBean的对象,就需要多次调用getter方法,而且有时还需要做强制类型转换。例如,有一个主人类(Owner),宠物类(Pet)是主人类中的一个属性,代码如示例1所示。

示例1:

```
public class Owner{
     private String name;//主人姓名
     private Pet pet;//主人有属于自己的宠物
     ......//属性的getter/setter方法
}
public class Pet {
     private String name;//宠物昵称
     private int health;//健康值
     ......//属性的getter/setter方法
}
```

现在的需求是在JSP中显示某个主人的宠物健康状况,那么必须先调用Owner对象的getPet()方法得到宠物对象,然后再调用宠物对象的getHealth()方法,才能得到宠物的健康值信息,关键代码如示例2所示。

示例2:

```
<%
     Owner owner = (Owner)request.getAttribute("pet");
     Pet pet = owner.getPet();
     int health = pet.getHealth();
%>
```

示例2中的代码可用EL表达式简洁的表示为:${requestScope.owner.pet.health}。使用EL表达式后大量减少了JSP页面的Java代码,而在JSP中嵌入Java代码不仅看起来混乱,而且导致程序可读性差,不易维护。

7.1.2 EL 表达式的语法

1. EL 表达式的语法格式

${EL 表达式}

EL 表达式的语法有两个要素：$ 和{}，二者缺一不可。

2. 操作符

(1)点操作符

EL 表达式通常由两部分组成：对象和属性。EL 表达式可以用“.”来访问对象的某个属性，例如，通过 ${owner. pet}可以访问 owner 对象的 pet 属性。

(2)“[ ]”操作符

与点操作符类似，“[]”操作符也可以访问对象的某个属性，如 ${owner["pet"]}可以访问宠物主人的宠物属性。但是，除此之外，“[]”操作符还提供了更加强大的功能。

· 当属性中包含了特殊字符如“.”或“—”等的情况下，就不能使用点操作符来访问，这时只能用“[]”操作符。例如：${ user. My—Name}应当改为 ${user["My—Name"]}。

· 如果有一个对象名为 array 的数组，那么可以根据索引值来访问其中的元素，如 ${array[0]}、${array[1]}或 ${array[“0”]}等。

· 如果要动态取值时，要使用“[ ]”，例如：

${sessionScope. user[data]}中 data 是一个变量。假若 data 的值为"sex"时，那上述的例子等于 ${sessionScope. user. sex}；假若 data 的值为"name"时，就等于 ${sessionScope. user. name}。

3. 变量

EL 存取变量数据的方法很简单，例如：${username}。意思是取出某一范围中名称为 username 的变量。因为并没有指定哪一个范围的 username，所以会依序从 page、request、session、application 范围查找。如找到 username，就直接回传，不再继续找下去，如全部的范围都没有找到时，就回传 null。

4. 关系操作符

在 EL 表达式中，有六个关系操作符，如表 7-1 所示。

表 7-1 EL 表达式中的关系操作符

关系操作符	说明	示例	结果
=(或 eq)	等于	${"a"=="a"}或("a" eq "a")	false
!=(或 ne)	不等于	${5!=6}或 ${5 ne 6}	true
<(或 lt)	小于	${5<6}或 ${5 lt 6}	true
>(或 gt)	大于	${5>6}或 ${5 gt 6}	false
<=(或 le)	小于等于	${5<=6}或 ${5 le 6}	true
>=(或 ge)	大于等于	${5>=6}或 ${5 ge 6}	false

5. 逻辑操作符

在 EL 中，有三个逻辑操作符，如表 7-2 所示。

表 7-2　EL 表达式中的逻辑操作符

关系操作符	说明	示例	结果
&&(或 and)	逻辑与	如果 A 为 true, B 为 false, 则 A&&B(或 A and B)	false
||(或 or)	逻辑或	如果 A 为 true,B 为 false,则 A||B(或 A || B)	true
!(或 not)	逻辑非	如果 A 为 true,则! A(或 not A)	false

6. Empty 操作符

Empty 操作符是一个前缀操作符,用于检测一个值是否为 null 或者 empty。例如,变量 a 不存在或 a 的值等于 null 时,则 ${empty a}返回的结果为 true, ${not empty a}或 ${! empty a}返回的结果为 false。

7. EL 表达式的使用范围

(1)可以在模板数据中使用。例如,<div> ${user. userName}</div>,<input type="text" name="userName" value=" ${user. userName}"/>。

(2)可以在 JavaScript 和自定义标签中使用。

(3)不能在脚本元素中使用。

8. EL 表达式可以自动转换类型

EL 除了提供方便存取变量的语法之外,另外一个方便的功能就是:自动转变类型,来看下面这个范例:

```
String str_count = request.getParameter("count");
int count = Integer.parseInt(str_count);
count = count + 20;
```

上述代码是 EL 表达式可表示为:

```
${param.count + 20}
```

7.1.3　EL 表达式隐式对象

在 JSP 中,学习了 pageContext、request、session 和 application 等若干内置对象。这些对象无须声明,就可以很方便地在 JSP 页面中使用。相应的,在 EL 表达式语言中也提供了一系列可以直接使用的隐式对象。EL 隐式对象按照使用途径的不同分为作用域访问对象、参数访问对象和 JSP 隐式对象。

1. pageContext 隐式对象

EL 表达式中的 pageContext 隐式对象与 JSP 页面中的 pageContext 对象相对应,EL 表达式可以通过 pageContext 隐式对象访问其他 JSP 隐式对象,如访问 request 和 response 对象属性时,可以使用表达式 ${pageContext. request. remoteAddr} 获取用户的 IP 地址,表达式 ${pageContext. response. contentType}等。

2. 作用域隐式对象

EL 作用域隐式对象有 pageScope、requestScope、sessionScope 和 applicationScope 分别用于访问 JSP 页面的 page、request、session 和 application 四个域中的属性。例如,表达式 ${sessionScope. userName}返回 session 作用域中的 userName 属性的值。作用域隐式对

象可以读取使用 JSP 内置对象 pageContext、request、session 以及 application 的 setAttribute()方法所设定的对象的数值,不能取得其他相关信息。

例如,EL 表达式可以使用 ${requestScope. objectName} 访问一个 request 范围的对象,还可以使用 ${requestScope. objectName. attributeName} 访问对象的属性,其他作用域对象的访问方法与此相同。使用 EL 表达式访问某个属性值,应该指定查找的范围,如 ${requestScope. owner},即在 request 范围内查找属性 owner 的值。例如,表达式 ${userName}就会在 page、request、session 和 application 这四个作用域内按顺序依次查找 userName 属性,直到找到为止。

3. 请求相关隐式对象

请求相关隐式对象包括:(1)请求参数的隐式对象 param 和 paramValues;(2)HTTP 请求消息的隐式对象 header 和 headerValues。请求相关隐式对象,如表 7-3 所示。

表 7-3 参数访问对象

对象名称	说明
param	将请求参数名称映射到单个字符串参数值。表达式 $(param. name) 相当于 request. getParameter (name)
paramValues	将请求参数名称映射到一个数值数组。与 param 隐式对象非常类似,但检索一个字符串数组而不是单个值。表达式 ${paramvalues. name) 于相当 request. getParamterValues(name)
header	将请求头名称映射到单个字符串头值。表达式 ${header. name} 相当于 request. getHeader(name)
headerValues	将请求头名称映射到一个数值数组。表达式 ${headerValues. name} 相当于 request. getHeaderValues(name)

4. cookie 隐式对象

EL 表达式中的隐式对象 cookie 是一个代表所有 Cookie 信息的 Map 集合,Map 集合中元素的关键字为各个 Cookie 的名称,值则为对应的 Cookie 对象。使用 cookie 隐式对象可以访问某个 Cookie 对象,这些 Cookie 对象是通过调用 HTTPServletRequest. getCookies()方法得到的,如果是多个 Cookie 共用一个名称,则返回 Cookie 对象数组中的第一个 Cookie 对象。例如,要访问一个名为 userName 的 Cookie 对象,可以使用表达式 ${cookie. userName}。表达式 ${cookie. name. value} 返回带有特定名称的第一个 cookie 值。

5. initParam 隐式对象

EL 表达式中的 initParam 是一个代表 Web 应用程序中的所有初始化参数的 Map 对象,每个初始化参数的值是 ServletContext. getInitParameter(String name)方法返回的字符串。主要用来读取设置在 web. xml 中的参数值。如,${initParam. DBDriver}获取 web. xml 中配置的相关参数,相当于调用 ServletContext. getInitparameter("DBDriver")。

下面通过一个案例讲解 EL 表达式在 JSP 页面中具体怎样使用。

制作一个宠物信息填写页面,包括宠物昵称、宠物类型和宠物技能,可以多选,提交后,用 EL 表达式展示宠物信息,如示例 3 所示。

示例 3：

宠物信息填写页面 input.jsp 的代码如下。

```
<%@ page language="java" import="java.util.*" pageEncoding="UTF-8"%>
<html>
<head><title>填写宠物信息</title></head>
<body>
<form id="inputFrm" action="showInfo.jsp" method="post">
<table>
<tr>
<td>宠物昵称:</td>
<td><input id=" nickName " name="nickName" type="text"></td>
</tr>
<tr>
<td>宠物类型:</td>
<td><input id="type" name="type" type="text"></td>
</tr>
<tr>
<td>宠物技能:</td>
<td>
<input name="skill" type="checkbox" value="Doing">抓老鼠
<input name="skill" type="checkbox" value="Running">赛跑
<input name="skill" type="checkbox" value="Getting">接飞碟
<input name="skill" type="checkbox" value="Swimming">游泳
<input name="skill" type="checkbox" value="Flying">飞行
</td>
</tr>
<tr>
<td colspan="2">
<input type="submit" value="提交">
</td>
</tr>
</table>
</form>
</body>
</html>
```

运行效果如图 7.1 所示。

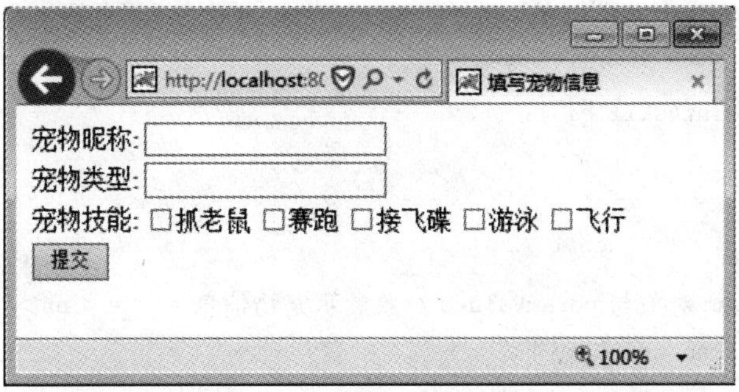

图 7.1 示例 3 运行效果

单击【提交】按钮，将表单提交到显示宠物信息页面，显示宠物信息页面 showInfo.jsp 的代码如示例 4 所示。

示例 4：

```
<%@ page language="java" import="java.util.*,com.aftvc.entity.
    Pet" pageEncoding="UTF-8"%>    <html>
    <head>
    <title>用EL展示宠物信息</title>
    </head>
    <body>
    <%
        request.setCharacterEncoding("UTF-8");
        //从请求参数中取得宠物昵称
        String nickName = request.getParameter("nickName");
        //宠物类型
        String type = request.getParameter("type");
        //宠物技能
    String[] skill = request.getParameterValues("skill");
    Pet pet = new Pet();
    pet.setNickName(nickName);
    pet.setType(type);
    pet.setSkill(skill);
    request.setAttribute("petObj", pet);
%>
    ====使用request作用域内的petObj对象展示宠物信息====<br>
填写成功,您的宠物的信息是:<br>
宠物昵称:${requestScope.petObj.nickName }<br>
宠物类型:${requestScope.petObj.type }<br>
宠物技能:
<%
    for (int i=0; i < skill.length; i++) {
```

```
            if (i > 0) {
                out.print("、");
            }
            out.print(skill[i]);
        }
    %>
    <br/><br/>
    ==== 使用 param 对象与 paramValues 对象展示宠物信息 ==== <br>
    宠物昵称：${param.userName }<br>
    宠物类型：${requestScope.petObj.type }<br>
    宠物技能：
    <%
    for (int i = 0; i < skill.length; i++) {
    if (i > 0) {
                out.print("、");
            }
            request.setAttribute("i",i);    //将索引放到请求域中
    %>
            ${paramValues.skill[i]}
    <%
        }
    %>
        </body>
    </html>
```

该页面的运行效果如图 7.2 所示。

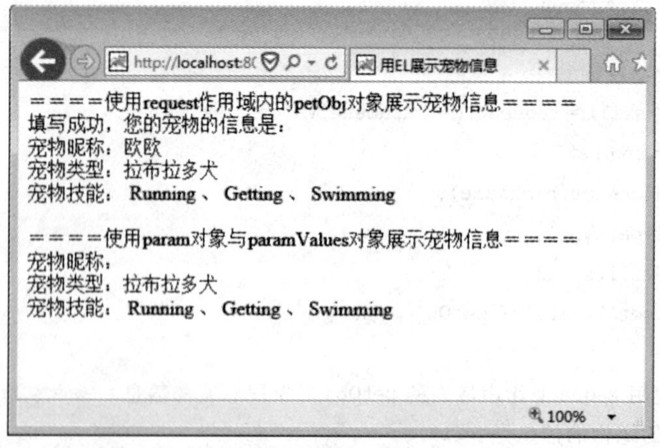

图 7.2　示例 4 运行效果

7.1.4　技能训练

使用 EL 表达式实现注册信息显示。

需求说明：

通过注册信息输入页面提交信息，然后注册结果页面上使用 EL 表达式显示注册信息。页面效果如图 7.3 和 7.4 所示。

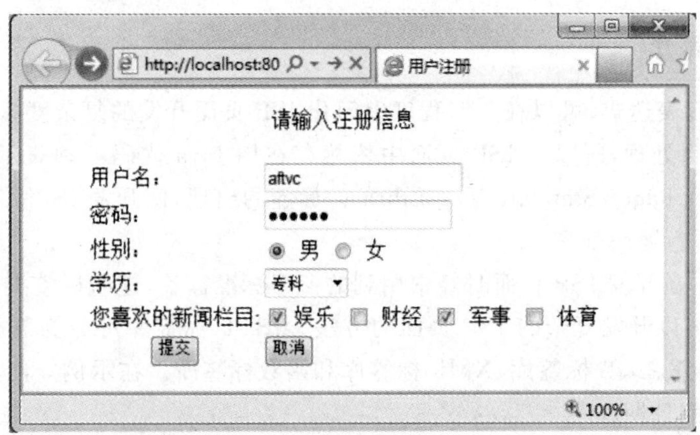

图 7.3　注册页面

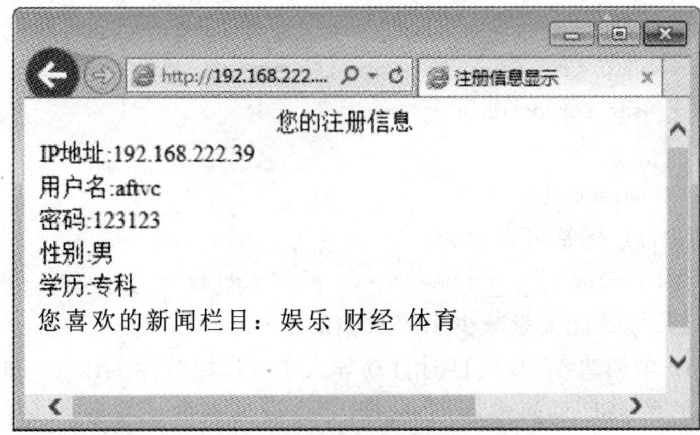

图 7.4　注册结果显示页面

提示：

多个选项的循环输出代码实现如下。

```
<%
for (int i = 0; i <hobbies.length; i++) {
if (i > 0) {
        out.print("、");
    }
    request.setAttribute("i",i);    //将索引放到请求域中
%>
    ${paramValues. hobbies[i]}
<%
  }
%>
```

7.2 JSTL 标签

7.2.1 JSTL 简介

通过使用 EL 表达式,可以在一定程度上简化 JSP 页面开发的复杂度。但是由于 EL 表达式不能实现逻辑处理,所以在 JSP 页面中依然存在用 Java 代码处理表示层逻辑的现象。JSTL(Java Server Pages Standard Tag Library)标签的出现,使开发 JSP 页面时既不用嵌入 Java 代码,又能进行逻辑处理。

JSTL 包含了在开发 JSP 页面时经常用到的一组标准标签,这些标签提供了一种不用嵌入 Java 代码,就可以开发复杂的 JSP 页面的方法。JSTL 标签库可分为五类,核心标签库、I18N 格式化标签库、SQL 标签库、XML 标签库和函数标签库。在示例 5 使用 JSP 编码的方法在页面显示当前日期。

示例 5:

```
<%
Date date = new Date(); //获得当前日期 date
SimpleDateFormat sdf = new SimpleDateFormat("yyyy - MM - dd");
String dateStr = sdf.format(date);
%>
当前日期:<% = dateStr %>
```

上述代码采用 JSTL 标签可表示为:

```
<fmt:formatDate value = "<% = new Date() %>" pattern = "yyyy - MM - dd " />
```

可见,使用 JSTL 标签能大量减少 JSP 页面的 Java 代码。

在 MyEclipse10 中创建 Web 项目时自动导入 JSTL 标签库 jstl.jar 和 standard.jar,同时在需要使用 JSTL 的 JSP 页面中使用 taglib 指令导入标签库描述符文件。例如,要使用 JSTL 核心标签库和格式化标签库,需要在 JSP 页面的上方增加如下的 taglib 指令。

```
<%@ taglib prefix = "c" uri = "http://java.sun.com/jsp/jstl/core " %>
<%@ taglib prefix = "fmt" uri = "http://java.sun.com/jsp/jstl/fmt" %>
```

7.2.2 JSTL 核心标签库

JSTL 的核心标签库标签共 13 个,从功能上可以分为四类:表达式控制标签、流程控制标签、循环标签和 URL 操作标签。使用这些标签能够完成 JSP 页面的基本功能,减少编码工作。

(1)表达式控制标签:out 标签、set 标签、remove 标签和 catch 标签。

(2)流程控制标签:if 标签、choose 标签、when 标签和 otherwise 标签。

(3)迭代标签:forEach 标签和 forTokens 标签。

(4)URL 操作标签:import 标签、url 标签和 redirect 标签。

1. 表达式控制标签

表达式控制标签用于在 JSP 页面内设置、删除和显示变量,包含四个标签:<c:out>、<c:

set>、<c:remove>和<c:catch>标签。

(1)<c:out>标签

<c:out>标签主要用来输出数据对象(字符串、表达式)的内容或结果。使用<c:out>标签就可以替代<% out.println()%>或者<%=表达式%>等 Java 脚本。<c:out>标签的语法格式:

```
<c:out value="value" [escapeXml="{true|false}"] [default="defaultValue"] />
```

value 属性值可以是 EL 表达式或字符串。

Default 属性如果 value 值为空,那么将显示 default 中的值

escapeXml 属性,<c:out>默认会将“<”“>”和“&”转换为 <、>和 &。假若不想转换时,只需要该属性值设为 fasle。

JSTL 的使用是和 EL 表达式分不开的,EL 表达式虽然可以直接将结果返回给页面,但有时得到的结果为空,<c:out>有特定的结果处理功能,EL 的单独使用会降低程序的易读性,建议把 EL 的结果放入<c:out>标签中。示例 6 演示了<c:out>标签的使用。

示例 6:

cout.jsp 页面关键代码:

```
<%@ page language="java" import="java.util.*" pageEncoding="UTF-8"%>
<%--引入 JSTL 核心标签库 --%>
<%@ taglib prefix="c" uri="http://java.sun.com/jsp/jstl/core"%>
//……省略其他代码
<li><c:out value="安徽财贸"></c:out></li>
<li><c:out value="&lt 安徽财贸 &gt" /></li>
<li><c:out value="${null}" default="默认值"/></li>
<li><c:out value="&lt 安徽财贸 &gt" escapeXml="false"></c:out></li>
<li>${"<a href='http://www.aftvc.com'>安徽财贸</a>"}</li>
<li><c:out value="<a href='http://www.aftvc.com'>安徽财贸</a>"
escapeXml="Y" /></li>
<li><c:out value="<a href='http://www.baidu.com'>安徽财贸</a>"/></li>
```

示例 6 运行结果如图 7.5 所示。

(2)<c:set>标签

<c:set>标签用于把某一个对象存在指定的 JSP 作用域范围内或存储于 Map 中或存储于 JavaBean 的属性中。<c:set>标签的语法格式如下。

- 将 value 值存储到范围为 scope 的变量 variable 中。

```
<c:set var="varName" value="value" [scope="scope"] />
```

var 属性的值是设置的变量名。

value 属性的值是赋予变量的值。

scope 属性对应变量的作用域(page、request、session 和 application)。

- 将 value 值设置到 JavaBean 的属性中。

```
<c:set value="value" target="target" property="property"/>
```

target 属性是操作的 JavaBean 对象,可以使用 EL 表达式来表示。

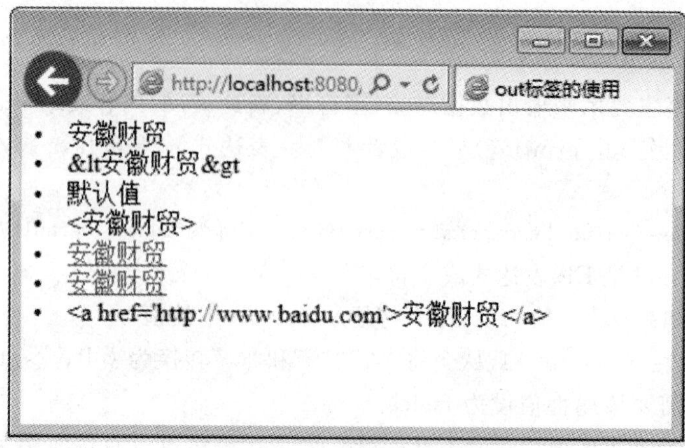

图 7.5　示例 6 运行效果

property 属性对应 JavaBean 对象的属性名。

value 属性是赋予 JavaBean 对象属性的值。

下面一个示例来加深对<c:set>标签的理解，代码如示例 7 所示。

示例 7：

cset.jsp 页面代码如下。

```
<%@ page language="java" import="java.util.*" pageEncoding="UTF-8"%>
    <%@ taglib prefix="c" uri="http://java.sun.com/jsp/jstl/core"%>
    <%--使用 JSP 的指令元素指定要使用的 JavaBean --%>
    <jsp:useBean id="person" class="javabean.Person"/>
    <%--负责实例化 Bean,id 指定实例化后的对象名,可以通过 ${person}得到 person 在内
存中的值(或者使用 person.toString()方法)。--%>
    </html>
    <body>
    <h3>代码给出了给指定 scope 范围赋值的示例</h3>
    <ul>
    <li>把一个值放入 request 域中
        <c:set var="data" value="aftvc"scope="request"/>
    </li>
    <%--使用 EL 表达式从 requestScope 得到 data 的值。--%>
    <li>从 request 域中得到值:${requestScope.data}</li>
    <li>使用 out 标签和 EL 表达式嵌套从 request 域中得到值:
    <c:out value="${requestScope.data}">未得到 data 的值</c:out>
    </li>
    </ul>
    <hr/>
    <h3>使用 Java 脚本实现以上功能</h3>
    <li>把一个值放入 request 域中。
        <%request.setAttribute("data","aftvc");%>
```

```
</li>
<li>使用 out 标签和 EL 表达式嵌套从 request 域中得到值:
<c:out value="${requestScope.data}">未得到 data 的值</c:out>
</li>
<h3>操作 JavaBean,设置 JavaBean 的属性值</h3>
<%--使用 target 时一定要指向实例化后的 JavaBean 对象,也就是要跟<jsp:useBean>
配合使用,也可以 java 脚本实例化,但这就失去了是用标签的本质意义。
使用 Java 脚本实例化:
<%@page import="javabean.Person"%
<% Person person=new Person(); %>
--%>
<c:set target="${person}" property="name">Tony</c:set>
<c:set target="${person}" property="age">25</c:set>
<c:set target="${person}" property="sex">男</c:set>
<c:set target="${person}" property="home">中国</c:set>
<ul>
<li>使用的目标对象为:${person}</li>
<li>从 Bean 中获得的 name 值为:
    <c:out value="${person.name}"></c:out>
</li>
<li>从 Bean 中获得的 age 值为:
    <c:out value="${person.age}"></c:out>
</li>
<li>从 Bean 中获得的 sex 值为:
<c:out value="${person.sex}"></c:out>
</li>
<li>从 Bean 中获得的 home 值为:
    <c:out value="${person.home}"></c:out>
    </li>
</ul>
<hr/>
<h3>操作 Map</h3>
<%
Map map=new HashMap();
request.setAttribute("map",map);
%>
<%--将 data 对象的值存储到 map 集合中 --%>
<c:set property="data" value="aftvc" target="${map}"/>
${map.data}
</body>
</html>
```

页面中使用到的 ch07. Person 类的代码如下。

```
public class Person {
private String age;
private String home;
private String name;
private String sex;
//......省略 get/set 方法
}
```

示例 7 的运行结果如图 7.6 所示。

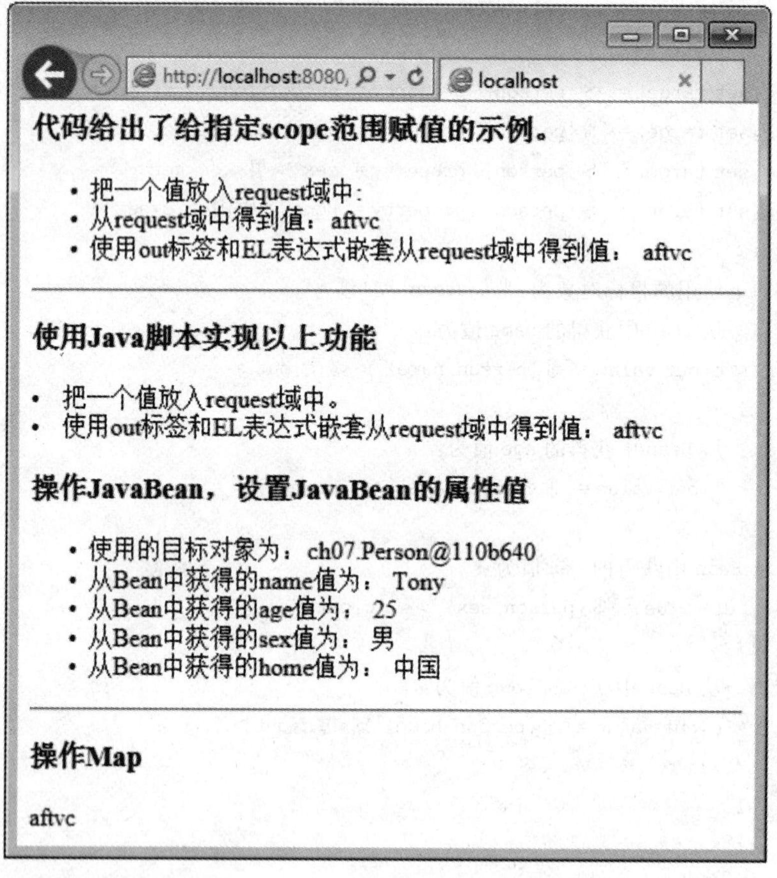

图 7.6　示例 7 运行效果

(3)<c:remove>标签

<c:remove>标签主要用来从指定的 JSP 作用域范围内移除指定的变量。remove 标签一般和 set 标签配套使用,两者是相对应的。<c:remove>标签的语法格式：

```
<c:remove var="varName" scope="scope"/>
```

var 属性是指待移除的变量的名称。

scope 属性对应变量的作用域。

示例 8 演示了上述三种标签的配合使用方法。

示例 8:

Cremove.jsp 关键代码如下。

```
<%@ page language="java" import="java.util.*" pageEncoding="UTF-8"%>
    <%@ taglib prefix="c" uri="http://java.sun.com/jsp/jstl/core"%>
    <body>
    <ul>
    <c:set var="name" scope="session">雪舞嫣然</c:set>
    <c:set var="age" scope="session">18</c:set>
    <li><c:out value="${sessionScope.name}"></c:out></li>
    <li><c:out value="${sessionScope.age}"></c:out></li>
    <%--使用 remove 标签移除 age 变量 --%>
    <c:remove var="age" />
    <li><c:out value="${sessionScope.name}"></c:out></li>
    <li><c:out value="${sessionScope.age}"></c:out></li>
    </ul>
    </body>
```

在该示例中，首先使用<c:set>标签在 page 范围内设置一个变量的值，通过<c:out>标签把该变量显示在页面上，然后用<c:remove>标签在 page 范围内删除该变量，并使用<c:out>标签检查该变量是否已经删除，显示效果如图 7.7 所示。

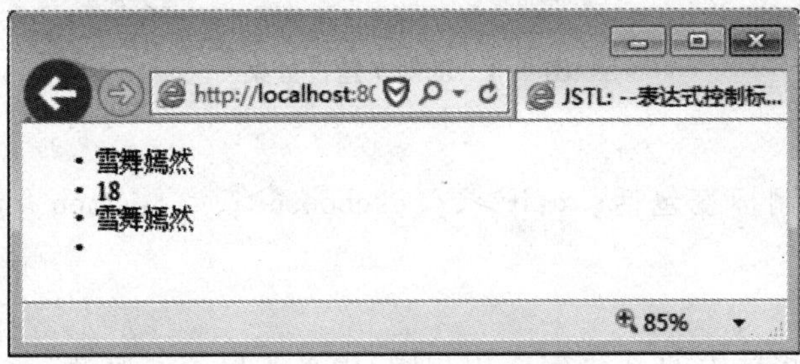

图 7.7 示例 8 运行效果

(4)<c:catch>标签的功能

<c:catch>标签用于捕获嵌套在标签体中内容抛出的异常，其功能和 Java 中的 try{…} catch{…}语句的功能很相似。<c:catch>标签的语法格式：

<c:catch [var="varName"]>容易产生异常的代码</c:catch>

var 属性用于标识<c:catch>标签捕获的异常对象，保存在 page 作用域中。

下面通过一个示例说明<c:catch>标签的使用，代码如示例 9 所示。

示例 9:

```
<%@ page language="java" import="java.util.*" pageEncoding="UTF-8"%>
    <%@ taglib prefix="c" uri="http://java.sun.com/jsp/jstl/core"%>
    <body>
    <h4>catch 标签实例</h4>
    <hr>
    <%--把容易产生异常的代码放在<c:catch></c:catch>中，
```

```
自定义一个变量errorInfo用于存储异常信息 - - %>
<c:catch var="errorInfo">
<% - -实现了一段异常代码,向一个不存在的JavaBean中插入一个值- - %>
<c:set target="person" property="hao"></c:set>
</c:catch>
<% - -用EL表达式得到errorInfo的值,并使用<c:out>标签输出 - - %>
异常<c:out value="${errorInfo}" /><br />
异常 errorInfo.getMessage:<c:out value="${errorInfo.message}" /><br />
异常 errorInfo.getCause:<c:out value="${errorInfo.cause}" /><br />
异常 errorInfo.getStackTrace:<c:out value="${errorInfo.stackTrace}" />
</body>
```

运行效果如图7.8所示。

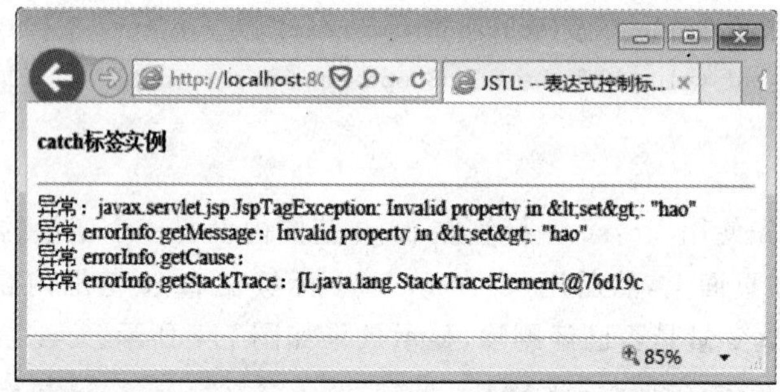

图7.8　示例9运行效果

2. 流程控制标签

JSTL的流程控制标签包括<c:if>、<c:choose>、<c:when>和<c:otherwise>标签。

(1)<c:if>标签

<c:if>标签和程序中的if语句作用相同,用来实现条件控制。<c:if>标签的语法格式:

```
<c:if  test="condition" [var=" varName"] [ scope="scope"]>
主体内容
</c:if>
```

· test属性是判断条件,当结果为true时,会执行主体内容。

· var属性定义变量,该变量存放判断以后的结果。

· scope属性对应变量的作用域。

下面以用户登录为例,在用户登录过程中往往会出现密码输入错误的情况,此时要提示用户重新输入,直到登录成功为止,代码如示例10所示。

示例10:

```
<%@ page language="java" import="java.util.*" pageEncoding="UTF-8" %>
<%@ page import="com.aftvc.entity.User" %>
<%@ taglib uri="http://java.sun.com/jsp/jstl/core" prefix="c" %>
<html>
```

```
    <body>
    <%
        String userName = request.getParameter("userName");
        String password = request.getParameter("passWord");
        String cmdStr = request.getParameter("cmdStr");
        if ("post".equals(cmdStr)) {
        if ("aftvc_user".equals(userName) && "aftvc_pwd".equals(password)) {
                //登录成功
                User user = new User();
                user.setName(userName);
                user.setPassword(password);
                request.getSession().setAttribute("user",user);
            } else {
                request.setAttribute("errMsg","用户名或密码不正确");
            }
        }
    %>
<c:set var="isLogin" value="${empty sessionScope.user}"/>
<c:if test="${isLogin}">
<form id="login" method="post" action="login.jsp">
<input type="hidden" value="post" name="cmdStr">
<c:if test="${not empty errMsg}">
<div style="color:red;">${errMsg}</div>
<c:remove var="errMsg"/>
</c:if>
<table>
<tr>
<td>用户名:</td>
<td><input id="userName" name="userName" type="text"></td>
</tr>
<tr>
<td>密码:</td>
<td><input id="passWord" name="passWord"
type="password"></td>
</tr>
</table>
<input type="submit" value="登录">
</form>
</c:if>
<c:if test="${!isLogin}">
欢迎 ${user.name},您已经登录成功!
```

```
</c:if>
</body>
</html>
```

在该示例中，正确的用户名和密码是"aftvc_user"和"aftvc_pwd"，如果用户输出错误，页面就会显示错误信息，如图 7.9 所示。

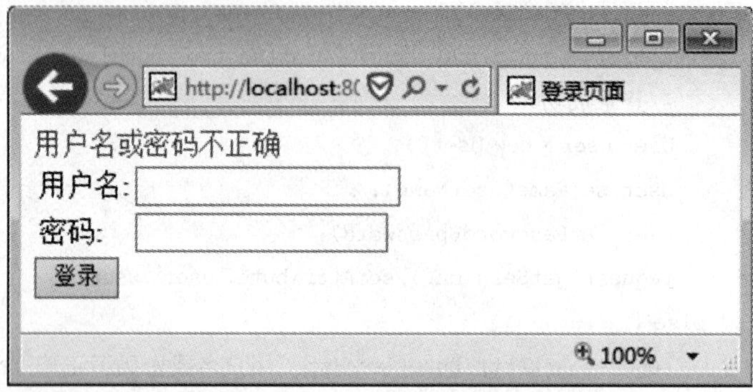

图 7.9　示例 10 运行效果(一)

如果用户名和密码输入正确，则显示欢迎信息，如图 7.10 所示。

图 7.10　示例 10 运行效果(二)

如果用户尚未登录，则运行效果如图 7.11 所示。

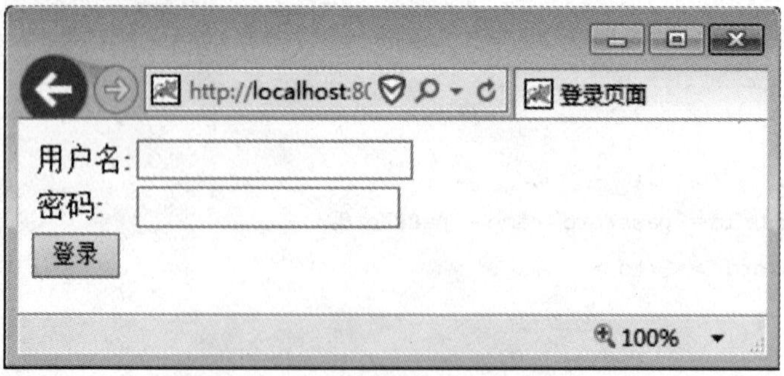

图 7.11　示例 10 运行效果(三)

(2)<c:choose>、<c:when>和<c:otherwise>标签的功能

<c:choose>、<c:when>和<c:otherwise>这三个标签通常情况下是一起使用的，<c:choose>标签作为<c:when>和<c:otherwise>的父标签来使用。使用<c:choose>，

<c:when>和<c:otherwise>三个标签,可以构造类似"if-else if-else"的复杂条件判断结构。

语法格式:

```
<c:choose>
<c:when test="条件 1">
        //业务逻辑 1
</c:when>
    <c:when test="条件 2">
        //业务逻辑 2
</c:when>
    <c:when test="条件 n">
        //业务逻辑 n
</c:when>
<c:otherwise>
        //业务逻辑
    </c:otherwise>
</c:choose>
```

- <c:choose>作为<c:when>和<c:otherwise>的父标签使用,除了空白字符外,<c:choose>的标签体只能包含这两个标签。
- <c:when>标签必须有一个直接的父标签<c:choose>,而且必须在同一个父标签下的<c:otherwise>标签之前出现。在同一个父标签<c:choose>中,可以有多个<c:when>标签。
- <c:otherwise>标签必须有一个直接的父标签<c:choose>,而且必须是<c:choose>标签中最后一个嵌套的标签。
- 在运行时,判断<c:when>标签的测试条件是否为 true,第一个测试条件为 true 的<c:when>标签体被 JSP 容器执行。如果没有满足条件的<c:when>标签,那么<c:otherwise>的标签体将被执行。

下面通过一个示例来理解<c:choose>的用法,代码如示例 11 所示。

示例 11:

```
<%@ page language="java" import="java.util.*" pageEncoding="UTF-8"%>
<%@ taglib prefix="c" uri="http://java.sun.com/jsp/jstl/core"%>
    <html>
    <body>
    <h4>choose 及其嵌套标签示例</h4>
    <hr/>
    <%--通过 set 标签设定 score 的值为 92 --%>
    <c:set var="score" value="92"/>
    <c:choose>
    <%--使用<c:when>进行条件判断。
    如果大于等于 90,输出"您的成绩为优秀";
    如果大于等于 70 小于 90,输出"您的成绩为良好";
```

```
大于等于 60 小于 70,输出“您的成绩为及格”;
其他(otherwise)输出“对不起,您没能通过考试”。
    - - %>
<c:when test = "${score> = 90}">
你的成绩为优秀!
</c:when>
<c:when test = "${score>70 && score<90}">
您的成绩为良好!
</c:when>
<c:when test = "${score>60 && score<70}">
您的成绩为及格!
</c:when>
<c:otherwise>
对不起,您没有通过考试!
</c:otherwise>
</c:choose>
</body>
</html>
```

运行效果如图 7.12 所示。

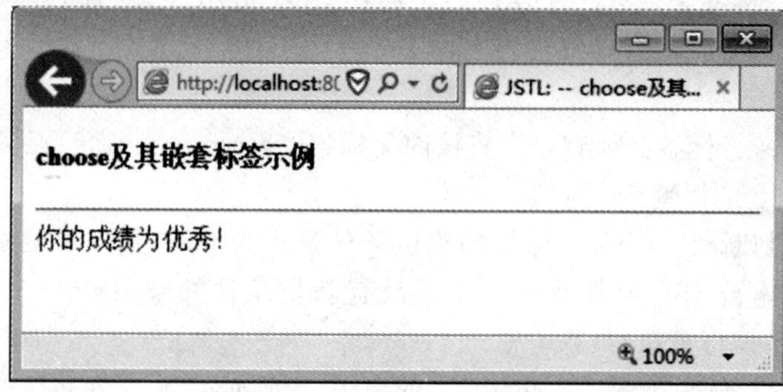

图 7.12　示例 11 运行效果

显而易见,条件标签不仅简化了工作量,而且代码的结构看起来也更加清晰,使代码变得易于维护和管理。

3. 迭代标签

JSTL 的迭代标签是<c:forEach>。<c:forEach>标签有两种语法格式,一种用于遍历集合对象的成员,另一种用于使语句循环执行指定的次数。

(1)遍历集合对象的语法格式

```
<c:forEach [var = "varName"] items = "collection" [varStatus =
            "varStatusName"] [begin = "begin"] [end = "end"] [step = "step"]>
本体内容
</c:forEach>
```

(2)指定循环次数语法格式

```
<c:forEach [var="varName"] [varStatus="varStatusName"]
                                begin="begin" end="end" [step="step"]>
本体内容
</c:forEach>
```

· var 属性是对当前成员的引用,即如果当前到第一个成员,var 就引用第一个成员,如果当前循环到第二个成员,就引用第二个成员,以此类推。

· items 指被迭代的集合对象。

· varStatus 属性用于存放 var 引用的成员在集合中的相关信息。提供另外四个属性:index,count,fist 和 last,各自的意义如下。

index:当前指向的成员索引,从 0 开始。

count:循环的次数。

first:当前指向的成员是否为第一个。

last:当前指向的成员是否为最后一个。

· begin 属性表示开始位置,默认为 0。

· end 属性表示结束位置。

· step 表示循环的步长,默认为 1。

下面通过一个示例来理解迭代标签的应用,代码如示例 12 所示。

示例 12:

```
<%@ page language="java" import="java.util.*" pageEncoding="UTF-8"%>
<%@ taglib uri="http://java.sun.com/jsp/jstl/core" prefix="c"%>
<%@ page import="com.aftvc.dao.PetsDao,com.aftvc.entity.Pet" %>
    <%
    List<Pet> pets=PetsDao.getAllPets();
    request.setAttribute("pets", pets);
    %>
    <body>
        <div style="width:600px;">
        <table border="1" width="80%">
        <!--标题信息 -->
            <tr>
                <th>宠物昵称</th>
                <th>宠物类型</th>
                <th>健康值</th>
            </tr>
            <!--循环输出宠物信息 -->
              <c:forEach var="pet" items="${requestScope.pets}" varStatus="
status">
        <!--如果是偶数行,为该行换背景颜色 -->
            <tr <c:if test="${status.index % 2==1 }">
```

```
            style = "background - color:rgb(219,241,212);"
        </c:if>>
      <td>
          ${pet.name }
      </td>
      <td>
          ${pet.type }
      </td>
      <td>
          ${pet.health }
      </td>
      </tr>
    </c:forEach>
    </table>
  </div>
  </body>
```

在示例 12 中，<c:if test=" ${status.index % 2 == 1 }">用于判断奇偶行，其中 status.index 表示访问从零开始计数的索引。示例 12 的运行效果如图 7.13 所示。

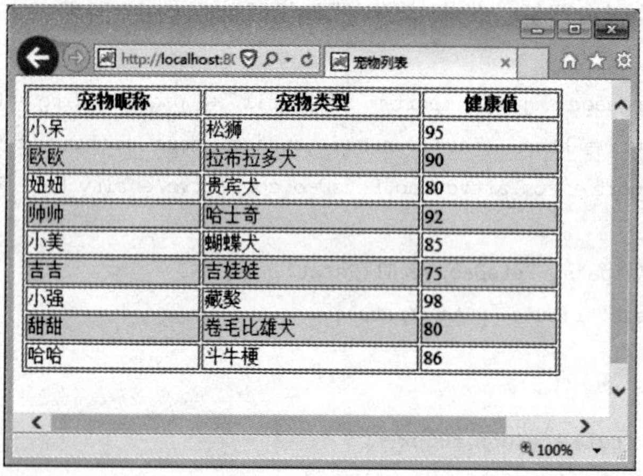

宠物昵称	宠物类型	健康值
小呆	松狮	95
欧欧	拉布拉多犬	90
妞妞	贵宾犬	80
帅帅	哈士奇	92
小美	蝴蝶犬	85
吉吉	吉娃娃	75
小强	藏獒	98
甜甜	卷毛比雄犬	80
哈哈	斗牛梗	86

图 7.13　示例 12 运行效果

下面再通过一个示例查看如何使用<c:forEach>标签遍历 Map，如示例 13 所示。

示例 13：

```
<%@ page language = "java" import = "java.util. * " pageEncoding = "UTF - 8" %>
<%@ taglib uri = "http://java.sun.com/jsp/jstl/core" prefix = "c" %>
  <body>
  <%
      Map<String,String> map = new HashMap<String,String>();
      map.put("张三","上海");
      map.put("李四","北京");
      map.put("王五","云南");
```

```
        map.put("赵六","浙江");
    %>
    <c:forEach var="entry" items="${map}">
        ${entry.key}   ${entry.value}<br/>
    </c:forEach>
</body>
```

示例 13 运行效果如图 7.14 所示。

图 7.14 示例 13 运行效果

4. URL 操作标签

JSTL 包含三个与 URL 操作有关的标签，分别为：<c:import>、<c:redirect>和<c:url>标签。作用为显示其他文件的内容、网页导向和产生 URL。下面将介绍这三个标签的使用方法。

(1)<c:import>标签

该标签可以把其他静态或动态文件包含到本 JSP 页面。同<jsp:include>的区别为：只能包含同一个 web 应用中的文件。而<c:import>可以包含其他 web 应用中的文件，甚至是网络上的资源。<c:import>标签语法格式：

```
<c:import url="url" [context="context"] [charEncoding="encoding"]
                                                    [scope="scope"]>
本体内容
</c:import>
```

· url 属性值是被导入资源的 URL 路径。

· context 属性用于在访问其他 web 应用的文件时，指定根目录。例如，访问 iNews 下的 index.jsp 的实现代码为：<c:import url="/index.jsp"context="/iNews">

等同于 webapps/iNews/index.jsp。

· charEncoding 被导入文件的编码格式。

下面通过一个示例来理解<c:import>标签的应用，代码如示例 14 所示。

示例 14：

```
<h4>
<c:out value="在当前页面中导入文本文件" />
<c:out value="使用字符串输出、相对路径引用的实例,并保存在 session 范围内" />
</h4>
    <c:import url="a1.txt" charEncoding="GBK" var="myurl" scope="session"/>
```

```
<c:out value="${myurl}"></c:out>
<hr>
<h4>
    <c:out value="在当前页面中导入 JSP 文件" />
</h4>
    <c:import url="register.jsp" charEncoding="GBK" />
<hr>
<h4>
    <c:out value="在当前页面中导入百度主页" />
</h4>
<c:catch var="error1">
    <c:import url="http://www.baidu.com" charEncoding="utf-8" />
</c:catch>
<c:out value="${error1}"></c:out>
```

如示例 14 的运行效果如图 7.15 所示。

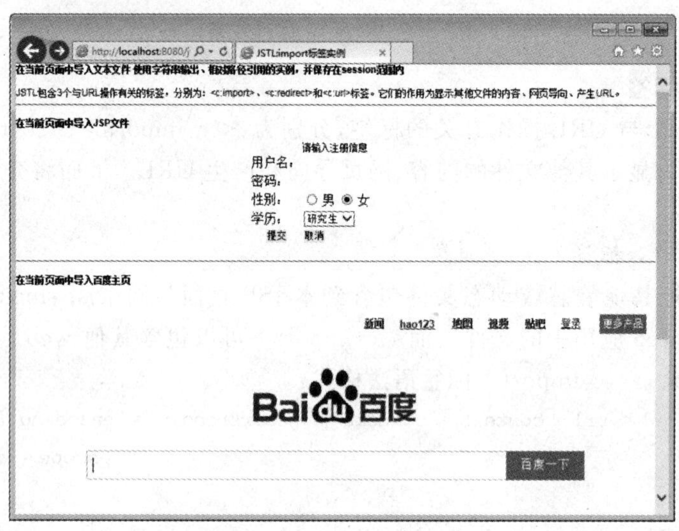

图 7.15　示例 14 运行效果

(2)<c:url>标签

该标签用于动态生成一个 String 类型的 URL,可以同<c:redirect>标签共同使用,也可以使用 html 的<a>标签实现超链接。

```
<c:url value="value"[var="varName"] [scope="scope"][context="context"]>
    [<c:param name="name"value="value">]
</c:url>
```

- value 属性值是 url 资源的路径。
- var 保存该 url 的变量。
- <c:param>标签是给 url 加上多个指定参数及值。
- Scope 属性将 url 保存 JSP 不同的作用域中。

下面通过一个示例来理解<c:url>标签的应用,代码如示例 15 所示。

示例 15：

```
<h4>
    <c:out value="使用 url 标签生成一个动态的 url,并把值存入 session 中." />
</h4>
    <c:url value="http://127.0.0.1:8080" var="url" scope="session">
    </c:url>
    <a href="${url}">Tomcat 首页</a>单击图中超链接可以直接访问到 Tomcat 首页。
```

示例 15 的运行效果如图 7.16 所示

图 7.16 示例 15 运行效果

(3)<c:redirect>标签

该标签用来实现了请求的重定向。同时可以在 url 中加入指定的参数。url 指定重定向页面的地址,可以是一个 string 类型的绝对地址或相对地址。

```
<c:redirect url="url"[context="context"]>
                                        [<c:param name="name" value="value">]
</c:redirect>
```

各属性的意义与<c:url>标签相同。使用重定向与载入页面不同,载入页面时在本页面中插入其他页面,而重定向是请求转发,等于在页面中重新输入了一次 url。当重定向到某个页面时浏览器中的地址会发生变化。下面通过一个示例来理解<c:redirect>标签的应用,代码如示例 16 所示。

示例 16：

```
<h4>
    <c:out value="重定向到 Tomcat 首页,并传递参数" />
</h4>
<c:redirect url="/ch05/login.jsp">
    <c:param name="uname">aftvc</c:param>
    <c:param name="password">123123</c:param>
</c:redirect>
```

示例 16 的运行效果如图 7.17 所示,当重定向到/ch05/login.jsp 页面时浏览器中的地址会发生变化。

图 7.17 示例 16 运行效果

7.2.3 格式化标签

格式化标签又称为I18N标签库，主要用来编写国际化的WEB应用，使用此功能可以对一个特定的语言请求做出合适的处理。例如：中国内地用户显示简体中文，台湾地区则显示繁体中文。使用I18N格式化标签库还可以格式化数字和日期，例如同一数字或日期，在不同国家可能有不同的格式，使用I18N格式标签库可以将数字和日期格式为当地的格式。在JSP页面中要I18N格式标签库，引入该标签库的方法为：

```
<%@ taglib uri="http://java.sun.com/jsp/jstl/fmt" prefix="fmt" %>
```

I18N格式标签库共提供了11个标签，这些标签从功能上可以划分为三类如下。

数字日期格式化。formatNumber标签、formatData标签、parseNumber标签、parseDate标签、timeZone标签和setTimeZone标签。

读取消息资源。bundle标签、message标签和setBundle标签。

国际化。setlocale标签和requestEncoding标签。

本节仅介绍formatNumber标签和formatData标签，其他标签用法可参阅相关资料。

1. <frm:formatNumber>标签

此标签会根据区域定制的方式将数字格式化成数字，货币，.百分比。<frm:formatNumber>标签的语法格式如下。

```
<frm:formatNumber value="value"[type=" type"] [pattern="pattern"]
    [currencySymbol="symbol"] [groupingUsed="true|false"]  [var="varName"]
    [scope="scope"] />
```

- value:要格式化的数字。
- type:格式化类型属性:可以是数字(number),货币(currency),百分比(percent)。
- pattern:自定义格式化样式。
- currencySymbol:货币符号，例如，人民币为￥，美元为$，只适用于按照货币格式化的数字，如果不指定区域，则会根据语言区域自动选择。
- groupingUsed:是否包含分隔符，默认为true。
- var:保存格式化后的结果。
- minFractionDigits:小数部分最少显示多少位。
- maxFractionDigits: 小数部分最多显示多少位。

下面通过一个示例来理解<frm:formatNumber>标签的应用，代码如示例17所示。

示例17:

```
<%@ page language="java" import="java.util.*" pageEncoding="UTF-8"%>
<%@ taglib prefix="c" uri="http://java.sun.com/jsp/jstl/core"%>
<%@ taglib prefix="fmt" uri="http://java.sun.com/jsp/jstl/fmt"%>
<div>
    <fmt:formatNumber value="0.36" type="number" />
    <br />
    <fmt:formatNumber value="0.36" type="currency" currencySymbol="￥" />
    <br />
```

```
        <fmt:formatNumber value="0.36" type="percent" /><br />
        <fmt:formatNumber type="number">123456</fmt:formatNumber>
        <br />
        <fmt:formatNumber type="currency" var="money">188.86</fmt:formatNumber>
        <c:out value="${money}"></c:out>
    </div>
    <div>
        <fmt:formatNumber type="number"pattern="###.#">188.86
        </fmt:formatNumber><br>
        使用科学计数法:<br />
        <fmt:formatNumbertype="number"pattern="#.####E0">123456
        </fmt:formatNumber>
    </div>
```

示例 17 的运行效果如图 7.18 所示。

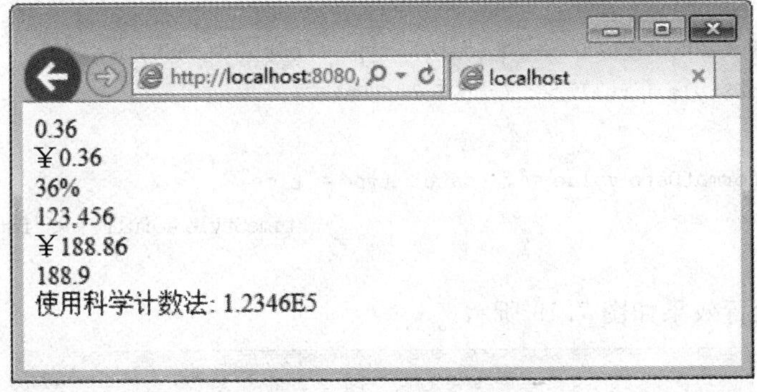

图 7.18 示例 17 运行效果

2. <fmt:formatDate>标签

此标签可以将日期格式化。<fmt:formatDate>标签的语法格式如下。

```
<fmt: formatDate value="date" [type="time|date|both"]
    [pattern="pattern"][dateStyle="dateStyle"][timeStyle="timeStyle"]
    [var="name"][scope="scope"] />
```

- value 用来格式化的时间或日期
- type 指定格式化的是日期、时间，或者两者都是。取值：date，只显示时期；time，只显示时间；both，显示日期和时间。
- pattern 自定义格式化样式。
- dateStyle 日期的格式化样式取值为 default，short，medium，long，full。
- timeStyle 时间的格式化样式为 default，short，medium，long，full。

下面通过一个示例来理解<fmt:formatNumber>标签的应用，代码如示例 18 所示。

示例 18：

```
<%@ page language="java" import="java.util.*" pageEncoding="UTF-8"%>
<%@ taglib prefix="c" uri="http://java.sun.com/jsp/jstl/core"%>
<%@ taglib prefix="fmt" uri="http://java.sun.com/jsp/jstl/fmt"%>
```

```
<jsp:useBean id="date" class="java.util.Date"></jsp:useBean>
<!-- hh表示12小时制，HH代表24小时制 -->
<fmt:formatDate value="${date}" pattern="yyyy/MM/dd hh:mm:ss" />
<br />
<fmt:formatDate value="${date}" pattern="yyyy-MM-dd HH:mm:ss" />
<br />
<fmt:formatDate value="${date}" pattern="yyyy年MM月dd日 hh小时mm分钟ss秒" />
<br />
<hr>
<fmt:formatDate value="${date}" type="both" dateStyle="short"
timeStyle="short"></fmt:formatDate>
<br>
<fmt:formatDate value="${date}" type="both" dateStyle="long"
timeStyle="long"></fmt:formatDate>
<br>
<fmt:formatDate value="${date}" type="both" dateStyle="full"
    timeStyle="full"></fmt:formatDate>
<br>
<fmt:formatDate value="${date}" type="time"
                                        timeStyle="full"></fmt:formatDate>
<br>
```

示例18的运行效果如图7.19所示。

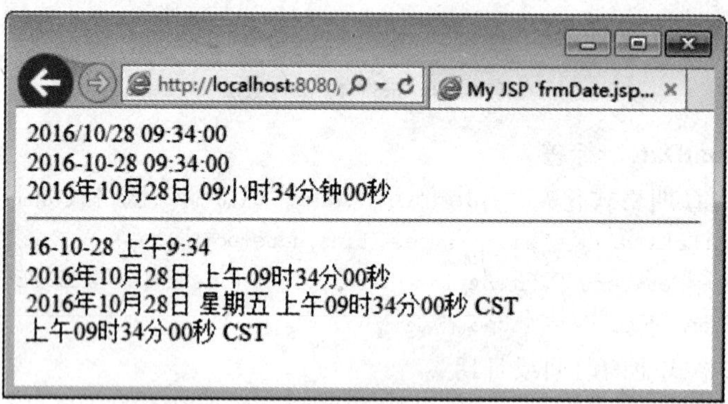

图7.19　示例18运行效果

7.3　技能训练

1. 使用JSTL和EL简化栏目页面

需求说明：

使用JSTL和EL把新闻在线系统的新闻栏目显示在页面上，页面效果如图7.20所示。

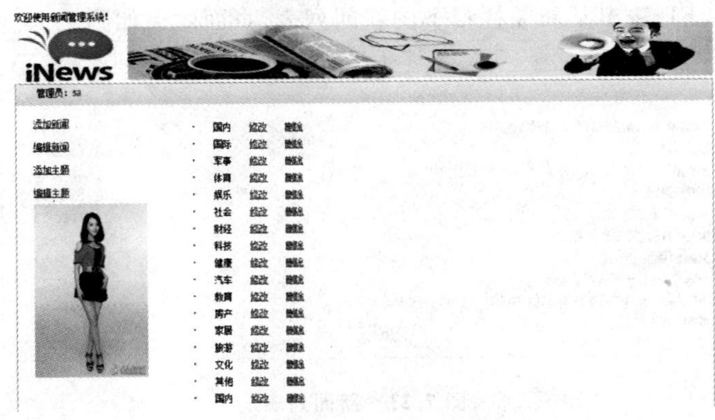

图 7.20 新闻栏目列表

提示：

(1)用数据库访问层取得所有栏目信息。

(2)使用JSTL迭代标签和EL表达式输出这些栏目信息。

```
<%@ page language="java" import="java.util.*,com.aftvc.inews.entity.*"
pageEncoding="utf-8"%>
    <%@ taglib uri="http://java.sun.com/jstl/core_rt" prefix="c" %>
    <html>
    <body>
    <%@include file="top.jsp" %>
    <div id="main">
    <%@include file="leftList.jsp" %>
    <div id="opt_area">
    <ul class="classlist">
    <c:forEach var="topic" items="${list4}">
    <li>
        ${topic.tname}<ahref='topic_modify.jsp? tid=${topic.tid}
                                        &tname=${topic.tname}'>修改</a>
<a href='../TopicControl? opr=del&tid=${topic.tid}'>删除</a>
            </li>
</c:forEach>
</ul>
</div>
    </div>
        <div id="footer">
    <%@include file="bottom.jsp" %>
        </div>
    </body>
</html>
```

2. 使用JSTL和EL简化新闻列表页面

需求说明：

使用 JSTL 和 EL 输出某新闻栏目下的新闻列表,页面效果如图 7.21 所示。

国内 国际 军事 体育 娱乐 社会 财经 科技 健康 汽车 教育 家居 旅游 文化

李易峰方发布公告否认吸毒:纯属恶意造谣	2016-06-14
请跟我联络	2016-03-26
小月月事件	2016-03-26
走访受灾家庭	2016-03-26
广东未现经营或使用涉案疫苗	2016-03-23
国家卫计委回应非法经营疫苗案	2016-03-23
新机制 新实践 新平台	2016-03-23
李克强:携手打造澜湄国家命运共同体	2016-03-23
习近平将对捷克进行国事访问并赴美国出席第四届核安全峰会	2016-03-23
志愿清洁美化校园	2016-03-22

当前页数[1/3] 下一页 末页

图 7.21　新闻列表

提示:

(1)根据栏目编号,查询出所有该栏目下的新闻标题。

(2)使用 EL 和 JSTL 将读取的新闻标题集合在页面中遍历输出显示。

3. 读取新闻内容及评论并显示

需求说明:

在技能训练 3 展示新闻列表的基础上,单击某一条新闻进入新闻阅读页面,显示新闻内容和该条新闻的评论列表,页面效果如图 7.22 所示。

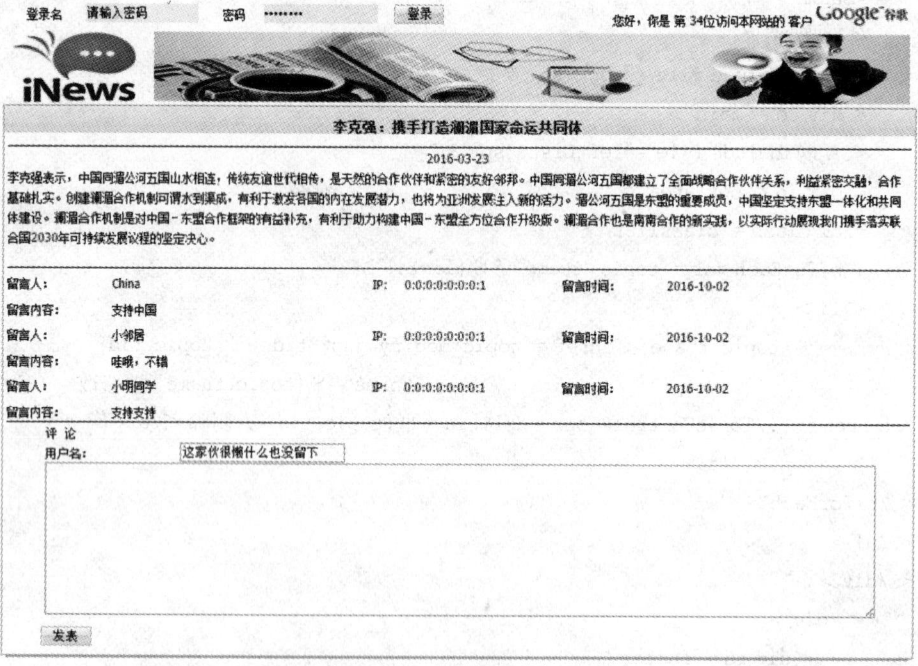

图 7.22　新闻内容及评论列表

本章总结

➢ EL 表达式的语法有两个要素：$ 和{}，二者缺一不可。

➢ EL 表达式具有类型无关性，可以使用“. ”或者“[]”操作符在相应的作用域中取得某个属性的值。

➢ EL 表达式提供了 pageScope、requestScope、sessionScope、applicationScope、param、paramValues 和 pageContext 等隐式对象。

➢ JSTL 核心标签库中常用的标签有

(1)表达式控制标签：out 标签、set 标签、remove 标签和 catch 标签。

(2)流程控制标签：if 标签、choose 标签、when 标签和 otherwise 标签。

(3)迭代标签：forEach 标签和 forTokens 标签。

(4)URL 操作标签：import 标签、url 标签和 redirect 标签。

(5)JSTL 格式化标签有：formatNumber 标签和 formatData 标签等。

(6)EL 表达式与 JSTL 标签结合使用，可以在很大程度上减少 JSP 中嵌入的 Java 代码，有利于程序的维护和扩展。

习题

一、选择题

1. JSP 表达式语言可用于在网页上生成动态的内容并代替 JSP 元素，JSP 表达式语言的语法是(　　)。

   A. {EL expresion}　　B. $ {EL expresion}

   C. # {EL expresion}　　D. @{EL expresion}

2. 以下选项是 EL 表达式隐式对象的是(　　)。

   A. session　　B. sessionScope

   C. request　　D. requestScope

3. 关于点操作和“[]”操作符，以下说法不正确的是(　　)。

   A. $ {user. password}等价于 $ {user["password"]}

   B. $ {user. password}等价于 $ {user[password]}

   C. 如果 user 是一个 List，则 $ {user[0]}的写法是正确的

   D. 如果 user 是一个数组，则 $ {user[0]}的写法是正确的

4. 如果在 JSP 页面声明一个名字为 name 的变量，需要使用(　　)标签。

   A. <c:out>　　B. <c:set>　　C. <c:if>　　D. <c:forEach>

5. 如果要遍历一个数组中的所有元素，需要使用(　　)标签。

   A. <c:out>　　B. <c:set>　　C. <c:remove>　　D. <c:forEach>

6. 以下代码执行效果为(　　)。

<c:forEach var = ″i″ begin = ″1″ end = ″5″ step = ″2″>

<c:outvalue = “ ${i}”/>

</c:forEach>】

A. 12345　　B. 135　　C. iii　　D. 5

7. 以下标签实现了 switch 功能的是(　　)。

A. <c:if>　　B. <c:switch>　　C. <c:choose>　　D. <c:case>

二、简答题

1. 简述 JSTL 中常用的标签。

2. EL 表达式中提供了哪些隐式对象,分别有什么作用?

3. EL 表达式和 JSTL 标签的引入有什么好处?

三、实践题

1. 使用 JSTL 和 EL 简化修改新闻页面。

2. 在某论坛网站中有一个显示帖子列表的页面,请使用 JSTL 显示出所有帖子的标题,如果当前登录用户是管理员身份,需要提供删除帖子的链接(该链接不需要实现)。实现效果如图 7.23～7.25 所示。

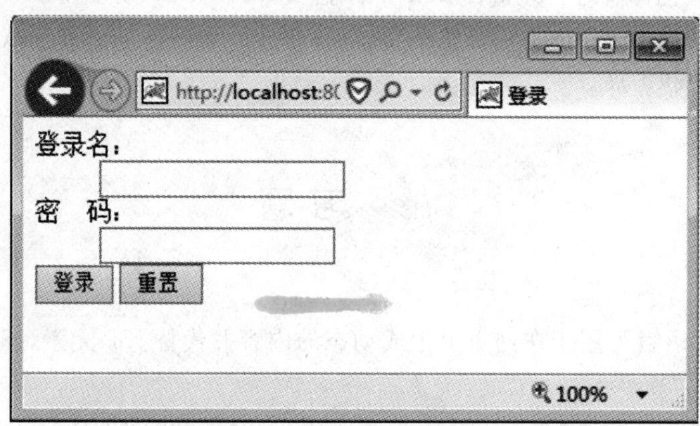

图 7.23　管理员登录页面

图 7.24　管理员登录成功页面

图 7.25　普通用户登录成功页面

提示：

(1)从数据库中取出所有帖子的列表。

(2)使用 JSTL 标签遍历帖子列表，显示在页面上。

(3)使用 EL 表达式，判断当前登录用户是否是管理员身份，如果是管理员，则显示“删除”链接。

第 8 章
Servlet 技术基础

本章工作任务

- 使用 Servlet 实现用户登录
- 使用 Servlet 作为控制器优化 iNews 系统
- 使用 Filter 记录用户 IP 地址和访问的资源

本章知识目标

- 了解 Servlet API 的常用接口和类
- 掌握 Servlet 开发方法
- 理解 Filter 过滤器开发方法

本章技能目标

- 掌握 Servle、Filtert 的部署和配置
- 会使用 Servlet 处理用户请求
- 会使用 Filter 过滤器

本章重点难点

- Servlet 控制器的应用
- Filter 过滤器应用
- Web. xml 文件的配置

通过前面的学习了解了JSP技术的体系结构和技术内容等知识。在互联网上，客户端通过使用HTTP协议，向服务器端发送请求信息，服务器对请求数据进行处理，并把处理后的结果响应给客户端，完成请求与响应的过程，这其中实际运用了Servlet技术。本章将学习Servlet的相关技术。

8.1　Servlet简介

8.1.1　Servlet简介

在Java中，提供了编写扩展功能的技术Servlet。Java Servlet(Java服务器小程序)是一个基于Java技术的Web组件，运行在服务器端，由Servlet容器所管理，用于生成动态的内容。Servlet是平台独立的Java类，编写一个Servlet，实际上就是按照Servlet规范编写一个Java类。Servlet被编译为平台中立的字节码，可以被动态地加载到支持Java技术的Web服务器中运行。

Servlet容器的工作过程：当客户请求某个资源时，Servlet容器使用ServletRequest对象把客户的请求信息封装起来，然后调用Java Servlet API中定义的Servlet的一些生命周期方法，完成Servlet的执行，接着把Servlet执行的要返回给客户的结果封装到ServletResponse对象中，最后Servlet容器把客户的请求发送给客户，完成为客户的一次服务过程。

示例1给出了一个简单Servlet程序结构。

示例1：

```
import java.io.IOException;
import java.io.PrintWriter;
import javax.servlet.ServletException;
import javax.servlet.http.HttpServlet;
import javax.servlet.http.HttpServletRequest;
import javax.servlet.http.HttpServletResponse;
public class HelloServletTest extends HttpServlet {
    public void doGet(HttpServletRequest request, HttpServletResponse
                    response)throws ServletException,IOException {
        response.setContentType("text/html;charset = UTF - 8");
        PrintWriter out = response.getWriter();
        out.println("<html>");
        out.println("  <head><title>Servlet</title></head>");
        out.println("  <body>");
        out.println("第一个 Servlet 程序");
        out.println("  </body>");
        out.println("</html>");
        out.close();
    }
```

```
    public void doPost(HttpServletRequest request,HttpServletResponse
                    response)throws ServletException,IOException {
    doGet(request,response);
    }
  }
```

代码说明:

(1)引入相关包

编写 Servlet 时,需要引入 java. io 包(要用到 PrintWriter 等类)、javax. servlet 包(要用到 HttpServlet 等类)以及 javax. servlet. http 包(要用到 HttPServletRequest 类和 HttpServletResponse 类)。

(2)通过继承 HttpServlet 类得到 Servlet

编写 Servlet,应该从 HttpServlet 继承,然后根据数据是通过 GET 还是 POST 发送,重写 doGet、doPost 方法中的一个或全部。

(3)重载 doGet()或者 doPost()方法

doGet 和 doPost 方法都有两个参数:HttpServletRequest 类型和 HttpServletResponse 类型。其中,HttpServletRequest 提供访问有关请求的信息的方法,如表单数据和 HTTP 请求头等;HttpServletResponse 提供用于指定 HTTP 应答状态(如 200 和 404 等)、应答头(如 Content－Type 和 Set－Cookie 等)的方法。

(4)实现 Servlet 功能

一般情况下,在 doGet 或 doPost 方法中,利用 HttpServletResponse 的一个用于向客户端发送数据的 PrintWriter 类的 pintln 方法,生成向客户端发送的页面。

示例 1 的运行效果如图 8.1 所示。

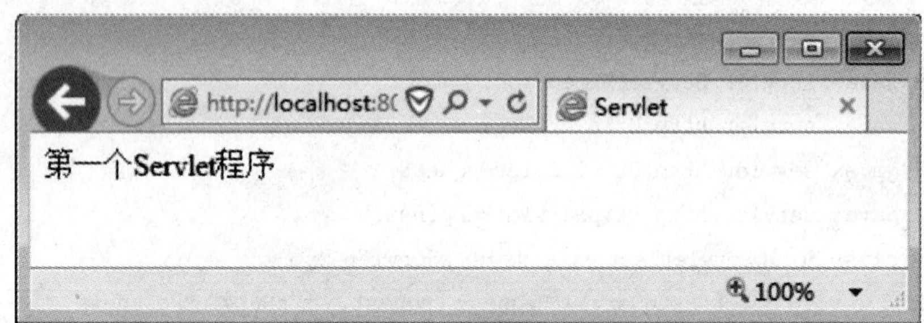

图 8.1　示例 1 的运行效果

8.1.2　Servlet 与 JSP

现在已经对 Servlet 有了大概的了解,接下来看看 JSP 和 Servlet 的关系。

JSP 是一种脚本语言,简化了 Java 和 Servlet 的使用难度,同时通过扩展的 JSP 标签提供网页动态执行的能力。尽管如此,JSP 仍没有超出 Java 和 Servlet 的范围,不仅 JSP 页面上可以直接写 Java 代码,而且 JSP 是先被译成 Servlet 之后才能运行的。JSP 在服务器上执行,并将执行结果输出到客户端浏览器,可以说基本上与浏览器无关。与 JavaScript 不同,JavaScript 是在客户端的脚本语言,在客户端执行,与服务器无关。

下面来创建一个 test.jsp 文件，代码如示例 2 所示。

示例 2：

```
<%@ page language="java" import="java.util.*" pageEncoding="UTF-8"%>
<!DOCTYPE HTML PUBLIC "-//W3C//DTD HTML 4.01 Transitional//EN">
<html>
<head>
    <title> test JSP </title>
</head>
<body>
这是 Jsp 页面<br>
</body>
</html>
```

当部署项目并运行 test.jsp 后，在 Tomcat 安装目录下的\work\Catalina\localhost\test\org\apache\jsp 下会生成一个 test_jsp.java，主要内容如示例 3 所示。

示例 3：

```
public final class test_jsp extends org.apache.jasper.runtime.HttpJspBase
                implements org.apache.jasper.runtime.JspSourceDependent {
    public void _jspService(HttpServletRequest request,HttpServletResponse
                response)throws java.io.IOException,ServletException {
    JspWriter _jspx_out = null;
    try {
        response.setContentType("text/html;charset=UTF-8");
        _jspx_out = out;
        out.write("\r\n");
        out.write("\r\n");
        out.write("<html>\r\n");
        out.write("<head>\r\n");
        out.write("<title>test JSP</title>\r\n");
        out.write("</head>\r\n");
        out.write("\r\n");
        out.write("<body>\r\n);
        out.write("          这是 Jsp 页面<br>\r\n");
        out.write("</body>\r\n");
        out.write("</html>\r\n");
        } catch (Throwable t) {……}
    }
}
```

从示例 3 可以看出，test.jsp 在运行时首先解析成一个 Java 类 test_jsp.java，该类继承于 org.apache.jasper.runtime.HttpJspBase 类，而 HttpJspBase 又是继承自 HttpServlet 的类，由此可以得出一个结论，JSP 运行时会被 Web 容器翻译为一个 Servlet。JSP 是 Servlet 技术的扩展，本质上就是 Servlet 的简易方式。JSP 编译后是“类 servlet”。Servlet 和 JSP 最

主要的不同点在于：Servlet 的应用逻辑是在 Java 文件中，并且完全从表示层中的 HTML 里分离开来。而 JSP 的情况是 Java 和 HTML 可以组合成一个扩展名为. jsp 的文件。JSP 侧重于视图，Servlet 主要用于控制逻辑。

8.2　Servlet 的创建

8.2.1　创建和调用 Servlet

Servlet 同 JSP 一样需要部署到 Servlet 容器才能运行。Servlet 的配置一般通过一个配置文件(如 web. xml 等)来实现。不同的 Web 服务器上安装 Servlet 的具体细节可能不同。在 Tomcat 服务器下，Servlet 应该放到应用程序 WEB－INF\classes 目录下，而调用 Servlet 的 URL 是 http://主机名[:端口号]/项目名/Servlet 名。同时，大多数 Web 服务器还允许定义 Servlet 的别名，因此 Servlet 也可能以使用别名形式的 URL 调用。

下面通过一个示例来说明 Servlet 的创建部署和运行的过程。

1. 创建 Servlet

(1)创建 web 应用，命名为 test。

(2)在响应包中创建 Servlet 程序，如图 8.2 所示。

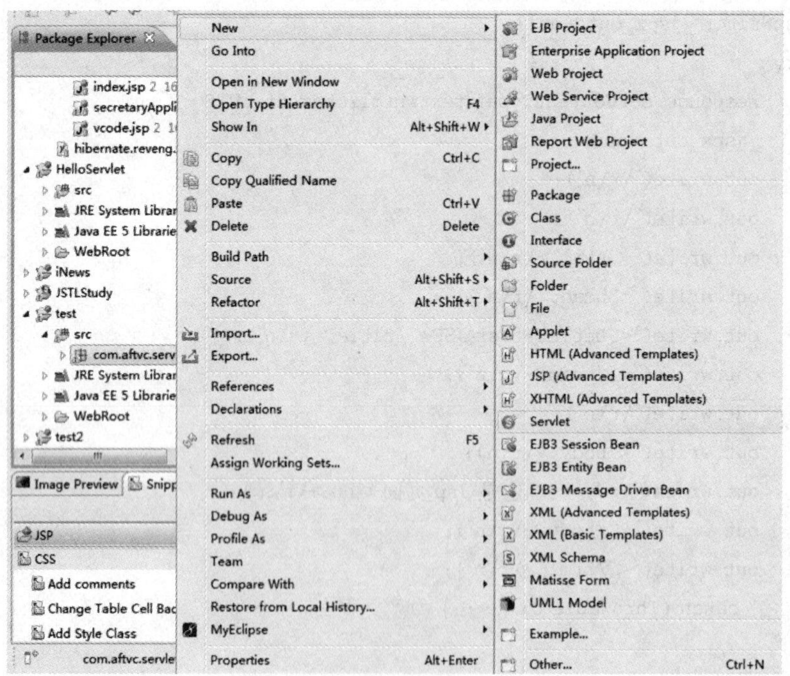

图 8.2　创建 Servlet 程序

(3)输入所要创建的 Servlet 的名字，选择需要重写的方法，如图 8.3 所示。

(4)单击【Next】按钮，填写 Servlet 的访问路径，如图 8.4 所示。

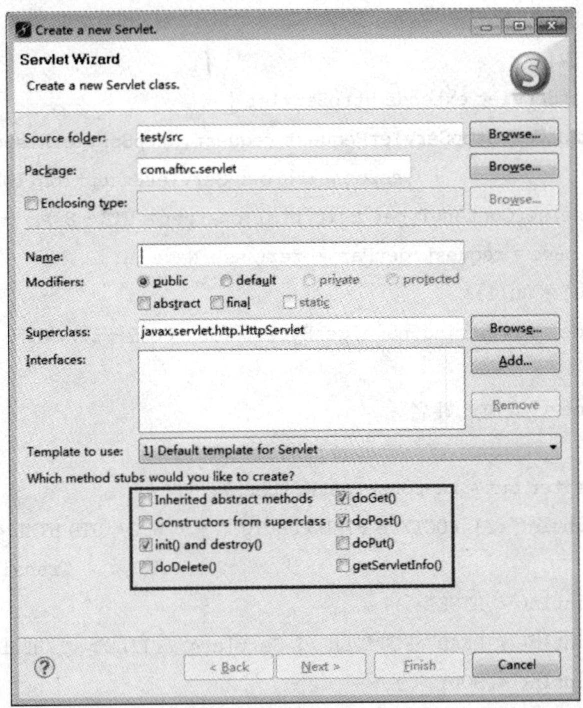

图 8.3　给 Servlet 命名

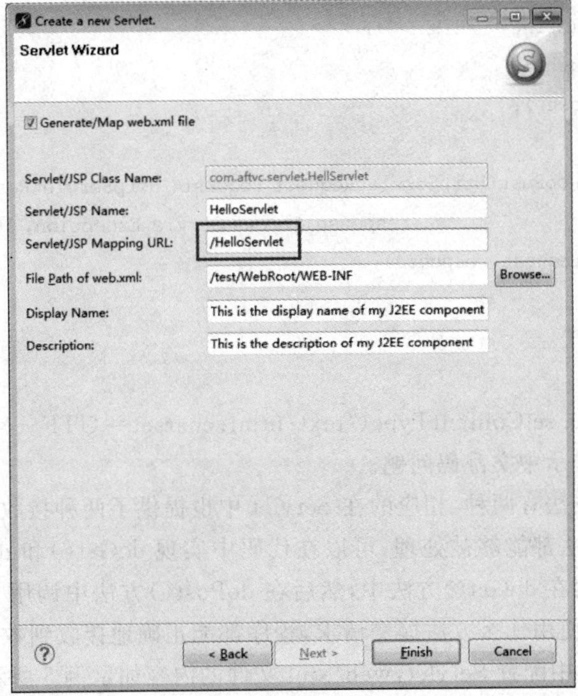

图 8.4　填写访问路径

(5)点击【Finish】按钮，完成 Servlet 的创建。

下面重写 doGet()方法，代码如示例 4 所示。

示例 4:

```
//……省略导入的包
public class UserServlet extends HttpServlet {
    public void doGet(HttpServletRequest request,HttpServletResponse
                              esponse)throws ServletException,IOException {
        response.setContentType("text/html;charset = UTF - 8");
        String name = request.getParameter("userName");
        if(name! = null){
            name = new String(name.getBytes("ISO - 8859 - 1"),"UTF - 8");
        }else{
            name = "请输入姓名";
        }
        PrintWriter out = response.getWriter();
        out.println("<! DOCTYPE HTML PUBLIC \" - //W3C//DTD HTML 4.01
                                              Transitional//EN\">");
        out.println("<HTML>");
        out.println("<HEAD><TITLE>A Servlet</TITLE></HEAD>");
        out.println("<BODY>");
        out.print("你好," + name + "。");
        out.println(" </BODY>");
        out.println("</HTML>");
        out.flush();
        out.close();
    }
    public void doPost(HttpServletRequest request, HttpServletResponse
                              response)throws ServletException, IOException {
        doGet(request,response);
    }
}
```

代码说明:

(1)通过 response.setContentType("text/html;charset=UTF-8");设置输出文本的编码,以解决客户端显示中文乱码问题。

(2)表单的提交方法有两种,相应的在 Servlet 中也提供了两种接收请求数据的方法,为了保证两种提交的方法都能够被处理,可以在代码中实现 doGet()和 doPost()方法相互调用,即把处理代码都写在 doGet()方法中,然后在 doPost()方法中调用 doGet()方法。这样就能保证无论客户端使用什么方法提交请求,程序都能正确地接收到数据。

在 web.xml 文件中配置 Servlet,web.xml 文件的内容如示例 5 所示。

示例 5:

```
<web - app>
<servlet>
<servlet - name>UserServlet</servlet - name>
```

```
<servlet-class>ch08.UserServlet</servlet-class>
</servlet>
<servlet-mapping>
<servlet-name>UserServlet</servlet-name>
<url-pattern>/UserServlet</url-pattern>
</servlet-mapping>
</web-app>
```

在 web.xml 文件中，<servlet>元素可以包含多个子元素，其中<servlet－name>指定 Servlet 的名字，这个名字在同一个 Web 应用中必须唯一，<servlet－class>指定类的完全限定名(包名.类名)。<servlet－mapping>元素在 Servlet 和 URL 之间定义映射，包含两个子元素<servlet－name>和<url－pattern>，<servlet－name>给出 Servlet 的名字，必须与在<servlet>元素中声明的 Servlet 名字相同，<url－pattern>元素指定 Servlet 的 URL，需要特别注意的是，该路径是相对于 Web 应用程序的路径。

在配置了 Servlet 与 URL 的映射后，当 Servlet 容器接收到一个请求时，按以下顺序进行匹配：

• 精确匹配，<url－pattern>/xxx</url－pattern>

如<url－pattern>/UserServlet</url－pattern>。

• 路径匹配，<url－pattern>/xxx/ * </url－pattern>

对该路径所有的请求将由该 Servlet 进行处理，如<url－pattern>/ch08/ * </url－pattern>。

• <url－pattern> *.do</url－pattern>，对所有 *.do 扩展名的请求将由该 Servlet 进行处理。

下面介绍 JSP 如何访问 Servlet，index.jsp 页面代码如示例 6 所示。

示例 6：

```
<%@ page language="java" import="java.util.*" pageEncoding="UTF-8"%>
<html>
<head>
<title>My JSP 'index.jsp' starting page</title>
</head>
<body>
<form action="UserServlet" method="post">
姓名：<input type="text" name="userName"/><br>
<input type="submit" value="提交"/>
</form>
</body>
</html>
```

在示例 6 的代码中，表单 action 提交的路径指向了 web.xml 文件中<url－pattern>元素指定 Servlet 的 URL，即“UserServlet”。

启动 Tomcat，在地址栏中输入“http://localhost:8080/test/index.jsp”，输入用户姓名为“大白兔”，则页面效果如图 8.8 所示。

也可以在地址栏中输入"http://localhost:8080/test/UserServlet? userName=大白兔",直接访问 UserServlet,在示例4的代码中编写了获取用户姓名的代码,在运行时如果没有传递用户名参数就会默认输出"请输入姓名"。

图 8.5　示例 6 运行效果

8.2.2　获得 Servlet 初始化参数

当容器实例化一个 Servlet 之前,会从 web. xml 中读取这个 Servlet 的初始化参数,并把这些参数交给 ServletConfig,然后在调用 init()方法时,容器会传送这个 ServletConfig 的引用到 Servlet。每个 Servlet 都会有一个唯一的 ServletConfig 引用。

通过 Servlet 的 doPost()和 doGet()方法,可以获取表单提交的数据。也可以预先对 Servlet 进行初始化设置,在 Servlet 加载时就对参数进行初始化。设置初始化首先需要修改 web. xml 文件,在<servlet>元素中增加<init－param>元素,如示例 7 所示。

示例 7:

```
<web-app>
    <servlet>
        <servlet-name>HelloServlet</servlet-name>
        <servlet-class>com.aftvc.servlet.HelloServlet</servlet-class>
            <init-param>
                <param-name>initParam</param-name>
                <param-value>获得 Servlet 初始化参数</param-value>
            </init-param>
        </servlet>
    <servlet-mapping>
        <servlet-name>HelloServlet</servlet-name>
        <url-pattern>/HelloServlet</url-pattern>
  </servlet-mapping>
  </web-app>
```

定义 Servlet 的初始化参数时,使用<init－param>元素。<init－param>元素是<servlet>元素的子元素,使用<init－param>元素必须包括<param－name>元素和<param－value>元素。

<param－name>元素定义初始化参数的名字,<param－value>元素指定初始化元素的值。

下面添加获取初始化参数的语句,代码如示例 8 所示。

示例 8:

```
public class HelloServlet extends HttpServlet {
    public void init() throws ServletException {
        System.out.println("Servlet 容器实例化后,调用 init()方法!");
    }
    public void doGet(HttpServletRequest request, HttpServletResponse
                        response)throws ServletException, IOException {
        System.out.println("Servlet 处理客户端请求,调用 doGet()方法!");
        String initParam = getInitParameter("initParam");
        System.out.println(initParam);}
}
```

启动 Tomcat,打开浏览器,输入“http://localhost:8080/test/HelloServlet”。运行效果如图 8.6 所示。

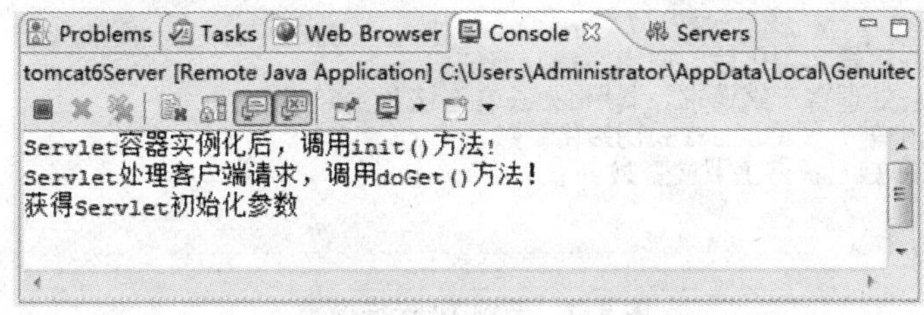

图 8.6 示例 8 运行效果

8.2.3 获得上下文参数

获得上下文初始化参数与获得初始化参数相同,要获取上下文参数,需要对 web.xml 文件进行修改,如示例 9 所示。

示例 9:

```
<web-app>
    <context-param>
        <param-name>contextParam</param-name>
        <param-value>获得上下文参数</param-value>
    </context-param>
</web-app>
```

使用<context-param>元素声明系统范围内的初始化参数,<context-param>元素包括<param-name>元素和<param-value>元素。

<param-name>元素指定初始化参数的名字,<param-value>元素指定初始化参数的值。

注意:<param-name>元素必须出现在所有 Servlet 配置元素前。

修改示例 8 的代码,添加获取上下文参数的语句,如示例 10 所示。

示例 10:

```
public class HelloServlet extends HttpServlet {
    public void doGet(HttpServletRequest request,HttpServletResponse
```

```
                                response)throws ServletException,IOException {
        System.out.println("Servlet 处理客户端请求,调用 doGet()方法!");
        String initParam = getInitParameter("initParam");
        String contextParam = this.getServletContext()
                                          .getInitParameter("contextParam");
        System.out.println("初始化参数:" + initParam);
        System.out.println("上下文参数:" + contextParam);
    }
}
```

启动 Tomcat,打开浏览器,输入"http://localhost:8080/test/HelloServlet",示例 10 运行效果如图 8.7 所示。

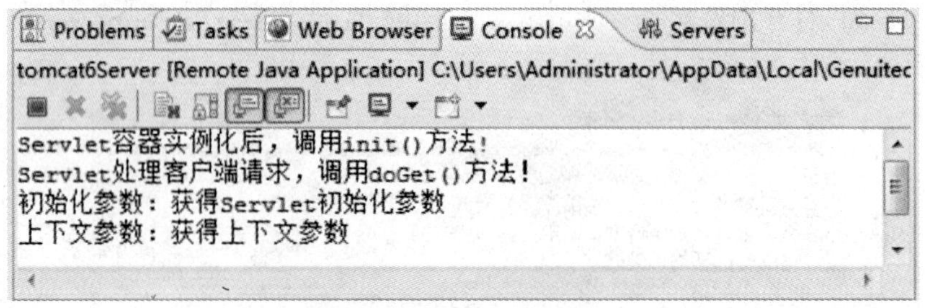

图 8.7　示例 10 运行效果

8.2.4　技能训练

1. 使用 Servlet 实现用户登录

需求说明:

编写 Servlet 程序用来验证用户登录功能,如果用户名与密码都为"sa",则验证通过,跳转至欢迎页面,否则弹出提示信息"用户名或密码错误,请重新输入!",单击【确定】按钮后跳转至登录页面。

提示:

(1)建立 Web 应用。

(2)编写 Servlet 继承自 HttpServlet。

(3)配置 web.xml。

(4)启动 Tomcat,访问 Servlet。

编写 Servlet 的代码如下。

```
public class UserServlet extends HttpServlet {
    public void doGet(HttpServletRequest request,HttpServletResponse
                                response)throws ServletException,IOException {
        doPost(request,response);
    }
    public void doPost(HttpServletRequest request,HttpServletResponse
                                response)throws ServletException,IOException {
```

```
        request.setCharacterEncoding("UTF-8");
        response.setContentType("text/html;charset=UTF-8");
        String name = request.getParameter("userName");
        String pwd = request.getParameter("pwd");
  if("sa".equals(name)&&"sa".equals(pwd)){
      HttpSession session = request.getSession();
      session.setAttribute("login",name);
      response.sendRedirect("welcome.jsp");
  }else{
      PrintWriter out = response.getWriter();
            out.println("<script type='text/javascript'>alert('用户名或密码错
                误,请重新输入!');location.href='index.jsp';</script>");
  out.close();
        }
      }
  }
```

配置 Servlet 的代码如下。

```
<web-app>
<servlet>
<servlet-name>UserServlet</servlet-name>
<servlet-class>com.aftvc.servlet.UserServlet</servlet-class>
</servlet>
<servlet-mapping>
<servlet-name>UserServlet</servlet-name>
<url-pattern>/UserServlet</url-pattern>
</servlet-mapping>
</web-app>
```

2. 编写 Servlet 类获取初始化参数

需求说明:

编写 Servlet,并设置 Servlet 初始化参数,然后调用 Servlet,在控制台输出显示“获取到初始化参数”。

3. 编写 Servlet 类获取系统上下文参数

需求说明:

编写 Servlet 程序,并设置系统上下文参数,部署运行输出显示“获取到上下文参数”。

8.3　Servlet 的生命周期

一个 Servlet 的生命周期由部署 Servlet 的容器来控制。当一个请求映射到一个 Servlet 时,该容器执行下列步骤。

(1)如果一个 Servlet 的实例并不存在,Web 容器将进行以下处理。

· 加载 Servlet 类。

· 创建一个 Servlet 类的实例。

· 调用 init 初始化 Servlet 实例。

(2)调用 service 方法,传递一个请求和响应对象。

(3)如果该容器要移除这个 Servlet,可调用 Servlet 的 destroy 方法来结束该 Servlet。

Servlet 在内存中仅被装入一次,由 init()方法初始化。在 Servlet 初始化之后,接收客户请求,通过 service()方法来处理,直到被 destroy()方法关闭为止。对每个请求均执行 service()方法。Servlet 的生命周期过程和相应的方法如图 8.8 所示。

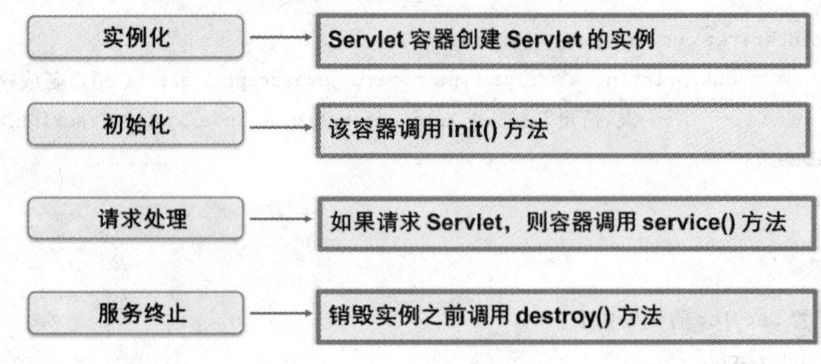

图 8.8 Servlet 的生命周期

1. 实例化

实例化一般是读取配置信息和读取初始化参数等,这些基本上在整个生命周期中只需要执行一次。Servlet 不能独立运行,必须被部署到 Servlet 中,由容器实例化和调用 Servlet 的方法,Servlet 容器在 Servlet 的生命周期内管理 Servlet。当 Servlet 容器启动或者当客户端发送一个请求时,Servlet 容器会查找内存中是否存在该 Servlet 的实例,如果不存在,就创建一个 Servlet 实例。如果存在该 Servlet 的实例,就直接从内存中取出该实例响应请求。

2. 初始化

在 Servlet 实例化之后,容器将调用 init()方法,并传递实现 ServletConfig 接口的对象。在 init()方法中,Servlet 可以部署描述符中读取配置参数,或者执行任何其他一次性活动。在 Servlet 的整个生命周期内,init()方法只被调用一次。初始化的目的是让 Servlet 对象在处理客户端请求前完成一些初始化工作,例如,设置数据库连接参数,建立 JDBC 连接,或者是建立对其他资源的引用等。

3. 请求处理

当 Servlet 容器接收客户端请求时,调用 Servlet 的 service()方法处理客户端请求。service() 方法是 Servlet 的核心。每当一个客户请求一个 HttpServlet 对象,该对象的 service() 方法就要被调用,而且传递给这个方法一个“请求”(ServletRequest)对象和一个“响应”(ServletResponse)对象作为参数。如果 HTTP 请求方法为 GET,service() 方法就调用 doGet()方法;如果 HTTP 请求方法为 POST,在 service() 方法就调用 doGet()方法。

4. 服务终止

Servlet 容器判断一个 Servlet 是否应当被释放时(容器关闭或需要回收资源),容器就会调用 Servlet 的 destroy()方法。destroy() 方法仅执行一次，即在服务器停止且卸装 Servlet 时执行该方法。典型的，将 Servlet 作为服务器进程的一部分来关闭。缺省的 destroy() 方法通常是符合要求的，但也可以覆盖，典型的是管理服务器端资源。例如，如果 Servlet 在运行时会累计统计数据，则可以编写一个 destroy() 方法，该方法用于在未装入 Servlet 时将统计数字保存在文件中。另一个示例是关闭数据库连接。

当服务器卸装 Servlet 时，将在所有 service() 方法调用完成后，或在指定的时间间隔过后调用 destroy() 方法。一个 Servlet 在运行 service() 方法时可能会产生其他的线程，因此需确认在调用 destroy() 方法时，这些线程已终止或完成。

示例 11 通过一段处理 HTTP 请求的代码演示了 Servlet 生命周期的各个方法的调用过程。

示例 11：

```
//……省略导入的包
public class ServletLife extends HttpServlet {
    public void init() throws ServletException {
        System.out.println("Servlet 容器实例化后，调用 init()方法!");
    }
    public void doGet(HttpServletRequest request,HttpServletResponse
                            response)throws ServletException,IOException {
        System.out.println("Servlet 处理客户端请求，调用 doGet()方法!");
}
    public void doPost(HttpServletRequest request,HttpServletResponse
                            response)throws ServletException,IOException {
        System.out.println("Servlet 处理客户端请求，调用 doPost()方法!");
    }
    public void destroy() {
        super.destroy();
        System.out.println("Servlet 容器销毁实例前，调用 destroy()方法!");
    }
}
```

部署并运行示例 11 的代码，打开浏览器，输入“http://localhost:8080/HelloServlet/ServletLife”。在控制台观察打印输出，运行效果如图 8.9 所示。

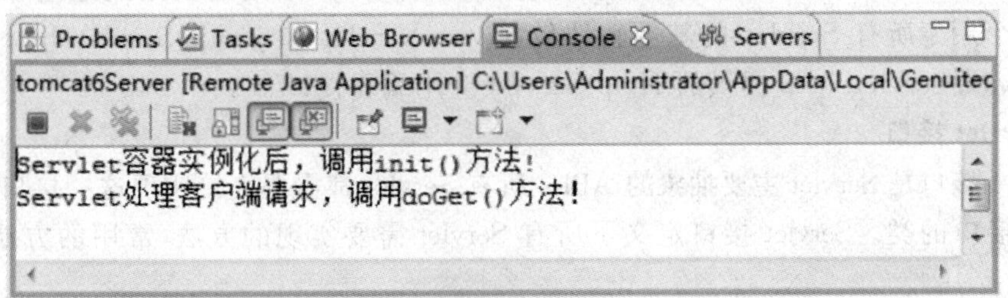

图 8.9 示例 11 的运行效果(一)

接下来再重新提交一次请求，查看控制台有无变化，如图 8.10 所示。

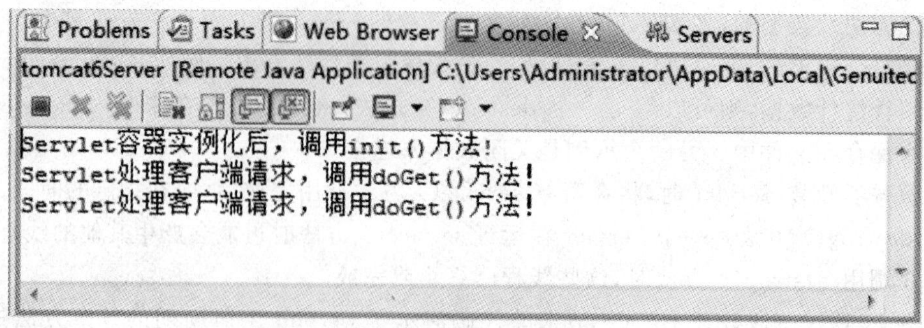

图 8.10　示例 11 的运行效果(二)

当再一次提交请求时，Servlet 的 init()方法没有被执行，这说明 init()方法只有在加载当前的 Servlet 时被执行，并且只被执行一次。

停止 Tomcat 服务，再来观察控制台输出的信息，如图 8.11 所示。

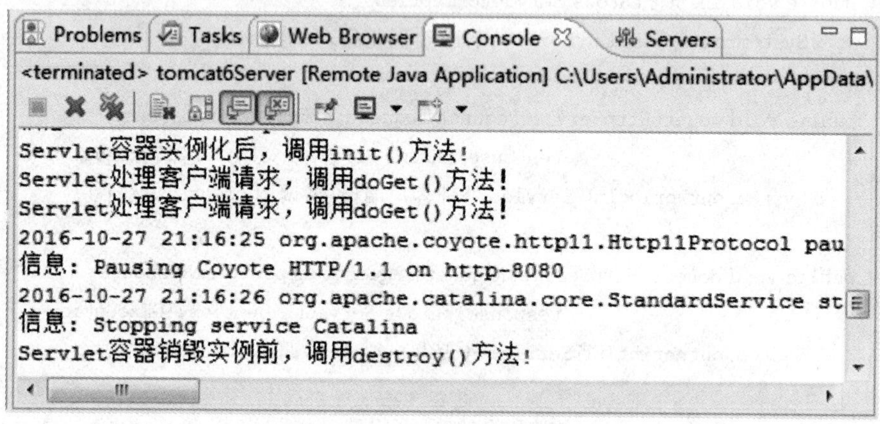

图 8.11　示例 11 的运行效果(三)

由此可以得出，在服务器停止或者是系统回收资源时，destroy()方法才被执行。

8.4　Servlet API

Java Servlet 开发工具提供了多个软件包，在编写 Servlet 时需要用到这些软件包。其中包括两个用于所有 Servlet 的基本软件包：javax. Servlet 和 javax. Servlet. http。下面主要介绍 javax. Servlet. http 提供的 Http Servlet 应用编程接口。

1. Servlet 接口

Servlet 接口是 Servlet 主要抽象的 API。所有 Servlet 都需要直接实现这一接口或者继承实现了该接口的类。Servlet 接口定义了所有 Servlet 需要实现的方法，常用的方法如表 8-1 所示。

表 8-1 Servlet 接口的常用方法

方法名称	功能描述
public void init(ServletConfig config)	由 Servlet 容器调用，用于完成 Servlet 对象在处理客户请求前的初始化工作
public void service(ServletRequest req ,ServletResponse res)	由 Servlet 容器调用，用来处理客户端的请求
public void destroy()	由 Servlet 容器调用，释放 Servlet 对象所使用的资源
public ServletConfig getServletConfig()	返回 ServletConfig 对象，该对象包含此 Servlet 的初始化和启动参数。返回的 ServletConfig 对象是传递给 init()方法的对象
public String getServletInfo()	返回有关 Servlet 的信息，比如作者、版本和版权。返回的字符串是纯文本，而不是任何种类的标记（比如 HTML 和 XML 等）

2. 抽象类 GenericServlet

GenericServlet 抽象类实现了 Servlet 和 ServletConfig 接口。抽象类 GenericServlet 的存在使得编写 Servlet 更加方便。这里提供了一个简单的方案，这个方案执行有关 Servlet 生命周期的方法以及在初始化时对 ServletConfig 对象和 ServletContext 对象进行说明。常用的方法如表 8-2 所示。

表 8-2 GenericServlet 的常用方法

方法名称	功能描述
public void init(ServletConfig config)	调用 Servlet 接口中的 init()方法。此方法还有一无参的重载方法，其功能与此方法相同
public String getInitParameter(Stringname)	返回名称为 name 的初始化参数的值
public ServletContext getServletContext()	返回 ServletContext 对象的引用

3. 抽象类 HttpServlet

HttpServlet 抽象类是 GenericServlet 类的扩充，提供了一个处理 HTTP 协议的框架。HttpServlet 首先必须读取 Http 请求的内容。Servlet 容器负责创建 HttpServlet 对象，并把 Http 请求直接封装到 HttpServlet 对象中，大大简化了 HttpServlet 解析请求数据的工作量。

根据 HTTP 协议中定义的请求方法，HttpServlet 分别提供了处理请求的相应方法，如表 8-3 所示。

表 8-3 HttpServlet 的常用方法

方法名称	功能描述
public void service(HttpServletRequest req, HttpServletResponse res)	接收 HTTP 请求，并分发给此类中定义的 doXXX 方法
public void doGet(HttpServletRequest req, HttpServletResponse res)	由 Servlet 引擎调用处理一个 HTTP GET 请求
public void doPost(HttpServletRequest req, HttpServletResponse res)	由 Servlet 引擎调用处理一个 HTTP POST 请求

续表

方法名称	功能描述
public void doPut(HttpServletRequest req, HttpServletResponse res)	处理一个 HTTP PUT 请求，请求 URL 指出被载入的文件位置
public void doDelete(HttpServletRequest req, HttpServletResponse res)	处理一个 HTTP DELETE 请求，请求 RUL 指出资源被删除

HttpServlet 类是一个抽象类，如果需要编写 Servlet 就要继承 HttpServlet 类，从中将需要响应到客户端的数据封装到 HttpServletResponse 对象中。

当服务器调用 Servlet 的 Service()、doGet()和 doPost()这三个方法时，均需要“请求”和“响应”对象作为参数。“请求”对象提供有关请求的信息，而“响应”对象提供了一个将响应信息返回给浏览器的一个通信途径。javax. Servlet 软件包中的相关类为 ServletRequest 和 ServletResponse，而 javax. Servlet. http 软件包中的相关类为 HttpServletRequest 和 HttpServletResponse。

4. ServletConfig 接口

当 Servlet 配置了初始化参数后，Web 容器在创建 Servlet 实例对象时，会自动将这些初始化参数封装到 ServletConfig 对象中，并在调用 Servlet 的 init 方法时，将 ServletConfig 对象传递给 Servlet。开发人员通过 ServletConfig 对象就可以得到当前 Servlet 的初始化参数信息。ServletConfig 接口定义的方法如表 8-4 所示。

表 8-4　ServletConfig 的常用方法

方法名称	功能描述
public String getInitParameter(String name)	获取 web. xml 中设置的以 name 命名的初始化参数值
public ServletContext getServletContext( )	返回 Servlet 的上下文对象引用

5. ServletContext 对象

ServletContext 接口定义了一个 Servlet 的环境对象，通过这个对象，Servlet 引擎向 Servlet 提供环境信息。Web 容器在启动时，会为每个 Web 应用程序都创建一个对应的 ServletContext 对象，代表当前 Web 应用。在一个处理多个虚拟主机的 Servlet 引擎中，每一个虚拟主机必须被视为一个单独的环境。ServletContext 对象的用法见表 8-5 所示。

表 8-5　ServletContext 的常用方法

方法名称	功能描述
public String getInitparameter(String name)	获取名称为 name 的系统范围内的初始化参数值，系统范围内的初始化参数可以在部署描述符中使用＜context－param＞元素定义
public void setAttribute(String name, Object object)	设置名称为 name 的属性
public Object getAttribute(String name)	获取名称为 name 的属性
public String getRealPath(String path)	返回参数所代表目录的真实路径
public void log(String msg)	记录一般日志信息

6. ServletRequest 和 HttpServletRequest 接口

(1)ServletRequest 接口

ServletRequest 接口定义一个 Servlet 引擎产生的对象,通过这个对象,Servlet 可以获得客户端请求的数据。这个对象通过读取请求体的数据提供包括参数的名称、值和属性以及输入流的所有数据。ServletRequest 接口中的常用方法如表 8-6 所示。

表 8-6 ServletRequest 接口的常用方法

方法名称	功能描述
public Object getAttribute(String name)	返回具有指定名字的请求属性
publicvoidsetAttribute(Stringname,Object object)	以指定名称保存请求中指定对象的引用
public void removeAttribute(String name)	从请求中删除指定属性

(2)HttpServletRequest 接口

HttpServletRequest 是专用于 HTTP 协议的 ServletRequest 子接口,用于封装 HTTP 请求消息。HttpServletRequest 接口除了继承了 ServletRequest 接口中的方法,还增加了一些用于读取请求信息的方法,如表 8-7 所示。

表 8-7 HttpServletRequest 接口的常用方法

方法名称	功能描述
public String getContextPath()	返回指定 Servlet 上下文(Web 应用)RL 前缀
public Cookie[] getCookies()	返回与请求相关 Cookie 的一个数组
public getHeader(String name)	返回指定的 HTTP 头标
public String getMethod()	返回 HTTP 请求方法(如 GET 和 POST 等)
public String getQueryString()	返回查询字符串,即 URL 中"?"后面的部分
public String getRequestedSessionId()	返回客户端的会话 ID
public String getRequestURI()	返回统一资源标识符(URI)中的一部分,从"/"开始,包括上下文,但不包括任意查询字符串
public String getServletPath	返回请求 URI 上下文后的子串
public HttpSession getSession(boolean create)	返回当前 HTTP 会话,如果不存在,则创建一个新的会话,create 参数为 true
public boolean isRequestedSessionIdValid()	如果客户端返回的会话 ID 仍然有效,则返回 true
public Enumeration getAttributeName()	返回请求中所有属性名的枚举值
public String getCharacter Encoding()	返回请求所用的字符编码
public int getContentLength()	指定输入流的长度,如果未知,则返回-1
public String getParameter(String name)	返回指定输入参数,如果不存在,则返回 null
public Enumeration getParameterName()	返回请求中所有参数名的一个可能为空的枚举

续表

方法名称	功能描述
public String[] getParameterValues(String name)	返回指定输入参数名的取值数组，如果取值不存在，则返回 null
public String getProtocol()	返回请求使用协议的名称和版本
public String getServerName()	返回处理请求的服务器的主机名
public String getServerPort()	返回接收主机正在侦听的端口号
public String getRemoteAddr()	返回客户端主机的数字型 IP 地址
public String getRemoteHost()	返回客户端主机名
public String getContextPath()	返回请求 URI 中表示请求上下文的路径，上下文路径是请求 URI 的开始部分
public HttpSession getSession()	返回和此次请求相关联的 session，如果没有给客户端分配 session，则创建一个新的 session

7. ServletResponse 和 HttpServletResponse 接口

(1)ServletResponse 接口

ServletResponse 接口定义一个 Servlet 引擎产生的对象，通过这个对象，Servlet 对客户端的请求作出响应。这个响应应该是一个 MIME 实体，可能是一个 HTML 页、图像数据或其他 MIME 的格式。ServletResponse 接口中的常用方法如表 8-8 所示。

表 8-8　ServletResponse 接口的常用方法

方法名称	功能描述
public PrintWriter getWriter()	返回 PrintWrite 对象，用于向客户端发送文本
public String getCharacterEncoding()	返回在响应中发送的正文所使用的字符编码
public void setCharacterEncoding()	设置发送到客户端的响应的字符编码
public void setContentType(String type)	设置发送到客户端的响应的内容类型，此时响应的状态属于尚未提交

(2)HttpServletResponse 接口

HttpServletResponse 接口是 ServletResponse 的子接口，提供了与 HTTP 协议相关的一些方法，Servlet 可通过这些方法来设置 HTTP 响应头或向客户端写 Cookie。该接口除了具有 ServletResponse 接口的常用方法外，还增加了新的方法，如表 8-9 所示。

表 8-9　HttpServletResponse 接口的常用方法

方法名称	功能描述
public void addCookie(Cookie cookie)	增加一个 cookie 到响应中，这个方法可多次调用，设置多个 cookie
public void addHeader(String name,String value)	将一个名称为 name，值为 value 的响应报头添加到响应中

续表

方法名称	功能描述
public void sendRedirect(String location)	发送一个临时的重定向响应到客户端,以便客户端访问新的 URL
public void encodeURL(String url)	使用 session ID 对用于重定向的 URL 进行编码
public void addDateHeader(String name ,long date)	使用指定日期值加入带有指定名字的响应头标
public void setHeader(String name,String value)	设置具有指定名字和取值的一个响应头标
public boolean containsHeader(String name)	判断响应是否包含指定名字的头标
public void setStatus(int status)	设置响应状态码为指定值
public String getCharacterEncoding()	返回响应使用字符编码的名称
public OutputStream getOutputStream()	返回一个记录二进制的响应数据的输出流,此方法和 getWrite()方法两者只能调用其一
public Writer getWriter()	返回一个记录文本的响应数据的 PrintWriter
public void reset()	清除输出缓存及所有响应头标
public void setContentLength(int length)	设置响应的内容体的长度
public void setContentType(String type)	设置响应的内容类型

8.5 Servlet 控制器实现

8.5.1 使用 Servlet 实现控制器

Servlet 和 JSP 最主要的不同点在于:Servlet 的应用逻辑是在 Java 文件中,并且完全从表示层中的 HTML 里分离开来,Servlet 主要用于控制逻辑。而 JSP 的情况是 Java 和 HTML 可以组合成一个扩展名为.jsp 的文件,JSP 侧重于视图。在学习 JSP 时,通常使用 JSP 来做控制页,主要功能是流程控制和业务处理,现在可以将这部分代码提取出来,放到一个单独的控制器的角色中,由 Servlet 来完成。通过一个架构图来进一步了解,如图8.12 所示。

Servlet 仅充当控制器的角色,作用类似于调度员:所有用户的请求都发给 Servlet,Servlet 调用 Model 来处理用户请求,并调用 JSP 来呈现处理结果;或者 Servlet 直接调用 JSP 将应用的状态数据呈现给用户。Model 通常由 JavaBean 来充当,所有的业务逻辑、数据访问逻辑在 Model 中实现。

下面以新闻在线系统中对新闻标题的管理为例来实践这种架构,创建 TopicsServlet 实现对主题列表的显示、增加主题、更新主题和删除主题等操作,每个操作都通过调用业务逻辑层相应的方法来实现,关键代码如示例 12 所示。

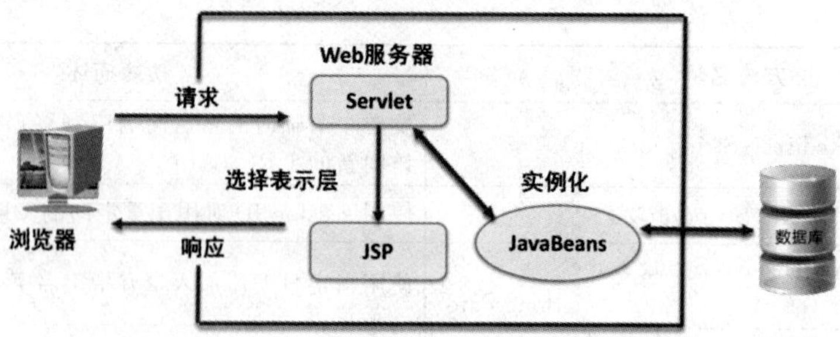

图 8.12　使用 Servlet 作为控制器的架构示意图

示例 12：

```
public class TopicsServlet extends HttpServlet {
    public void doGet(HttpServletRequest request, HttpServletResponse
                          response)throws ServletException, IOException {
        request.setCharacterEncoding("UTF-8");
        response.setContentType("text/html;charset=UTF-8");
        PrintWriter out = response.getWriter();
        //获取客户端的操作类型
        String opr = request.getParameter("opr");
        TopicsBiz topicsBiz = new TopicsBizImpl();
        //获取应用上下文路径
        String contextPath = request.getContextPath();
        if("list".equals(opr)){ //显示主题列表操作
            List<Topic> list = topicsBiz.getAllTopics();
            request.getSession().setAttribute("list",list);
            response.sendRedirect(contextPath + "/newspages/topic_list.jsp");
        }else if("add".equals(opr)){ //增加主题操作
            String tname = request.getParameter("subjectname");
            Topic topic = topicsBiz.findTopicByName(tname);
            if(topic == null){
                int result = topicsBiz.addTopic(tname);
                if(result>0){
                    out.print("<script type='text/javascript'>" +
                    "alert('当前主题创建成功,点击确认返回主题列表!');" + "
location.href='" + contextPath + "/TopicsServlet?opr=list';</script>");
                }else{
                        out.print("<script type='text/javascript'>" +
                "alert('当前主题创建失败,请重新输入!');" +
    "location.href='" + contextPath + "/newspages/topic_add.jsp';</script>");
                }
            }else{
                out.print("<script type='text/javascript'>" +
```

```
                "alert('当前主题已经存在,请输入不同的主题!');"+"
location.href='"+contextPath+"/newspages/topic_add.jsp';</script>");
                }
            }else if("update".equals(opr)){ //更新主题操作
                String tname=request.getParameter("tname");
                String tid=request.getParameter("tid");
                Topic topic=new Topic();
                topic.setT_Id(Integer.parseInt(tid));
                topic.setT_Name(tname);
                int result=topicsBiz.updateTopic(topic);
                if(result>0){
                out.print("<script type='text/javascript'>"+
                "alert('更新主题成功,点击确认返回主题列表!');"+"
location.href='"+contextPath+"/TopicsServlet? opr=list';</script>");
                }else{
                    out.print("<script type='text/javascript'>"+
                "alert('更新主题失败,点击确认返回主题列表!');"+
"location.href='"+contextPath+"/newspages/topic_list.jsp';</script>");}
        }else if("del".equals(opr)){ //删除主题操作
            String tid=request.getParameter("tid");
            TopicsBiz TopicsBiz=new TopicsBizImpl();
            int result=TopicsBiz.deleteTopic(tid);
            if(result>0){
                out.print("<script type='text/javascript'>"+
                "alert('已经成功删除主题,点击确认返回原来页面!');"+
        "location.href='"+contextPath+"/TopicsServlet? opr=list';</script>");}else
if(result==-1){
            out.print("<script type='text/javascript'>"+
            "alert('删除主题失败!请联系管理员查找原因!点击确认返回原来页面!');"+
    "location.href='"+contextPath+"/TopicsServlet? opr=list';</script>");
            }else{
                out.print("<script type='text/javascript'>"+
                "alert('该主题下还有文章,不能删除!');"+
    "location.href='"+contextPath+"/TopicsServlet? opr=list';</script>");}
            }
                out.flush();
                out.close();
            }
        public void doPost(HttpServletRequest request,HttpServletResponse
                                response)throws ServletException,IOException {
            doGet(request,response);
```

```
        }
    }
```

在示例 12 代码中，通过 request.getContextPath()；获取应用上下文路径，修改跳转路径，将原来的路径修改成相应的 Servlet 的 URL 路径，如代码中的"/TopicsServlet？opr=list"。

在主题列表页面 topic_list.jsp 中，通过超链接传递操作类型参数 opr 和值，修改后代码如示例 13 所示。

示例 13：

```
<table width = "190" border = "0" cellpadding = "0" cellspacing = "0">
    <tr>
        <td width = "182" height = "30">
            <a href = "/inews/ TopicsServlet? opr = list">显示主题</a>
        </td>
    </tr>
    <tr>
        <td height = "30">
            <a href = "/inews/TopicsServlet? opr = add">添加主题</a>
    </td>
    </tr>
    <tr>
        <td height = "30">
            <a href = "/inews/TopicsServlet? opr = update">更新主题</a>
        </td>
    </tr>
    <tr>
        <td height = "30">
            <a href = "/inews/TopicsServlet? opr = del">删除主题</a>
        </td>
    </tr>
</table>
```

8.5.2 技能训练

1. 使用 Servlet 实现对新闻管理进行管理

需求说明：

创建一个 Servlet 作为控制器，实现对新闻进行增删改操作。

2. 使用 Servlet 实现对系统用户进行管理

需求说明：

创建一个 Servlet 作为控制器，实现对用户的注册和登录操作。

8.6 Filter 过滤器实现

8.6.1 Filter 简介

Java 中的 Filter 并不是一个标准的 Servlet ,既不能处理用户请求,也不能对客户端生成响应。其主要用于对 HttpServletRequest 进行预处理,也可以对 HttpServletResponse 进行后处理,是个典型的处理链。Servlet 过滤器能够在 Servlet 被调用之前检查 Request 对象、修改 Request Header(请求头)和 Request 内容;同时也可以在 Servlet 被调用之后检查 Response 对象、修改 Response Header 和 Response 内容。

Servlet 过滤器的特点概括如下。

(1)Servlet 过滤器可以检查、修改 ServletRequest 和 ServletResponse 对象。

(2)Servlet 过滤器可以被指定和特定的 URL 关联,只有当客户请求访问该 URL 时,才会触发过滤器。

(3)Servlet 过滤器可以被串联在一起,形成管道效应,协同修改请求和响应对象。

8.6.2 Filter 应用

所有的 Servlet 过滤器类都必须实现 javax. servlet. Filter 接口。这个接口含有三个过滤器类必须实现的方法,如表 8-10 所示。

表 8-10 Filter 接口的常用方法

方法名称	功能描述
init(FilterConfig)	这是 Servlet 过滤器的初始化方法,Servlet 容器创建 Servlet 过滤器实例后将调用这个方法。在这个方法中可以读取 web. xml 文件中 Servlet 过滤器的初始化参数
doFilter(ServletRequest,ServletResponse,FilterChain)	当用户请求访问与过滤器关联的 URL 时,Servlet 容器将先调用过滤器的 doFilter 方法。FilterChain 参数用于访问后续过滤器
destroy()	Servlet 容器在销毁过滤器实例前调用该方法,这个方法中可以释放 Servlet 过滤器占用的资源

下面通过示例 14 介绍 Filter 过滤器的用法,主要需求如下:编写 EncodeFilter 用于设置 Post 请求的字符编码,解决中文乱码问题。编写 LogFilter 用于记录用户请求的 IP 地址和访问的资源,然后编写 LoginServlet 用于验证中文输入的用户名,如果用户名正确重定向到 index. jsp 页面显示用户名,否则用户名不能显示,关键代码如下。

示例 14:

LogFilter 代码:

```
package ch08;
//……省略与 Servlet 相关的包。
import javax.servlet.Filter;
```

```
import javax.servlet.FilterChain;
import javax.servlet.FilterConfig;
public class LogFilter implements Filter {
    public void doFilter(ServletRequest request,ServletResponse response,
        FilterChain chain) throws IOException,ServletException {
//在控制台打印出用户的 IP 地址及用户访问的资源
        System.out.println("用户的 IP 地址：  " + request.getRemoteAddr());
        System.out.println("用户的访问资源:" + ((CHttpServeltRequest)request).
getRequestURI());
        chain.doFilter(request,response);//将请求转到下一个过滤器
    }
    public void destroy() {
    }
    public void init(FilterConfig arg0) throws ServletException {
    }
}
```

EncodeFilter 代码：

```
public class EncodeFilter implements Filter {
    private FilterConfig filterConfig;
    public void doFilter(ServletRequest request,ServletResponse response,
            FilterChain chain) throws IOException,ServletException {
        request.setCharacterEncoding("UTF - 8");
        chain.doFilter(request,response);//将请求转到下一个过滤器
    }
    public void init(FilterConfig filterConfig) throws ServletException {
        this.filterConfig = filterConfig;
    }
    public void destroy() {
    }
}
```

LoginServlet 代码：

```
public class LoginServlet extends HttpServlet {
    public void doGet(HttpServletRequest request,HttpServletResponse
                        response)throws ServletException,IOException {
        response.setContentType("text/html");
        String name = request.getParameter("userName");
        if(name.equals("安徽财贸")){
            request.getSession().setAttribute("login",name);
        }
    response.sendRedirect("ch08/index.jsp");
}
```

修改 web. xml,配置 LogFilter、EncodeFilter 过滤器和 LoginServlet,代码如下。

```
<filter>
    <filter-name>log</filter-name>
    <filter-class>ch08.LogFilter</filter-class>
</filter>
<filter-mapping>
    <filter-name>log</filter-name>
    <url-pattern>/*</url-pattern>
</filter-mapping>
<filter>
    <filter-name>encode</filter-name>
    <filter-class>ch08.EncodeFilter</filter-class>
</filter>
<filter-mapping>
    <filter-name>encode</filter-name>
    <url-pattern>/*</url-pattern>
</filter-mapping>
<servlet>
    <servlet-name>LoginServlet</servlet-name>
    <servlet-class>ch08.LoginServlet</servlet-class>
</servlet>
<servlet-mapping>
    <servlet-name>LoginServlet</servlet-name>
    <url-pattern>/LoginServlet</url-pattern>
</servlet-mapping>
```

创建一个登录页面 login. jsp,用于接收用户输入,代码如下。

```
<%@ page language="java" import="java.util.*" pageEncoding="UTF-8"%>
<form action="LoginServlet" method="post">
姓名:<input type="text" name="userName"/><br>
<input type="submit" value="提交"/>
</form>
```

启动 Tomcat 服务器,在 IE 地址栏中输入 http://localhost:8080/jw/ch08/login. jsp,输入用户名"安徽财贸"后,LoginServlet 验证用户名正确,在 index. jsp 页面输出了用户名。运行效果如图 8. 13 所示。

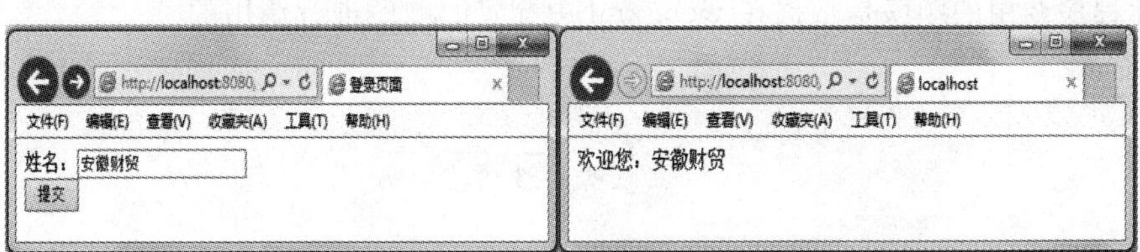

图 8. 13 示例 14 运行效果(一)

由于本次请求访问了三个资源 login. jsp，LoginServlet 和 index. jsp，所以服务器端记录 IP 地址并通过控制台输出，如图 8.14 所示。

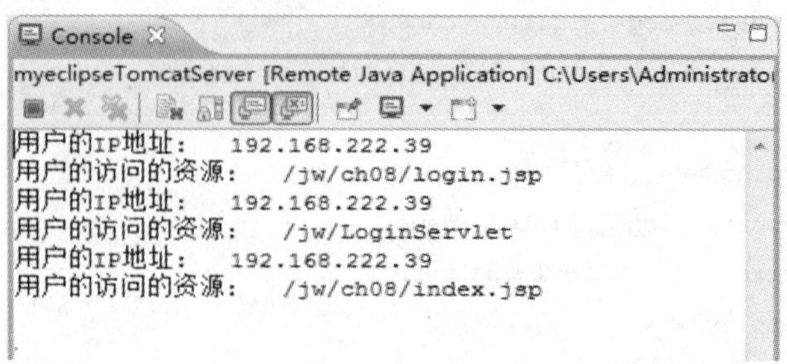

图 8.14　示例 14 运行效果(二)

8.6.3　技能训练

使用 Filter 过滤器记录用户的在系统中的行为。

需求说明：

在新闻在线系统中使用 Filter 过滤器记录管理员登录系统的 IP 地址和访问的资源。

本章总结

➢ Java Servlet 是一个基于 Java 技术的 Web 组件，运行在服务器端，接收和处理用户请求，并做出响应。

➢ Servlet API 包含两个包：javax. servlet 中包含的类和接口支持通用的不依赖协议的 Servlet，javax. servlet. http 中的类和接口用于支持 HTTP 协议的 Servlet API。

➢ Servlet 的生命周期如下：加载和实例化，初始化，服务，销毁。

➢ web. xml 是 Web 项目中的“调度员”，容器根据在 URL 中访问的 Servlet 在 web. xml 文件中进行查找，并调用该 Servlet 以处理用户的请求。

➢ Filter 过滤器提供三个方法，filter 初始化 init(FilterConfig config)、销毁 destroy() 和处理请求 doFilter(ServletRequest request, ServletResponse response, FilterChain chain) 。实现 Filter 接口要重写 Filter 接口的三个方法。FilterConfig 提供获得 application 对象的方法 getServletContext() 以及初始化请求参数的方法 getInitParameter(String name)。

➢ web. xml 的加载顺序是：con text→param→listener→filter→servlet ，而同个类型之间的实际程序调用的顺序是根据在 web. xml 中配置的顺序进行调用的。

习题

一、选择题

1. Servlet 程序的入口点是(　　)。

A. init()　　B. main()　　C. service()　　D. doGet()

2. 下面关于 Servlet 的描述正确的是(　　)。

A. 在浏览器的地址栏直接输入要请求的 Servlet，该 Servlet 默认会使用 doPost 方法处理请求

B. Servlet 和 Applet 一样是运行在客户端的程序

C. Servlet 的生命周期包括实例化、初始化、服务、销毁、不可以用

D. Servlet 也可以直接向浏览器发送 HTML 标签

3. 使用 Servlet 过滤器，需要在 web. xml 中配置(　　)元素(选择两项)。

A. <filter>　　B. <filter－mapping>

C. <servlet－filter>　　D. <filter－config>

4. 在 Web 应用程序中使用的 Servlet 的包为 myservlet，项目名称为 LoginDemo，则 servlet 最可能位于(　　)目录下。

A. LoginDemo/WEB－INF/classes/　　B. LoginDemo/WEB－INF/lib/

C. LoginDemo/WEB－INF/　　D. LoginDemo/WEB－INF/

5. 在 web. xml 中使用(　　)标签配置过滤器

A. <filter>和<filter－mapping>　　B. <filter－name>和<filter－class>

C. <filter>和<filter－class>　　D. <filter－pattern>和<filter>

6. 在访问 Servlet 时，在浏览器地址栏中输入的路径是在(　　)地方配置的。

A. <servlet－name/>　　B. <servlet－mapping/>

C. <uri－pattern/>　　D. <url－pattern/>

7. MVC 中的 M、V、C 分别用(　　)表示。

A. jsp、servlet、javabean　　B. Html、javabean、jsp

C. javabean、jsp、servlet　　D. servlet、html、jsp

8. 在 web. xml 文件中，描述了一个 Servlet，其中(　　)指定了 Servlet 类的访问路径。

A. <servlet>中的<servlet－name>

B. <servlet－class>

C. <url－pattern>

D. <servlet－mapping>中的<servlet－name>

9. 下面关于 Servlet 说法正确的是(　　)。

A. web. xml 配置中<load－on－startup>2</load－on－startup>，数字 2 表示实例化的个数

B. Tomcat 容器默认情况下会为每一个请求创建一个 Servlet 实例

C. Servlet 声明周期中 init 方法仅会被调用一次

D. Servlet 的 service 方法通常需要线程安全

10. 下列对 HttpServlet 类描述错误的是(　　)。

A. HttpServlet 类是针对使用 Http 协议的 Web 服务器的 Servlet 类

B. HttpServlet 类通过执行 Servlet 接口，能够提供 Http 协议的功能

C. HttpServlet 的子类实现了 doGet()方法去响应 HTTP 的 Get 请求

D. HttpServlet 类通过 init()方法和 destory()方法管理 Servlet 自身的资源

二、简答题

1. 请简述 Servlet 的生命周期与工作原理。

2. Servlet 和 Servlet 之间以及 Servlet 与 JSP 之间如何实现通信?

三、实践题

1. 编写一个 Servlet 类,实现在该类中获取当前系统的日期并输出显示。

2. 编写一个 Servlet 类,实现两个数相加的计算功能,并将结果输出显示。

3. 以 Servlet 作为控制器实现邮箱注册和登录的功能。

第9章
Java Web 常用组件

本章工作任务

- 实现新闻图片上传的功能
- 实现发送会议邮件的功能
- 实现 Web 制作图表
- 使用 JXL 操作 Excel 生成班级通讯录
- 实现分页显示

本章知识目标

- 掌握 Commons－FileUpload 组件的应用
- 理解 JavaMail 组件的应用
- 理解 JavaChart 组件的应用
- 理解 JXL 操作 Excel 步骤
- 理解 JSP 分页显示数据

本章技能目标

- 掌握 Commons－FileUpload 组件相关类的方法的使用
- 会使用 JavaMail 发送电子邮件
- 会使用 JFreeChart 制作图表
- 会使用 JXL 操作 Excel
- 实现分页显示

本章重点难点

- Commons－FileUpload 组件的应用
- 使用 JFreeChart 组件获取图片
- 分页显示

通过前面几章的学习，基本掌握了 JSP 技术，包括 JSP 的组成、JSP 注释、JSP 脚本元素、常用指令、JSP 处理客户端请求和 JSP 页面的访问控制等，通过这些知识能够开发出简单的 Web 应用程序。然而目前基于 Internet 的 Web 应用越来越丰富，本章将学习 Commons－FileUpload、JavaMail、JfreeChart 和 JExcelAPI 等 Web 组件的应用。

9.1 Commons－FileUpload 组件

9.1.1 Commons－FileUpload 简介

Apache Commons 是 Apache 软件基金会的项目，曾隶属于 Jakarta 项目。Commons 的目的是提供可重用的、开源的 Java 代码。该项目主要涉及一些软件开发中常用的模块，如文件上传、数据库连接池和 Java 集合框架操作等。FileUpload 就是其中的一个用于处理 HTTP 文件上传的子项目。Commons－FileUpload 组件具有以下几个特点。

(1)操作简单：Commons－FileUpload 组件可以方便地嵌入 JSP 文件中，在 JSP 文件中仅编写少量代码即可完成文件的上传功能。

(2)对上传文件的内容进行控制：使用 Commons－FileUpload 组件提供的对象及操作方法，可以获得全部上传文件的信息，包括文件名称、类型和大小等。

(3)对上传文件的大小、类型进行控制：为了避免在上传过程中出现异常数据，在 Commons－FileUpload 组件中，专门提供了相应的方法用于对上传文件进行控制。

在使用 Commons－FlieUpload 组件之前，需要获取 Commons－FlieUpload 组件。登录网站 http://commons.apache.org/fileupload 下载 Commons－FlieUpload 组件，登录网站 http://commons.apache.org/io 下载 Commons－IO 组件，然后在项目中添加 commons－flieUpload.jar 和 commons－io.jar 文件。

9.1.2 File 控件

如果要对文件进行上传，需要在页面中使用 File 控件。在表单中添加 File 控件的代码如示例 1 所示。

示例 1：

```
<form action = "doupload.jsp" enctype = "multipart/form - data" method = "post">
    <p>选择图片：<input type = "file" name =  "filename" /></p>
    <p><input type = "submit" value = "提交"/></p>
</form>
```

代码说明：

(1)进行文件上传时，需要设置 enctype 属性，该属性用于设置表单提交数据的编码方式，默认情况，这个编码格式是 application/x－www－form－urlencoded，不能用于文件上传。应该设置为 multipart/form－data，才能进行文件数据上传。

(2)上传文件时，form 标签的 method 属性必须取值为“post”，不能取值为“get”。

运行示例 1 的代码，使用 File 控件可以实现在本地进行文件选择，当单击【浏览】按钮后，会弹出对话框来选择需要上传的文件。选择一个文件，并单击【打开】按钮，在本地所选择的文件路径将在 File 控件的文本框中显示，如图 9.1 所示。

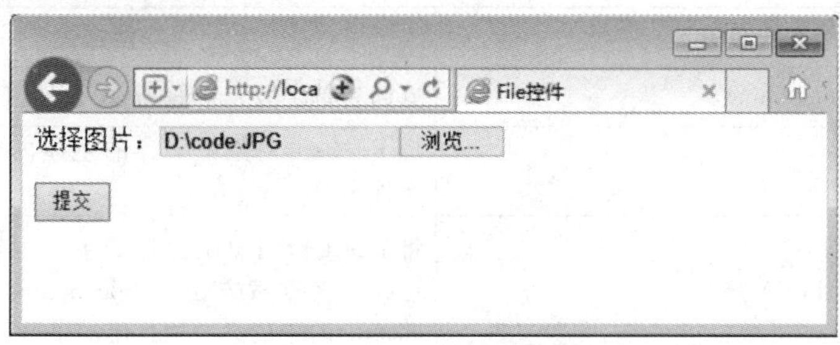

图 9.1　示例 1 运行效果

9.1.3　Commons－FileUpload 组件的 API

在项目中添加 Commons－FlieUpload 组件后，需要了解该组件提供的接口和类来实现文件的上传。

1. ServletFileUpload 类

ServletFileUpload 类是 Apache 文件上传组件、处理文件上传的核心高级类。提供的常用方法如表 9-1 所示。

表 9-1　ServletFileUpload 类的常用方法

方法名称	功能描述
public void setSizeMax(long sizeMax)	用于设置请求消息实体内容的最大的字节数
public List parseRequest (HttpServletRequest req)	解析出 Form 表单中的数据，并分别包装成独立的 FileItem 对象，然后将这些对象装入一个 List 类型的集合对象返回
public static final boolean isMultipartContent (HttpServletRequest req)	判断请求信息中的内容是否是"multipart/form－data"类型
public void setHeaderEncoding (Stringencoding)	设置转换时所使用的字符集编码

2. FileItem 接口

FileItem 用于封装单个表单字段元素的数据，一个表单字段元素对应着一个 FileItem 对象，通过调用 FileItem 对象的方法可以获得相关表单字段元素的数据，在应用程序中使用 FileItem 接口的实现类 DiskFileItem 类。FileItem 接口提供的常用方法如表 9-2 所示。

表 9-2　FileItem 接口的常用方法

方法名称	功能描述
public boolean isFormField()	判断 FileItem 对象封装的数据类型(普通表单字段返回 true，文件表单字段返回 false)
public String getName()	获得文件上传字段中的文件名(普通表单字段返回 null)

续表

方法名称	功能描述
public String getFieldName()	返回表单字段元素的 name 属性值
public void write()	将 FileItem 对象中保存的主体内容保存到指定的文件中
public String getString()	将 FileItem 对象中保存的主体内容以一个字符串返回。其重载方法 public String getString(String encoding)中的参数用指定的字符集编码方式
public long getSize()	返回单个上传文件的字节数

3. FileItemFactory 接口与实现类

根据 FileItemFactory 工厂可以对 ServletFileUpload 对象进行创建，将获得的上传文件 FileItem 对象保存至服务器硬盘。FileItemFactory 接口的实现类是 DiskFileItemFactory，该类提供的常用方法如表 9-3 所示。

表 9-3 DiskFileItemFactory 类的常用方法

方法名称	功能描述
public void setSizeThreshold (int sizeThreshold)	设置内存缓冲区的大小
public void setRepositoryPath(String path)	设置临时文件存放的目录

9.1.4 Commons-FileUpload 组件的应用

1. 文件上传

下面学习如何在 JSP 中使用 Commons-FileUpload 组件实现文件上传的功能。通过文件上传页面 index.jsp，将表单提交到 doUpload.jsp 页面，代码如示例 2 所示。

示例 2：

文件上传页面 index.jsp 的关键代码如下。

```
<form action = "doupload.jsp" enctype = "multipart/form - data" method = "post">
    <p>姓名:<input type = "text" name = "user"></p>
    <p>选择图片:<input type = "file" name = "nfile"></p>
    <p><input type = "submit" value = "提交"></p>
</form>
```

文件上传处理页面 doUpload.jsp 的代码如下。

```
<%@ page language = "java" pageEncoding = "UTF - 8" %>
<%@page import = "java.io.*,java.util.*" %>
<%@page import = "org.apache.commons.fileupload.*" %>
<%@page import = "org.apache.commons.fileupload.disk.DiskFileItemFactory" %>
<%@page import = "org.apache.commons.fileupload.servlet.ServletFileUpload" %>
<%
    request.setCharacterEncoding("utf - 8");
```

```
String uploadFileName = ""; //上传的文件名
String fieldName = "";  //表单字段元素的 name 属性值
//请求信息中的内容是否是 multipart 类型
boolean isMultipart = ServletFileUpload.isMultipartContent(request);
//上传文件的存储路径(服务器文件系统上的绝对文件路径)
String uploadFilePath =
        request.getSession().getServletContext().getRealPath("upload/" );
if (isMultipart) {
    FileItemFactory factory = newDiskFileItemFactory();
    ServletFileUpload upload = newServletFileUpload(factory);
    try {
        //解析 form 表单中所有文件
        List<FileItem> items = upload.parseRequest(request);
        Iterator<FileItem> iter = items.iterator();
        while (iter.hasNext()) {   //依次处理每个文件
            FileItem item = (FileItem) iter.next();
            if (item.isFormField()){  //普通表单字段
                fieldName = item.getFieldName();   //表单字段的 name 属性值
                if (fieldName.equals("user")){
                //输出表单字段的值
                out.print(item.getString("UTF-8") + "上传了文件。<br/>");
                }
            }else{  //文件表单字段
                String fileName = item.getName();
                if (fileName ! = null&& !fileName.equals("")) {
                    File fullFile = newFile(item.getName());
                    File saveFile = newFile(uploadFilePath,
                                                fullFile.getName());
                    item.write(saveFile);
                    uploadFileName = fullFile.getName();
                    out.print("上传成功后的文件名是:" + uploadFileName);
                    }
            }
        }
    } catch (Exception e) {
        e.printStackTrace();
    }
}
%>
```

代码说明:

(1)在 JSP 文件中使用 page 指令导入 Commons－FileUpload 组件所需的类。

(2)判断请求信息中的内容是否是 multipart 类型,如果是则进行处理。

(3)通过 FileItemFactory 工厂对象实例化 ServletFileUpload 对象。

(4)调用 paseRequest()将表单中字段解析成 FileItem 对象的集合。

(5)通过迭代依次处理每个文件,如果是普通字段,通过 getString()方法得到相应表单字符的值,该值与表单字段中的"name"属性对应。如果是文件字段,则通过 File 的构造方法构建一个指定路径名和文件名的文件,并通过 FileItem 对象的 write()方法将上传文件的内容保存到文件中。

2. 控制文件上传的类型

计算机中文件可以划分出很多种类型,例如,图片有 JPG 格式、GIF 格式和 PNG 格式等,在上传文件时需要使用 Commons－FileUpload 组件相关类对允许用户上传的文件类型进行控制。关键代码如示例 3 所示。

示例 3:

```
<%
    FileItem item = (FileItem) iter.next();
    if (! item.isFormField()){  //文件表单字段
        String fileName = item.getName();
        //通过 Arrays 类的 asList()方法创建固定长度的集合
        List<String> filType = Arrays.asList("jpg","gif","png");
        String ext = fileName.substring(fileName.lastIndexOf(".") + 1);
        if(! filType.contains(ext))  //判断文件类型是否在允许范围内
            out.print("上传失败,文件类型只能是 jpg、gif、png");
        else{
            if (fileName ! = null&& !fileName.equals("")) {
                File fullFile = newFile(item.getName());
                File saveFile = newFile(uploadFilePath, fullFile.getName());
                item.write(saveFile);
                uploadFileName = fullFile.getName();
                out.print("上传成功后的文件名是:" + uploadFileName +
                                    ",文件大小是:" + item.getSize() + "bytes!");
            }
    }
%>
```

在示例 3 中,用到了 Arrays 类,此类包含用于操作数组(如排序和搜索)的各种方法,通过 Arrays 类的 asList()方法创建固定长度的集合,也就是得到允许文件类型的集合,然后通过集合的 contains()方法匹配上传文件的后缀名,来判断文件类型是否在允许范围内。示例 3 运行效果如图 9.2 所示。

图 9.2　示例 3 运行效果

3. 控制文件上传的大小

在上传文件时有时候还需要对文件的大小进行控制，下面讲解如何实现，关键代码如示例 4 所示。

示例 4：

```
<%
File tempPatchFile = newFile("d:\\temp\\buffer\\");
if(!tempPatchFile.exists())  //判断文件或目录是否存在
    tempPatchFile.mkdirs();  //创建指定的目录,包括所有必需但不存在的父目录
if (isMultipart) {
    DiskFileItemFactory factory = newDiskFileItemFactory();
    //设置缓冲区大小 4kb
    factory.setSizeThreshold(4096);
    //设置上传文件用到临时文件存放路径
    factory.setRepository(tempPatchFile);
    ServletFileUpload upload = newServletFileUpload(factory);
    //设置单个文件的最大限制
    upload.setSizeMax(1024 * 20);
    try {
        //解析 form 表单中所有文件
        List<FileItem> items = upload.parseRequest(request);
        Iterator<FileItem> iter = items.iterator();
        while (iter.hasNext()) {   //依次处理每个文件
            FileItem item = (FileItem) iter.next();
            if (!item.isFormField()){  //文件表单字段
                String fileName = item.getName();
                //通过 Arrays 类的 asList()方法创建固定长度的集合
                List<String> filType = Arrays.asList("jpg","gif","png");
                Stringext = fileName.substring
                                          (fileName.lastIndexOf(".") + 1);
                if(! filType.contains(ext))  //判断文件类型是否在允许范围内
                        out.print("上传失败,文件类型只能是 jpg、gif、png");
                else{
```

```
                if (fileName! = null&& ! fileName.equals("")) {
                    File fullFile = newFile(item.getName());
                    File saveFile = newFile(uploadFilePath,
                                    fullFile.getName());
                    item.write(saveFile);
                    uploadFileName = fullFile.getName();
                    out.print("上传成功后的文件名是:" + uploadFileName +
                    ",文件大小是:" + item.getSize() + "bytes!");
                }
            }
        }
    }
    }catch(FileUploadBase.SizeLimitExceededException ex){
    out.print("上传失败,文件太大,单个文件的最大限制是:
                            " + upload.getSizeMax() + "bytes!");
    }catch (Exception e) {
        e.printStackTrace();
    }
}
%>
```

运行示例 4 代码,如果提交的文件大小超出了设置要求,那么系统会返回错误信息,如图 9.3 所示。

图 9.3　示例 4 运行效果

在示例 4 中,创建临时文件目录路径,通过 DiskFileItemFactory 对象的 setSizeThreshold()方法设置缓冲区大小,当上传文件大小超过缓冲区大小,则临时存储在通过 DiskFileItemFactory 对象的 setRepository()方法设置的临时文件目录路径中。同时通过 ServletFileUpload 对象的 setSizeMax()限制了单个上传文件的字节数,如果超出设置的字节数,则会抛出一个 FileUploadBase.SizeLimitExceededException 类型的异常。并通过异常处理提示错误信息。

通过示例 3 和示例 4,实现了在文件上传过程中对于上传文件类型、大小的设置,只允许向服务器上传指定类型的文件,使服务器更安全,避免服务器被破坏。控制上传文件的大小,节约服务器的空间,有效避免服务器的崩溃。

9.1.5 技能训练

1. 实现文件上传

需求说明：

制作一个简单的文件上传页面，然后选择本地文件，将其上传到服务器进行保存。

提示：

(1)项目中添加 commons－fileupload.jar 和 commons－io－2.4.jar。

(2)在 JSP 文件中使用 page 指令导入 Commons－FileUpload 组件所需的类。

(3)调用 Commons－FileUpload 组件相关类的方法获取文件信息并实现保存。

2. 使用 Commons－FileUpload 组件上传文件

需求说明：

管理员在发布新闻时，可以同时实现新闻图片的上传。对于上传的图片进行控制，要求如下。

(1)允许上传的图片类型为 JPG 文件、PNG 文件和 GIF 文件。

(2)上传图片的大小不能超过 4MB。

页面效果如图 9.5 所示。

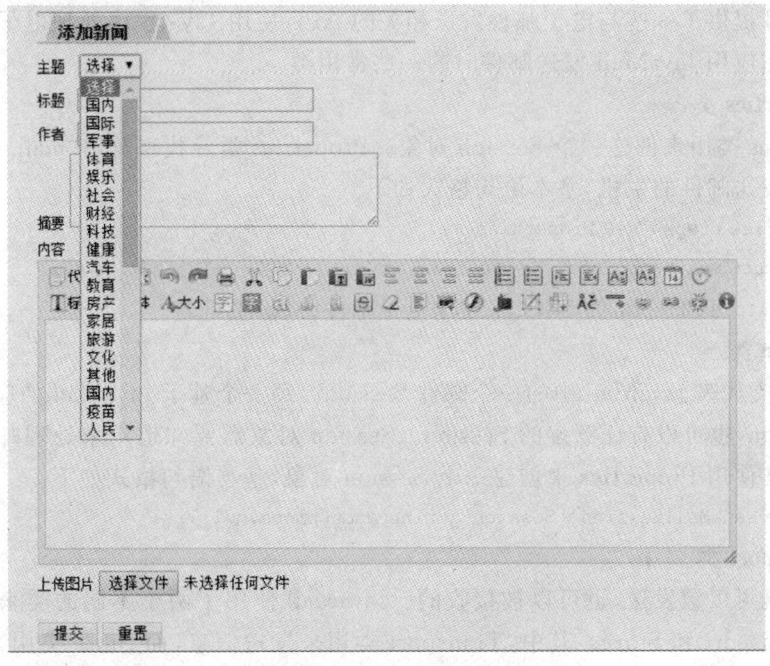

图 9.5 新闻发布页面

提示：

(1)使用 Commons－FileUpload 组件上传文件并对文件进行控制。

(2)调用封装业务的相关方法将数据保存至数据库。

9.2 JavaMail组件

9.2.1 JavaMail 简介

JavaMail 是 Sun 公司(已被甲骨文公司收购)发布的处理电子邮件的应用程序接口,预置一些最常用的邮件传送协议的实现方法,并且提供了很容易的方法去调用。可以基于 JavaMail 开发出类似于 Microsoft Outlook 的应用程序。

使用 JavaMail 发送邮件,需要下载 JavaMail 的核心 JAR 包:javax. mail. jar。另外,如果使用的 Java SDK 版本低于 Java SE 6,也需要 javax. activation. jar 作为支持。javax. activation. jar 是 JavaBeans Activation Framework(JAF)用来处理不是文本的邮件内容,主要包括 MIME 类型、URL 页面及附件等内容。在 Java SE 6 及更新的 SDK 版本中,已经包括了 JAF。可以访问 http://www. oracle. com/technetwork/java/javamail/index. xml 获取更多相关信息。

9.2.2 JavaMail 常用类

JavaMail 提供了一些与电子邮件发送相关的 API,使用 Java 程序处理电子邮件非常容易。下面介绍应用 JavaMail 发送邮件时的一些常用类。

1. Properties 类

Properties 类用来创建一个 Session 对象。Properties 类寻找字符串“mail. smtp. host”,该属性就是发送邮件的主机,基本语句格式如下。

```
Properties props = new Properties();
props.put("mail.smtp.host","smtp.163.com");
```

其中,"smtp. 163. com"为 SMTP(发送电子邮件协议)主机名。

2. Session 类

Session 类代表 JavaMail 中的一个邮件 Session。每一个基于 JavaMail 的应用程序至少有一个 Session,也可以有任意多的 Session。Session 对象需要知道用来处理邮件的 SMTP 服务器。通常使用 Properties 来创建一个 Session 对象,基本语句格式如下。

```
Session sendMailSession = Session.getInstance(props,null);
```

3. Transport 类

邮件是既可以被发送,也可以被接收的。JavaMail 使用了两个不同的类来完成这两个功能,即 Transport 和 Store。其中,Transport 类用来发送信息,而 Store 类用来接收信息。基本语句格式如下。

```
Transport transport = sendMailSession.getTransport("smtp");
```

使用 JavaMail Session 对象的 getTransport 方法初始化 Transport。传过去的字符串声明了对象所要使用的协议(如“smtp”),这样将会节省很多时间,因为 JavaMail 已经内置了很多协议的实现方法。

4. Message 类

Message 对象将存储实际发生的电子邮件信息。Message 对象被作为一个

MimeMessage 对象来创建,并且需要知道应当选择哪一个 JavaMail Session。基本语句格式如下。

```
Message message = new MimeMessage(sendMailSession);
```

9.2.3 JavaMail 发送邮件

1. 普通邮件发送

JavaMail 的 API 按照功能可以划分为三大类。

(1)创建和解析邮件内容的 API:Message 类是创建和解析邮件内容的核心 API,实例对象代表一封电子邮件信息,其中最重要的一个子类是 javax.mail.internet.MimeMessage,通过这个子类可以构造出复杂的邮件信息。

(2)发送邮件的 API:Transport 类用来发送邮件,实例对象代表实现了某个邮件发送协议的邮件发送对象。例如,实例了 SMTP 的 SMTPTransport。

(3)接收邮件的 API:Store 类用来接收邮件,实例对象代表实现了某个邮件接收协议的邮件接收对象。例如,实现了 IMAP 的 IMAPStore。

下面,通过一个具体的示例来说明如何使用 JavaMail 发送一封电子邮件。在这个示例中,Tom 要给 Marry 发送一封邮件来问好,代码如示例 5 所示。

示例 5:

```
public class Mail{
private String mailServer,from,to,mailSubject,mailContent;
private String username,password;
public Mail() {
//设置邮件信息
username = "Tom";
password = "123456";
mailServer = "smtp.163.com";
from = "Tom@163.com";
to = "Marry@qq.com";
        mailSubject = "问好";
        mailContent = "好久不见,最近好吗?";
    }
public void send(){
        //设置邮件服务器
Properties prop = System.getProperties();
prop.put("mail.smtp.host",mailServer);
prop.put("mail.smtp.auth", "true");
//产生 Session 服务
EmailAuthenticator mailauth = new EmailAuthenticator
                                        (username,password);
Session mailSession = Session. getInstance(prop,
                                        (Authenticator)mailauth);
```

```
try {
    //封装 Message 对象
Message message = newMimeMessage(mailSession);
message.setFrom(new InternetAddress(from)); //设置发件人
    message.setRecipient(Message.RecipientType. TO,
                                        new InternetAddress(to));//设置收件人
message.setSubject(mailSubject);//设置主题
    //设置内容(设置字符集处理乱码问题)
message.setContent(mailContent, "text/html;charset=utf8");
message.setSentDate(new Date());//设置日期
//创建 Transport 实例,发送邮件
Transport tran = mailSession.getTransport("smtp");
tran. send(message, message.getAllRecipients());
tran.close();
        }catch (Exception e) {
e.printStackTrace();
        }
}
    }
```

代码说明:

(1)使用 Properties 对象封装属性信息。

要发送电子邮件,就需要和邮件服务器进行通信。因此,程序需要提供一系列服务器信息,如服务器地址、端口、用户名和密码等。JavaMail 提供的属性对象 java. util. Properties 用来封装这些信息。

针对不同的邮件协议,JavaMail 规定服务提供者必须支持一系列属性。例如,示例 6 中针对 SMTP 设置的两个属性—mail. smtp. host(主机名)和 mail. smtp. auth(是否做身份验证),除此之外,还有其他属性,如 mail. smtp. port、mail. smtp. user 等。针对其他邮件协议,也有类似的一系列属性,可以通过访问 https://javamail. java. net/nonav/docs/api/来进行查看。

(2)获取 session 对象。

需要注意的是,这里的 Session 对象不同于 HttpSession,它是一些配置信息的集合,包括接收 Properties 对象的信息,以及根据 JavaMail 的配置文件,加载必备属性信息。Session 通过 JavaMail 配置文件及程序中设置的 Properties 对象建构一个邮件处理环境,后续的处理将在 Session 基础上进行。JavaMail 提供两种方式创建 Session:创建单例、默认的共享 Session(通过 getDefaultInstance()方法)或创建不共享 Session(通过 getInstance()方法)。

创建单例默认的共享 Session

```
Session mailSession = Session.getDefaultInstance(prop,null);
```

或者创建不共享 Session

```
Session mailSession = Session.getInstance(prop,null);
```

通过 Session 的静态工厂方法 getDefaultInstance()创建 Session 时,如果 JVM(Java

Virtual Machine,Java虚拟机)存在一个默认Session实例,就返回这个实例,如果不存在则返回一个新建的Session实例。

通常的SMTP邮件服务器需要用户验证,因此要编写EmailAuthenticator类,在创建Session时进行设置,如示例6所示。

示例6:

```
//创建验证器
EmailAuthenticator mailauth = newEmailAuthenticator(username,password);
Session mailSession = Session.getInstance(prop,(Authenticator) mailauth);
//验证器的代码实现
import javax.mail.Authenticator;
import javax.mail.PasswordAuthentication;
publicclass EmailAuthenticator extends Authenticator{
    private String username = null;
private String userpass = null;
void setUsername(String username) {
    this.username = username;
    }
void setUserpass(String userpass) {
this.userpass = userpass;
    }
public EmailAuthenticator(String username,String userpass) {
super();
setUsername(username);
setUserpass(userpass);
    }
public PasswordAuthentication getPasswordAuthentication() {
returnnew PasswordAuthentication(username,userpass);
    }
}
```

在EmailAuthenticator类中需要编写getPasswordAuthentication()方法并返回密码验证对象PasswordAuthentication。当Transport对象执行send()方法发送邮件时,会自动调用getPasswordAuthentication()执行验证。

(3)封装Message对象。

在示例5中,通过javax.mail.Message的子类MimeMessage对象来封装邮件信息。通过一系列属性的设置可以构造出邮件信息,包括setSubject()设置邮件主题,setContent()设置邮件内容,setSentDate()设置邮件发送时间,setFrom(Address arg0)设置发送源地址,setRecipient(RecipientType type,Address arg0)设置邮件发送地址。在设置邮件发送地址时,JavaMail通过Message.RecipientType定义接收类型,包括TO(主送地址)、CC(抄送地址)、BCC(秘密抄送)。例如,抄送邮件可如下所示。

```
message.setRecipient(Message.RecipientType.CC,
```

```
        new InternetAddress("Jack@localhost"));
```

使用 JavaMail 发送邮件时，经常会出现中文乱码问题。必须设置字符集来解决，如，

```
message.setContent(mailContent,"text/html;charset = utf - 8");
```

(4)使用 Transport 发送邮件。

JavaMail 提供抽象类 Transport 支持邮件发送。如示例 5 所示，通过 Session 的 getTransport("smtp")创建 Transport 实例，然后通过 send()将邮件发送给定义的所有目标地址，当 send()方法被调用时，系统会自动调用 connect()方法创建连接，之后再发送邮件消息。当邮件中某个目标地址被探测为非法时，该方法就会抛出 SendFailedException 异常，对于邮件是否还会被发送到其他合法的地址上，则取决于邮件服务器的具体实现。

(5)关闭连接

当程序结束时，需要通过 close()关闭连接。

2. 发送 HTML 格式的电子邮件

JavaMail 还可以发送具有一定样式的 HTML 电子邮件，如示例 7 所示。

示例 7:

```
public static void main(String[] args) {
    String smtpHost = "smtp.163.com";
    String from = "Tom@163.com";
    String to = "Marry@qq.com";
    String username = "Tom";
    String password = "123456";
    String subject = "问好";
    StringBuffer sb = newStringBuffer();
    sb.append("<html><head>");
    sb.append("<meta http - equiv = \"content - type\"
    content = \"text/html;charset = utf - 8\">");
    sb.append("<head><body>");
    sb.append("<font color = 'blue' size = '5' face = 'Arial'>");
    sb.append("亲爱的 Marry,你好:</font><br/><br/>");
    sb.append("    ");
    sb.append("<font color = 'black' size = '4' face = 'Arial'>");
    sb.append("自从上次离别,我们已经好久没有见面了,听说你过几天来我们城市,
                                                   欢迎来我家玩。<br/>");
    sb.append("<br/><br/>Tom</font>");
    sb.append("</body></html>");
    try {
        SendHtmlMail.sendMessage(smtpHost,from,to,subject,
        sb.toString(),username,password);
    }catch (Exception e) {
        e.printStackTrace();
    }
}
```

```
public static void sendMessage(String smtpHost,String from,String to,
    String subject,String messageText,String username,String password)
    throws Exception {
    Properties props = System.getProperties();
    props.setProperty("mail.smtp.auth", "true");
    props.setProperty("mail.smtp.host",smtpHost);
    EmailAuthenticator mailauth = newEmailAuthenticator(username, password);
    Session mailSession = Session.getInstance(props,(Authenticator)mailauth);
    Message testMessage = newMimeMessage(mailSession);
    testMessage.setFrom(new InternetAddress(from));
    testMessage.setRecipient(Message.RecipientType.TO
                                                  ,newInternetAddress(to));
    testMessage.setSentDate(new Date());
    testMessage.setSubject(subject);
    testMessage.setContent(messageText, "text/html;charset = utf8");
    Transport transport = mailSession.getTransport("smtp");
    transport.send(testMessage,testMessage.getAllRecipients());
    transport.close();
}
```

示例 7 的运行效果如图 9.6 所示。

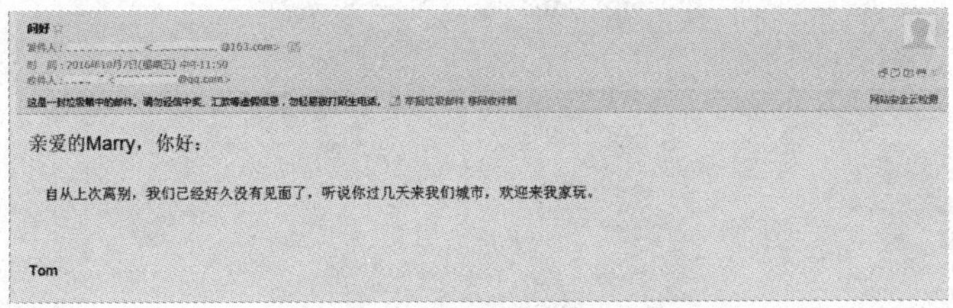

图 9.6　示例 7 的运行效果

9.2.4　技能训练

1. 使用 JavaMail 发送电子邮件

需求说明：

使用 JavaMail 技术，实现从用户 A 给用户 B 发送一封电子邮件，标题为“会议通知”，邮件内容为“XX 你好！请于明天 8:00 准时到 A01 会议室参加专业建设讨论会。”

提示：

按照 JavaMail 发送邮件的流程编码实现。

2. 使用 JavaMail HTML 格式的电子邮件

需求说明：

使用 JavaMail 技术，给你的好友发送一封 HTML 格式的电子邮件。

提示：

参照示例 7。

9.3 JFreeChart组件

9.3.1 JFreeChart 简介

JFreeChart 是 Java 中开源的制图组件，主要用于生成各种动态图表。在 Java 的图形报表技术中，JFreeChart 组件提供了方便、快捷、灵活的制图方法。作为一个功能强大的图形报表组件，JFreeChart 为 Java 的图形报表技术提供了解决方案。在 Java 项目的应用中，JFreeChart 组件几乎可以满足目前图形报表的所有需求。JFreeChart 组件可以生成各种各样的图形报表，如常用的柱形图、区域图、饼形图、折线图、时序图和甘特图等；而对于同一种类型的图表，JFreeChart 组件还提供了不同的表现方式。

JFreeChart 是开放源代码的图形报表组件（开源站点 SourceForge. net 上的一个 Java 项目），其主页为 http://www. jfree. org/jfreechart/index. html。在主页中单击 DOWNLOAD 导航链接将进入下载页面，选择所要下载的 JereeChart 版本即可进行下载，目前最新版本为 1. 0. 13。在下载成功后将得到一个名为 jfreechart－1. 0. 13. zip 的压缩包，此压缩包包含 JFreeChart 组件源码、示例和支持类库等文件，将其解压缩后的文件结构如图 9. 7所示。

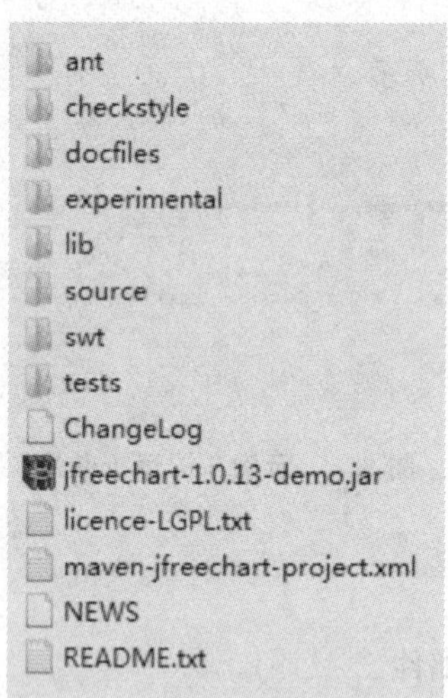

图 9. 7 jfreechart－1. 0. 13. zip 解压缩后的文件

其中 jfreechart－1. 0. 13－demo. jar 文件为 JFreeChart 组件提供的演示文件，运行此文件将可以看到利用 JFreeChart 组件制作的各种图表的样式及效果；source 文件夹为 JFreeChart 的源代码文件夹，在此文件夹中可以查看到 JFreeChart 组件的源代码；lib 文件夹为 JFreeChart 的支持类库。

9.3.2 JFreeChart 开发流程

JfreeChart 开发可分为如下几个步骤。

(1)导入 JFreeChart 包。

导入在 lib 目录下的 jfreechart－1.0.13.jar 和 jcommon－1.0.16.jar 两个 Jar 包到工程。

(2)创建数据集。

在 JFreeChart 组件的图形报表技术应用中，绘制一个图表需要一定的数据，JFreeChart 组件通过提供的数据进行计算并绘制出图表信息。由于在数据的分析计算中并不是单一的数值，绘制图表时就要为 JFreeChart 组件提供数据集合。

数据集合对象是用于装载绘制图表所需要的数据集。在 JFreeChart 组件中，针对不同图表类型提供了不同的数据集合对象，所具有的作用也是不同的。常用的数据集对象如下。

DefaultCategoryDataset 类：默认的类别数据集合对象，可用于创建柱形图、折线图和区域图数据集合等。

DefaultPieDataset 类：默认的饼形图数据集合对象，可用于创建饼形图数据集合。

下面通过示例代码来创建一个可用于绘制图表的数据集对象。具体代码如示例 8 所示。

示例 8：

```
private static DefaultPieDataset getDataSet() {
    DefaultPieDataset dfp = newDefaultPieDataset();
    dfp.setValue("管理人员",25);
    dfp.setValue("市场人员",35);
    dfp.setValue("开发人员",20);
    dfp.setValue("后勤人员",5);
    dfp.setValue("财务人员",15);
    return dfp;
}
```

(3)创建 JFreeChart 对象。

在生成图形报表时，制图对象 JFreeChart 是必不可少的对象，可以直接通过 new 关键字进行实例化，也可以通过制图工厂 ChartFactory 类进行实例化。当使用 new 关键字进行实例化时，需要设置大量的属性信息，因为 JFreeChart 组件提供的图表种类很多，对于每一种图表都要进行特殊的设置，非常繁琐。因此在使用过程中，一般都使用制图工厂 ChartFactory 类进行创建。

制图工厂 ChartFactory 是一个抽象类，不能被实例化，但提供了创建各种制图对象的方法，如创建柱形图对象、区域图对象、饼形图对象和折线图对象等方法，这些方法都是静态的方法，可直接创建 JFreeChart 对象，并且是属于某一种具体的图表类型的 JFreeChart 对象，使用非常方便。

ChartFactory 常用方法及说明如表 9-4 所示。

表 9-4　ChartFactory 常用方法及说明

图表类型	方法	说明
柱形图	public static JFreeChart createBarChart()	创建一个常规的柱形图对象
	public static JFreeChart createBarChart3D()	创建一个 3D 效果的柱形图对象

续表

图表类型	方法	说明
饼形图	public static JFreeChart createPieChart()	创建一个常规的饼形图对象
	public static JFreeChart createPieChart3D()	创建一个 3D 效果的饼形图对象
折线图	public static JFreeChart createLineChart()	创建一个常规的折线图对象
	public static JFreeChart ceateLineChart3D()	创建一个 3D 效果的折线图对象

下面利用 ChartFactory 工厂创建一个 JFreechart 实例，代码如示例 9 所示。

示例 9：

```
JFreeChart chart = ChartFactory.createPieChart3D(title, //图表标题
        dataset, // 数据集
        true, // 是否显示图例
        false, // 是否生成工具(提示)
        false // 是否生成 URL 链接
        );
    //设置 pieChart 的标题与字体
    Font font = new Font("宋体",Font.BOLD,25);
    TextTitle textTitle = newTextTitle(title);
    textTitle.setFont(font);
    chart.setTitle(textTitle);
    chart.setTextAntiAlias(false);
    //设置背景色
    chart.setBackgroundPaint(new Color(199,237,204));
    //设置图例字体
    LegendTitle legend = chart.getLegend(0);
    legend.setItemFont(new Font("隶书",1,15));
```

(4)获取图片。

通过数据集合生成的数据图表，可以通过绘图区对象进行属性设置，例如背景色和透明度等。绘图区对象是 JFreeChart 组件中的一个重要对象，由 Plot 类定义，可以通过此类设置绘图区属性及样式，其常用方法及说明如表 9-5 所示。

表 9-5　Plot 类常用方法及说明

方法	说明
public void setBackgroundImage (Image image)	设置数据区的背景图片
public void setBackgroundImage Alignment(int alignment)	设置数据区的背景图片对齐方式 (参数常量在 org.jfree.ui.Align 类中定义)
public void setBackgroundAlpha(float alpha)	设置数据区的背景透明度，范围在 0.0-1.0
public void setForegroundAlpha(float alpha)	设置数据区的前景透明度，范围在 0.0-1.0

续表

方法	说明
public void setDataAreaRatio(double ratio)	设置数据区占整个图表区的百分比
public void setOutLinePaint(Paint paint)	设置数据区的边界线条颜色
public void setNoDataMessage (String message)	设置没有数据时显示的消息

JFreeChart 所能生成的图形报表是多种多样的，仅仅一个 Plot 类并不能满足绘图区样式的设置，在对不同类型图形的设置中，可以通过 Plot 的子类进行实现，其常用子类主要有：PiePlot 类、CategoryPlot 类和 XYPlot 类。

(1)PiePlot 类

PiePlot 类是 Plot 类的子类，主要用于描述 PieDataset 数据集合类型的图表，通常使用此类来绘制一个饼形图，其常用方法及说明如表 9-6 所示。

表 9-6 PiePlot 类常用方法及说明

方法	说明
public void setDataset (PieDataset dataset)	设置绘制图表所需要的数据集合
public void setCircular(boolean flag)	设置饼形图是否一定是正圆
public void setStartAngle(double angle)	设置饼形图的初始角度
public void setDirection (Rotation direction)	设置饼形图的旋转方向
public void setExplodePercent (int section,double percent)	在显示饼形图时，设置突出显示部分的距离
public void setLabelFont(Font font)	设置分类标签字体(3D 效果下无效)
public void setLabelPaint(Paint paint)	设置分类标签字体颜色(3D 效果下无效)

(2)CategoryPlot 类

CategoryPlot 是 Plot 类的子类，类主要用于描述 CategoryDataset 数据集合类型的图表，支持折线图和区域图等，其常用方法及说明如表 9-7 所示。

表 9-7 CategoryPlot 类常用方法及说明

方法	说明
public void setDataset(PieDataset dataset)	设置绘制图表所需要的数据集合
public void setColumn RenderingOrder(SortOrder order)	设置数据分类的排序方式
public void setAxisOffset(Spacer offset)	设置坐标轴到数据区的间距
public void setOrientation (PlotOrientation orientation)	设置数据区的方向(横向或纵向)
public void setDomainAxis (CategoryAxis axis)	设置数据区的分类轴
public void setRangeAxis(ValueAxis axis)	设置数据区的数据轴
public void addAnnotation (CategoryAnnotation annotation)	设置数据区的注释

(3)XYPlot 类

XYPlot 类是 Plot 类的子类,主要用于描述 XYDataset 数据集合类型的图表。此类可以具有 0 或多个数据集合,并且每一个数据集合可以与一个渲染对象相关联,其常用方法及说明如表 9-8 所示。

表 9-8 XYPlot 类常用方法及说明

方法	说明
public ValueAxis getDomainAxis()	返回 X 轴
public ValueAxis getRangeAxis()	返回 Y 轴
public void setDomainAxis(ValueAxis axis)	设置 X 轴
public void setRangeAxis(ValueAxis axis)	设置 Y 轴

下面通过完善示例 8 和 9,生成一个饼状图,代码如示例 10 所示。

示例 10:

```
public static void makePieChart3D() {
    String title = "饼状图";
    // 获得数据集
    DefaultPieDataset dataset = getDataSet();
    // 利用 chart 工厂创建一个 jfreechart 实例
    JFreeChart chart = ChartFactory.createPieChart3D(title, // 图表标题
            dataset, // 数据集
            true, // 是否显示图例
            false, // 是否生成工具(提示)
            false // 是否生成 URL 链接
            );
    // 设置 pieChart 的标题与字体
    Font font = new Font("宋体",Font.BOLD,25);
    TextTitle textTitle = newTextTitle(title);
    textTitle.setFont(font);
    chart.setTitle(textTitle);
    chart.setTextAntiAlias(false);
    // 设置背景色
    chart.setBackgroundPaint(new Color(199,237,204));
    // 设置图例字体
    LegendTitle legend = chart.getLegend(0);
    legend.setItemFont(new Font("隶书",1,15));
    // 设置图标签字体
    PiePlot plot = (PiePlot) chart.getPlot();
        plot.setLabelFont(new Font("隶书",Font.TRUETYPE_FONT,12));
    // 指定图片的透明度(0.0 - 1.0)
    plot.setForegroundAlpha(0.65f);
```

```
        // 图片中显示百分比:自定义方式,{0} 表示选项,{1} 表示数值,{2} 表示所占比例,小数
点后两位
        plot.setLabelGenerator(new StandardPieSectionLabelGenerator(
                                    "{0} = {1}({2})", NumberFormat.getNumberInstance(),
        new DecimalFormat("0.00 %")));
        // 图例显示百分比:自定义方式,{0} 表示选项,{1} 表示数值,{2} 表示所占比例
        plot.setLegendLabelGenerator(new StandardPieSectionLabelGenerator(
                                                                        "{0} ({2})"));
        // 设置第一个饼块 section 的开始位置,默认是 12 点钟方向
        plot.setStartAngle(90);
        ChartFrame frame = newChartFrame(title,chart,true);
        frame.pack();
        frame.setVisible(true);
    }
```

调用生成饼状图的方法,运行效果如图 9.8 所示。

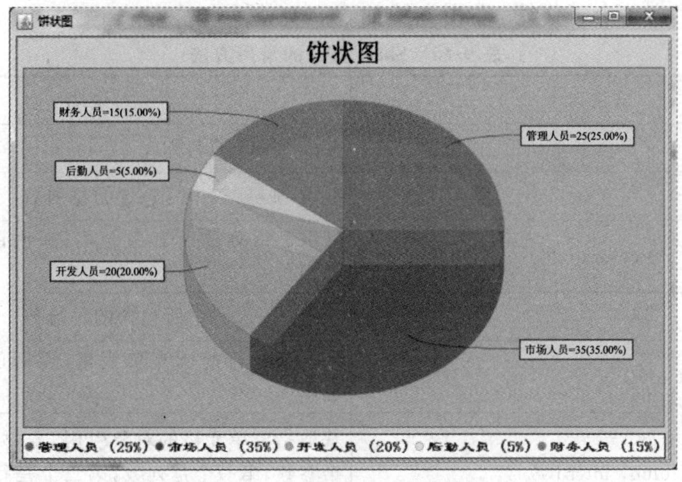

图 9.8 示例 10 运行效果

9.3.3 技能训练

使用 JFreeChart 制作图表。

需求说明:

使用 JFreeChart 技术,分别生成柱状图、折线图和时序图。

9.4 JXL 组件

9.4.1 Java Excel API

Java Excel API 是一开放源码项目,通过该项目,Java 开发人员可以读取 Excel 文件的

内容、创建新的Excel文件、更新已经存在的Excel文件。使用该API非Windows操作系统也可以通过纯Java应用来处理Excel数据表。因为是使用Java编写的,所以在Web应用中可以通过JSP、Servlet来调用API实现对Excel数据表的访问。

Java Excel API提供了许多访问Excel数据表的方法,下面对Workbook类和Sheet接口进行介绍。

1. Workbook 类

Workbook对象代表一个工作簿,常用方法如表9-9所示。

表9-9 Workbook类常用方法及说明

方法	说明
int getNumberOfSheets()	获得工作簿(Workbook)中工作表(Sheet)的个数
Sheet[] getSheets()	返回工作簿(Workbook)中工作表(Sheet)对象数组
String getVersion()	返回正在使用的API的版本号

2. Sheet 接口

Sheet对象代表一个工作簿,常用方法如表9-10所示。

表9-10 Sheet接口的常用方法

方法	说明
String getName()	获取Sheet的名称
int getColumns()	获取Sheet表中所包含的总列数
Cell[] getColumn(int column)	获取某一列的所有单元格,返回的是单元格对象数组
int getRows()	获取Sheet表中所包含的总行数
Cell[] getRow(int row)	获取某一行的所有单元格,返回的是单元格对象数组
Cell getCell(int column, int row)	获取指定单元格的对象引用,需要注意的是它的两个参数,第一个是列数,第二个是行数,这与通常的行、列组合有些不同

9.4.2 使用JXL操作Excel

JXL操作Excel包括对象Workbook,Sheet,Cell。一个Excel就对应一个Workbook对象,一个Workbook可以有多个Sheet对象,一个Sheet对象可以有多个Cell对象。

下面通过一个具体的示例来说明如何使用JXL操作Excel。代码如示例11所示。

示例11:

```
public class ExPortExcelAction {
    public static void main(String[] args) {
        ExPortExcelAction exExcel = newExPortExcelAction();
        exExcel.reprotExcel();
        System.out.println("O.K");
        }
```

```
        publicvoid reprotExcel() {
            List<String[]> pageDataList = null;
            pageDataList = getDataListByCompanyYear();
            try {
                String fileName = "2016 年公司年度报销统计";
                WritableWorkbook wbook = Workbook
                        .createWorkbook(new FileOutputStream(fileName + ".xls"));
                // 建立 excel 文件
                WritableSheet wsheet = wbook.createSheet("导出数据",0); // sheet 名称
                WritableCellFormat cellFormatNumber = newWritableCellFormat();
                cellFormatNumber.setAlignment(Alignment.RIGHT);
    //定义格式、字体、粗体、斜体、下划线、颜色
                WritableFont wf = newWritableFont(WritableFont.ARIAL,12,
                        WritableFont.BOLD, false,UnderlineStyle.NO_UNDERLINE,
                                jxl.format.Colour.BLACK);
        //title 单元格定义
            WritableCellFormat wcf = new WritableCellFormat(wf);WritableCellFormat wcfc =
new WritableCellFormat(); // 一般单元格定义
            WritableCellFormat wcfe = new WritableCellFormat(); // 一般单元格定义
            wcf.setAlignment(jxl.format.Alignment.CENTRE); // 设置对齐方式
            wcfc.setAlignment(jxl.format.Alignment.CENTRE); // 设置对齐方式
            wcf.setBorder(jxl.format.Border.ALL,
                            jxl.format.BorderLineStyle.THIN);
            wcfc.setBorder(jxl.format.Border.ALL,
                            jxl.format.BorderLineStyle.THIN);
            wcfe.setBorder(jxl.format.Border.ALL,
                            jxl.format.BorderLineStyle.THIN);
            wsheet.setColumnView(0,20);// 设置列宽
            wsheet.setColumnView(1,10);
            wsheet.setColumnView(2,20);
            int rowIndex = 0;
            int columnIndex = 0;
            if (null != pageDataList) {
                // rowIndex++;
                columnIndex = 0;
                wsheet.setRowView(rowIndex, 500);// 设置标题行高
                wsheet.addCell(new Label(columnIndex++,rowIndex,fileName,wcf));
                wsheet.mergeCells(0,rowIndex,4,rowIndex);// 合并标题所占单元格
                rowIndex++;
                columnIndex = 0;
                wsheet.setRowView(rowIndex,380);// 设置项目名行高
```

```
        wsheet.addCell(new Label(columnIndex++,rowIndex,"编号",wcf));
        wsheet.addCell(new Label(columnIndex++,rowIndex,"报销人",wcf));
        wsheet.addCell(new Label(columnIndex++,rowIndex,"报销总额",wcf));
        wsheet.addCell(new Label(columnIndex++,rowIndex,"年份",wcf));
        wsheet.addCell(new Label(columnIndex++,rowIndex,"部门",wcf));
        //开始行循环
        for (String[] array : pageDataList) { //循环列
            rowIndex++;
            columnIndex=0;
            wsheet.addCell(new Label(columnIndex++,rowIndex, array[0],
                                                              wcfe));
            wsheet.addCell(new Label(columnIndex++,rowIndex, array[1],
                                                              wcfe));
            wsheet.addCell(new Label(columnIndex++,rowIndex,array[2],
                                                              wcfe));
            wsheet.addCell(new Label(columnIndex++,rowIndex,array[3],
                                                              wcfe));
            wsheet.addCell(new Label(columnIndex++,rowIndex,array[4],
                                                              wcfe));
        }
        rowIndex++;
        columnIndex=0;
        }
    wbook.write();
    if (wbook != null) {
        wbook.close();
    }
    } catch (Exception e) {
        e.printStackTrace();
    }
}
public List<String[]> getDataListByCompanyYear() {
    List<String[]> list=new ArrayList<String[]>();
    list.add(new String[] { "1001","业务一部","10906.00","2016年"
                                                    ,"业务一部" });
    list.add(new String[] { "1002","业务二部","5394.00","2016年"
                                                    ,"业务一部" });
    list.add(new String[] { "1003","财务部","906.00","2016年","业务一部" });
    list.add(new String[] { "1004","平台研发部","218.00","2016年"
                                                    ,"业务一部" });
    return list;
```

```
    }
}
```

代码说明：

(1)首先需要导入 Java Excel API 的 jxl.jar 到项目中。

(2)获取或创建工作簿(Workbook)。

```
String fileName = "2016 年公司年度报销统计";
WritableWorkbook wbook = Workbook
 .createWorkbook(new FileOutputStream(fileName + ".xls"));
```

然后通过 WritableCellFormat 对象来设置工作薄的格式、字体和颜色等熟悉。

(3)获取或创建工作表(Sheet)。

创建好工作簿后通过工作簿来创建工作表，代码如下。

WritableSheet wsheet = wbook.createSheet("导出数据", 0); // sheet 名称

(4)访问或添加单元格(Cell)。

添加单元格用到了 addCell()方法。通过 setRowView()方法来设置标题行高，通过 mergeCells()方法来合并标题所占单元格。

(5)读取或添加数据。

将数据集封装到 List 中，然后循环读取到 Excel 中。

(6)关闭工作簿。

当程序结束时，需要通过 close()方法关闭工作簿。

9.4.3　技能训练

使用 JXL 操作 Excel。

需求说明：

使用 JXL 操作 Excel 生成班级通讯录。效果如图 9.9 所示。

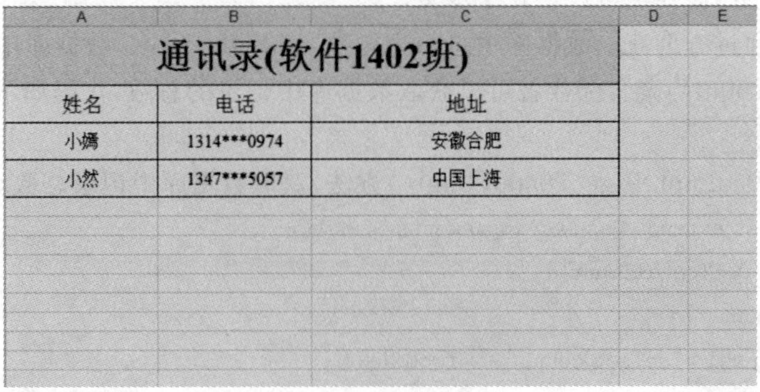

A	B	C	D	E
通讯录(软件1402班)				
姓名	电话	地址		
小嫣	1314***0974	安徽合肥		
小然	1347***5057	中国上海		

图 9.9　班级通讯录

9.5 JSP分页技术

9.5.1 分页实现

目前的分页方式有很多种，一种是将所有查询结果保存在 session 对象或集合中，翻页时从 session 对象或集合中取出一页所需的数据显示。这种方法有两个主要的缺点：一是用户看到的可能是过期数据；二是如果数据量非常大，查询一次数据集会耗费很长时间，并且存储的数据也会占用大量内存，效率明显下降。

其他常见的方法还有使用存储过程进行分页，但是需要设置主键和索引提高查询效率，并且可移植性不高。

比较好的分页方法是每次翻页时只从数据库检索出本页需要的数据。虽然每次翻页都查询数据库，但查询出的记录数很少，网络传输量不大，再配以连接池技术，效率将极大地提高。而在数据库端也有成熟的技术用于提高查询速度。下面以 SQL Server 为后台数据库、以实现新闻列表的分页为例进行讲解如何实现分页显示数据。实现数据的分页显示，需要以下几个关键步骤。

1. 确定每页显示的数据数量

根据实际的页面设计，确定在数据列表中每次显示多少条记录，也就是说每次从数据库需要查询多少条记录用于页面显示，通常这个数量可以在开发时定义好，也可以通过用户来确定。

2. 计算显示的总页数

既然要进行分页显示，还需要清楚按照每页显示的数据库记录数量，计算出需要划分的总页数。由于在页面中显示的记录数量是固定的，而数据库中共存储了多少条是未知的，因此要想得到总页数，需要经过以下几个步骤。

(1)首先要通过查询获取数据库中总的记录数，在 SQL Server 数据库中提供了 count() 聚合函数，借助 count()聚合函数就可以获取数据库中记录的总数，代码如示例 12 所示。

示例 12：

实现 NewsDaoImpl 中 getToatalCount()方法，获取数据库中记录总数。

```
public class extends BaseDao implements NewsDao{
public int getToatalCount(){
    int count = 0;
    String sql = "select count( * ) from News";
    ……//省略执行代码
    if(rs.next()){
        count = rs.getInt(1);
    }
    ……//省略执行代码
    return count;
}
```

```
}
```

从示例 12 中的代码可以看到,当执行了使用 count()函数的 SQL 语句后,将获得 news 表中的记录总数,然后将其数据返回。

(2)有了数据库记录总数后,就可以根据每页显示的记录数计算共需要划分为多少页,将有关分页的数据封装到 page 类,代码如示例 13 所示。

示例 13:

```
public class Page {
    //总页数
    private int totalPageCount = 1;
    //页面大小,即每页显示记录数
    private int pageSize = 0;
    //记录总数
    private int totalCount = 0;
    //当前页号
    private int currPageNo = 1;
    //每页新闻集合
    List<News> newsList;
    public List<News> getListNews() {
        return newsList;
    }
    public void setListNews(List<News> listNews) {
        this.newsList = listNews;
    }
    public int getCurrPageNo() {
        if(totalPageCount == 0)
            return 0;
        return currPageNo;
    }
    public void setCurrPageNo(int currPageNo) {
        if(this.currPageNo>0)
            this.currPageNo = currPageNo;
    }
    public int getTotalPageCount() {
        return totalPageCount;
    }
    public void setTotalPageCount(int totalPageCount) {
        this.totalPageCount = totalPageCount;
    }
    public int getPageSize() {
        return pageSize;
    }
```

```
        public void setPageSize(int pageSize) {
            if(pageSize>0)
                this.pageSize = pageSize;
        }
        public int getTotalCount() {
            return totalCount;
        }
        public void setTotalCount(int totalCount) {
            if(totalCount>0){
                this.totalCount = totalCount;
                //计算总页数
        totalPageCount = this.totalCount % pageSize == 0?
                                                (this.totalCount/pageSize):
                this.totalCount/pageSize + 1;
            }
        }
    }
```

在示例13的代码中,根据记录总数和每页显示记录数通过公式计算出总页数,其使用了条件三元运算符"?:"的方式进行数据处理。如果记录总数能被每页显示记录数整除,则总页数为两者的商;如果不能被整除,则余出的记录数单独列为一页,所以总页数为两者的商再加一。

3. 编写SQL语句

实现数据分页显示的关键是如何编写SQL查询语句,下面将使用一种比较常用的方式来编写SQL语句。假如每页显示三条记录,若要显示第一页的记录,则SQL语句如下。

```
String sql = "select top 3 * from News where N_Id  not in (select top 0 N_Id from News)";
```

在这段SQL语句代码中,使用了关键词top和not in子查询。其中top的作用是限制返回的行数。从SQL语句的结构上可以发现,使用了两层嵌套的查询方式,内层的select语句的一条普通的返回限制行的查询语句,执行结果实际上是为外层的select语句起到一个限制范围的作用,其中数字0是起始行的下标,如显示第一页,则从第一行开始查询,即起始下标为0。外层的select语句限制的行数实际是每页要显示的记录数,其执行结果就是从内层语句的查询结果中按照起始行的下标取出前三条(每页显示的记录数)。

为了满足动态分页显示的要求,根据起始行的下标的计算方法:起始行的下标=(当前页页码-1)*每页显示的数据量。将上述SQL代码改写如下。

```
String sql = "select top " + pageSize + " * from News where N_Id not in"
            + "(select top " + pageSize * (pageNo - 1) + " N_Id from News
               order by N_Createdate desc)" + "order by N_Createdate desc";
```

该SQL代码实现了一个分页查询的SQL语句,并使用到了两个变量,分别是pageSize和pageNo。其中pageSize变量表示每页显示的记录数,而pageNo变量表示当前页的页码。

在新闻接口NewsDao中增加如下方法声明。

```
public List<News> getAllnews(int pageSize,int page_no);
```

然后在 NewsDaoImpl 类中实现该方法,代码如示例 14 所示。

示例 14:

```
public class NewsDaoImpl extends BaseDao implements NewsDao {
    ……//省略查询数据库中记录总数的代码
    //分页查找新闻
    public List<News> getAllnews(int pageSize, int pageNo) {
        Connection conn = null;
        PreparedStatement pstmt = null;
        ResultSet rs = null;
        List<News> list = new ArrayList<News>();
        try {
            conn = getConn();
            String sql = "select top " + pageSize + " * from News where N_Id not in"
                    + "(select top " + pageSize * (pageNo - 1) + " N_Id from News
                order by N_Createdate desc)" + "order by N_Createdate desc";
            ……//省略其他执行代码
            } catch (SQLException e) {
                e.printStackTrace();
            }finally{
                closeAll(conn,pstmt,rs);
            }
            return list;
    }
}
```

在示例 14 中获得每页新闻集合的代码中,将查询结果进行了降序排列。另外,在使用 top 关键字时,SQL 语句中的输入参数不能使用问号("?")作为占位符。

最后,测试分页功能,将每页的新闻信息显示在控制台上,所有 NewsDaoImpl 类中添加 main()方法进行测试,如示例 15 所示。

示例 15:

```
public class NewsDaoImpl extends BaseDao implements NewsDao {
    ……//省略其他代码实现
    public static void main(String[] args) {
        NewsDaoImpl newsDao = new NewsDaoImpl();
        int totalCount = newsDao.getTotalCount();
        Page page = new Page();
        page.setCurrPageNo(1);      //设置当前页面
        page.setPageSize(3);     //设置每页条数
        page.setTotalCount(totalCount);    //设置总记录数
        System.out.println("新闻总数量是:" + page.getTotalCount());
        System.out.println("每页条数是:" + page.getPageSize());
        System.out.println("总页数:" + page.getTotalPageCount());
```

```
                System.out.println("当前是第" + page.getCurrPageNo() + "页:");
                List<News>newsList = newsDao.getAllnews(page.getPageSize()
                ,page.getCurrPageNo());
                page.setListNews(newsList);  //设置每页显示的集合
                for(News news:page.getListNews()){
                System.out.println(news.getN_Id() + "\t" + news.getN_Title() + "\t"
                                                  + news.getN_Createdate());
            }
        }
    }
```

在示例 15 中，加粗部分主要是用于向控制台显示的代码，其中显示的数据，是将用户选择的页码，每页显示的记录数以及每页显示的记录结果封装到 page 对象中，再由 page 对象读取而来，显示结果如图 9.15 所示。

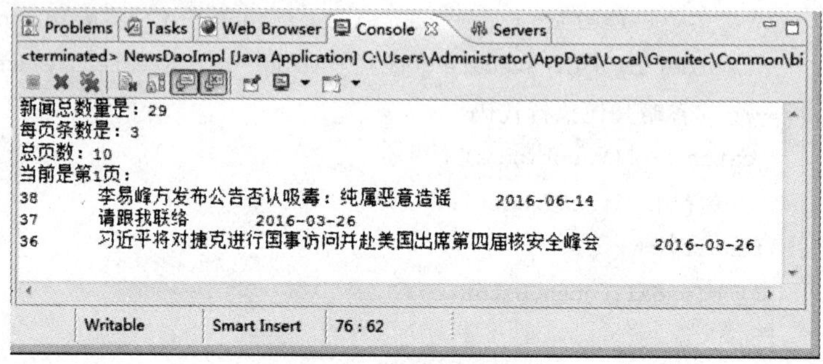

图 9.10　示例 15 运行效果

掌握了在控制台上进行分页显示，下面介绍如何在 JSP 中实现分页显示，在 JSP 中进行分页显示的实现思路是将示例 15 中 main()方法中的代码拆分，将业务逻辑部分和获取用户数据、显示数据的代码拆分至 JSP 页面中。下面介绍如何实现。

在查看具体代码之前，首先要分析在 JSP 中如何进行分页的设置。

(1)确定当前页：设置一个 pageIndex 变量来表示当前页的页码，如果这个变量不存在则默认当前为第一页；否则当前页为 pageIndex 变量的值。代码如示例 16 所示。

示例 16：

```
<%
    String pageIndex = request.getParameter("pageIndex");//获得当前页数
        if(pageIndex == null){
            pageIndex = "1";
    }
    int pageNo = Integer.parseInt(pageIndex);
%>
```

(2)分页的设置：有了当前页，就可以通过当前页页码来确定首页、上一页和下一页以及末页的页码，主要在设置分页时，需要将对应的页码作为 pageIndex 的值进行传递，以便刷新页面后获取的是新的数据。代码如示例 17 所示。

示例 17：

```
<%
if(pageIndex > 1){//控制页面显示风格
%>
    <a href = "pageControl.jsp? pageIndex = 1">首页</a> 
<a href = "pageControl.jsp? pageIndex = <% = pageIndex - 1 %>">上一页</a>
<% }
    if(pageIndex < totalpages){//控制页面显示风格
%>
<a href = "pageControl.jsp? pageIndex = <% = pageIndex + 1 %>">下一页</a>
<a href = "pageControl.jsp? pageIndex = <% = totalpages %>">末页</a>
<% }
}
%>
```

(3)首页与末页的控制。当在 JSP 获取 pageIndex 变量时，首先将其与首页和末页进行比较判断。如果 pageIndex 变量的值小于 1，则将值修改为 1. 如果 pageIndex 变量的值大于末页(即总页数)，则将值修改为末页页码。从而避免页码出现－1 或者大于总页数的情况出现，代码如示例 18 所示。

示例 18：

```
<%
String pageIndex = request.getParameter("pageIndex");//获得当前页数
if(pageIndex == null){
pageIndex = "1";
}
int currPageNo = Integer.parseInt(pageIndex);
/* 对首页与末页进行控制 */
if(currPageNo < 1){
currPageNo = 1;
}else if(currPageNo > pages.getTotalPageCount()){
currPageNo = totalpages;
}
%>
```

至此已经做好了分页显示数据的准备，下面看一下完整的 JSP 页面分页代码，代码如示例 19 所示。

示例 19：

用于接收用户数据和显示数据的 index.jsp 页面关键代码如下。

```
<%
    Page pages = (Page)request.getAttribute("pages");
if(pages == null)
    response.sendRedirect("pageControl.jsp? pageIndex = 1");
else{
```

```
        %>
    <table border ="1" cellpadding ="0" cellspacing ="0">
    <%
        int totalpages = pages.getTotalPageCount();  //总页数
        int pageIndex = pages.getCurrPageNo();  //当前页码
        for(News news:pages.getListNews()){
            %>
    <tr>
    <td><%= news.getNid() %></td>
    <td><%= news.getNtitle() %></td>
    <td><%= news.getNcreatedate() %></td>
    </tr>
    <%
        }
    %>
    </table>
    当前页数:[<%= pageIndex %>/<%= totalpages %>]
    <%
            if(pageIndex > 1){//控制页面显示风格
        %>
            <a href ="pageControl.jsp? pageIndex = 1">首页</a> 
            <a href ="pageControl.jsp? pageIndex = <%= pageIndex - 1 %>">上一页</
a>
        <% }
        if(pageIndex < totalpages){//控制页面显示风格
        %>
        <a href ="pageControl.jsp? pageIndex = <%= pageIndex + 1 %>">下一页</a>
        <a href ="pageControl.jsp? pageIndex = <%= totalpages %>">末页</a>
        <%}
        }
    %>
```

处理页面 pageControl.jsp 的关键代码如下。

```
    <%
    String pageIndex = request.getParameter("pageIndex");//获得当前页数
    if(pageIndex == null){
    pageIndex = "1";
        }
    int currPageNo = Integer.parseInt(pageIndex);
        NewsDaoImpl newsDao = new NewsDaoImpl();
    int totalCount = newsDao.getTotalCount();//获得总记录数
    Page pages = new Page();
```

```
pages.setPageSize(3);     //设置每页条数
pages.setTotalCount(totalCount);  //设置总记录数
int totalpages = pages.getTotalPageCount();
    /* 对首页与末页进行控制 */
if(currPageNo < 1){
currPageNo = 1;
}else if(currPageNo > pages.getTotalPageCount()){
currPageNo = totalpages;
    }
    pages.setCurrPageNo(currPageNo);     //设置当前页面
List<News> newsList = newsDao.getAllnews(pages.getPageSize()
                                        ,pages.getCurrPageNo());
pages.setListNews(newsList);  //设置每页显示的集合
request.setAttribute("pages",pages);
request.getRequestDispatcher("index.jsp")
                                    .forward(request,response);
 %>
```

基于方便代码管理和逻辑清晰的考虑,将步骤中有关分页的数据封装到一个 page 类中,其中包括每页显示的数据数量、数据的总数量、显示的总页数、当前页面、每页显示的数据集合。

9.5.2 技能训练

实现新闻分页显示。

需求说明:

编写代码实现首页新闻标题的分页显示,要求能够执行首页、下一页、上一页、末页的操作,并在页面中显示总页数。页面效果如图 9.11 所示。

提示:

(1)确定每页显示的新闻数量。

(2)编写数据库访问类,声明查询方法。

(3)编写 SQL 语句。

(4)编写 JavaBean 封装分页信息。

(5)在 JSP 中调用 JavaBean。

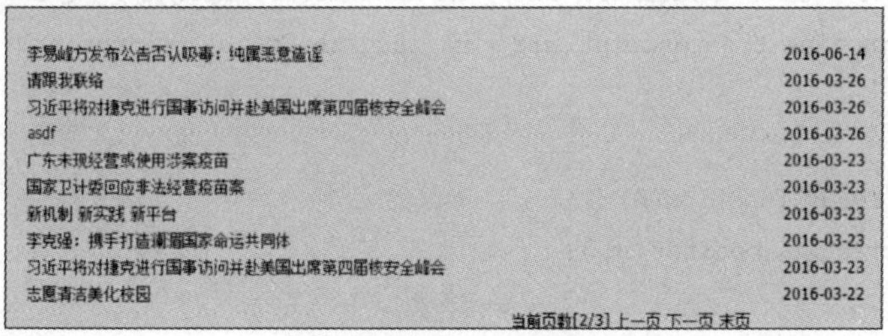

李易峰方发布公告否认吸毒：纯属恶意造谣	2016-06-14
请跟我联络	2016-03-26
习近平将对捷克进行国事访问并赴美国出席第四届核安全峰会	2016-03-26
asdf	2016-03-26
广东未现经营或使用涉案疫苗	2016-03-23
国家卫计委回应非法经营疫苗案	2016-03-23
新机制 新实践 新平台	2016-03-23
李克强：携手打造澜湄国家命运共同体	2016-03-23
习近平将对捷克进行国事访问并赴美国出席第四届核安全峰会	2016-03-23
志愿青洁美化校园	2016-03-22

当前页数[2/3] 上一页 下一页 末页

图 9.11 分页显示数据

9.6 KindEditor— HTML 编辑器

9.6.1 KindEditor 简介

KindEditor 是一套开源的在线 HTML 编辑器，主要用于让用户在网站上获得所见即所得编辑效果，开发人员可以用 KindEditor 把传统的多行文本输入框(textarea)替换为可视化的富文本输入框。KindEditor 使用 JavaScript 编写，可以无缝地与 Java、.NET、PHP 和 ASP 等程序集成，比较适合在 CMS、商城、论坛、博客、Wiki 和电子邮件等互联网应用上使用。

9.6.2 KindEditor 使用

使用步骤：

(1)访问 www.kindsoft.net/可以下载到各种版本的 KindEditor，解压后复制到工程的 WebRoot 目录下。

(2)找到需要放置 KindEditor 编辑器的页面，引入 KindEditor 的 js 文件。

```
<script type="text/javascript" src="ck/kindeditor-all.js"></script>
<script type="text/javascript" src="ck/lang/zh_CN.js"></script>
<script>
var editor;
KindEditor.ready(function(K) {
editor = K.create('#editor_id');
});
</script>
```

(3)将页面中需要富文本的 textarea 设置成如下形式。

```
<textarea id="editor_id" name="content" style="width:700px;height:300px;">
                                                              </textarea>
```

textarea 的 id 属性值必须和 head 标签内定义的 K.create()中的保持一致。

下面通过一个示例来说明 kindEditor 的用法，代码如示例 20 所示。

示例 20：

```
<title>kindEditor的使用</title>
<script type="text/javascript" src="ck/kindeditor-all.js"></script>
<script type="text/javascript" src="ck/lang/zh_CN.js"></script>
<script>
var editor;
KindEditor.ready(function(K) {
editor=K.create('#editor_id');
});
</script>
<body>
```

```
  <form action = "test.jsp" method = "post">
    <table width = "931" border = "0" cellpadding = "0" cellspacing = "0"
      class = "friend_t">
      <tr>
        <td height = "148">
          内容：
          <textarea id = "editor_id" name = "content"
            style = "width: 700px; height: 300px;"></textarea>
        </td>
      </tr>
      <tr>
        <td>
          <input type = "submit" value = "确定" />
        </td>
      </tr>
    </table>
  </form>
</body>
```

示例 20 的运行效果如图 9.12 所示。

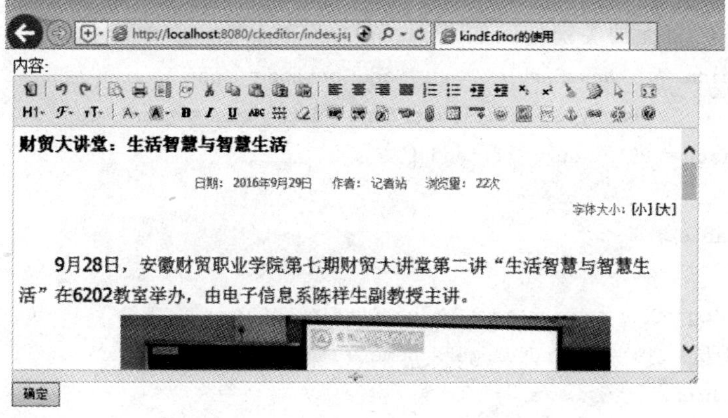

图 9.12 示例 20 的运行效果

点击确定后表单提交，显示页面需要将内容显示处理，代码如下。

```
<%
    request.setCharacterEncoding("utf-8");
    String content = request.getParameter("content");
%>
<%=content%>
```

运行效果图如图 9.13 所示。

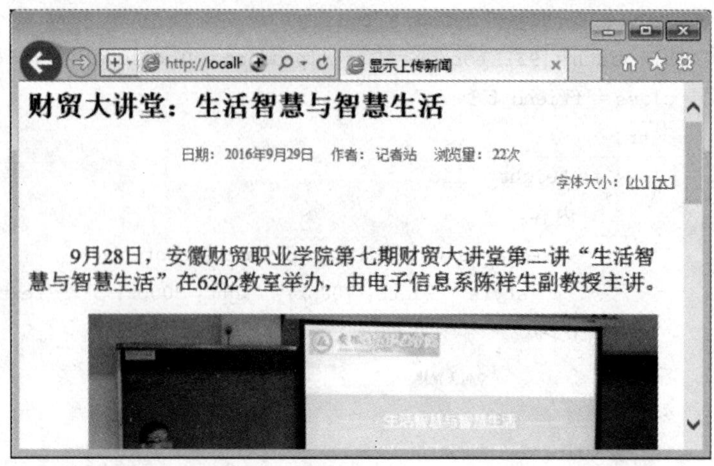

图 9.13 显示上传的新闻

9.6.3 技能训练

使用 kindEditor 上传新闻。

需求说明：

使用 kindEditor 插件完善新闻的发布。

提示：

news_add.jsp 页面的关键代码如下。

```
<form action = "../NewsServlet? opr = add" method = "post"
            enctype = "multipart/form - data" name = "form1" id = "form1">
<table width = "931" class = "friend_t">
<tr>
<td><table>
<tr>
<% User loginUser = (User)session.getAttribute("user"); %>
<td>管理员:<% = loginUser.getN_Name() %></td>
<td><a href = "#"></a></td>
</tr>
</table></td>
</tr>
<tr>
<td><%@ include file = "../leftList.jsp" %></td>
<td><table>
<tr>
<td id = "opt_type">添加新闻</td>
</tr>
<tr>
<td >主题   
<select name = "subject">
```

```
<option value="选择" selected="selected">选择</option>
<%
for(Topic topic:topicList){ %>
<option
            value="<%=topic.getT_Id()%>"><%=topic.getT_Name()%>
            </option>
<%} %>
</select>
</td>
</tr>
<tr>
<td height="28" align="left" valign="middle">标题
<input name="title" type="text" class="opt_input" /></td>
</tr>
<tr>
<td height="28" align="left" valign="middle">作者
<input name="writer" type="text" class="opt_input" /></td>
</tr>
<tr>
<td height="71">摘要
<textarea name="abstract" cols="35" rows="4"></textarea></td>
</tr>
<tr>
<td height="148">内容<textarea id="content7" name="content"
              style="width:600px;height:250px;visibility:hidden;">
            </textarea>
<script type="text/javascript">
   CKEDITOR.replace(content7);
   </script>
      </td>
</tr>
<tr>
<td height="32">上传图片
<input type="file" name="uploading" value="浏览"/></td>
</tr>
<tr>
<td height="50"><input name="Submit" type="submit"
                                    class="login_sub" value="提交" />
<input name="Submit2" type="reset" class="login_sub"
value="重置" /></td>
</tr>
```

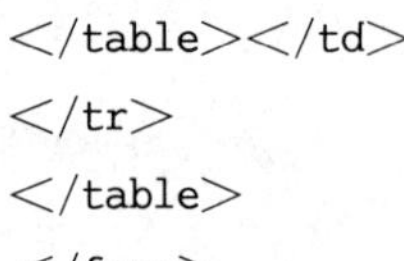

```
</table></td>
</tr>
</table>
</form>
```

本章总结

➢ Commons－FileUpload 组件是实现文件上传功能的免费组件，可以在 JSP 中实现文件的上传和下载。

➢ Commons－FileUpload 组件的特点如下：

(1)使用简单，方便。

(2)能够全程控制上传的内容。

(3)能够对上传文件的大小和类型等进行控制。

➢ 在文件上传表单页面中，需要设置表单属性 enctype="multipart/form－data"，设置提交方式 method="post"。

➢ JavaMail 为企业级应用中的邮件服务提供了完整的解决方案。

➢ 随着 JFreeChart 组件版本的不断更新，其功能越来越强大，制图效果也越来越完善。

➢ 在一个 Java 应用中，将一部分数据生成 Excel 格式，是与其他系统无缝连接的重要手段。

➢ KindEditor 是一套开源的在线 HTML 编辑器，主要用于让用户在网站上获得所见即所得编辑效果，开发人员可以用 KindEditor 把传统的多行文本输入框(textarea)替换为可视化的富文本输入框。

➢ 使用分页显示数据在方便页面浏览的同时，由于限制数据读取显示的数量，因而减少了与数据库交互时的资源占用。

➢ 实现分页显示，需要经过的步骤如下。

(1)确定每页显示的数据数量。

(2)确定分页显示所需的总页数。

(3)编写 SQL 查询语句，实现数据查询。

(4)在 JSP 页面中进行分页显示设置。

习题

一、选择题

1. 关于 Commons－Fileupload 实现文件上传，表单设置描述错误的是(　　)(选择两项)。

A. 使用 post 或者 get 方式都可以实现提交

B. 使用 HttpRequest 获取表单数据

C. 需要添加表单属性 enctype="multipart/form－data"

D. 使用 ServletFileUpload 对象获取表单数据

2. 下面声明 ServletFileUpload 对象的正确方法是(　　)。

A. ServletFileUpload 无须实例化,可直接使用

B. FileItemFactory factory＝newFileItemFactory();

ServletFileUpload upload＝new ServletFileUpload(factory);

C. FileItemFactory factory＝new DiskFileItemFactory();

ServletFileUpload upload＝new ServletFileUpload(factory);

D. ServletFileUpload upload＝new ServletFileUpload();

3. 使用 Commons－Fileupload 组件实现文件上传时,以下说法正确的是(　　)(选择两项)。

A. 使用 DiskFileItemFactory 对象的 setSizeThreshold()方法可以设置上传文件,用到临时文件存放路径

B. 使用 DiskFileItemFactory 对象的 setRepository()方法可以设置缓冲区大小

C. 使用 ServletFileUpload 对象的 parseRequest()方法可将表单中的字段解析到一个集合中

D. 使用 ServletFileUpload 对象的 setSizeMax()方法可以设置单个文件的最大限制

4. 下面关于 JavaMail Session 的说法正确的是(　　)。

A. 一系列某用户和服务器间的通信

B. 只包括接收 Properties 对象的信息

C. 一些配置信息的集合,包括 Properties 对象的信息及 JavaMail 的配置文件

D. JavaMail Session 都是共享 Session

5. 有关 JavaMail API 的描述以下正确的是(　　)。

A. Message 类包含标题和内容两部分,MimeMessage 子类用于新建消息,语法为:Message m＝new MimeMessage()

B. Folder 类包含消息和子文件夹,默认情况下 Folder 类处于打开状态

C. Store 类提供对文件夹的访问方法并验证连接,Store 类的方法还用于查看消息和文件夹

D. Session 类定义了用来与邮件系统进行通信的邮件会话,是 JavaMail API 的最高级别类,可以创建共享和非共享会话

6. 下面不属于分页实现步骤的是(　　)。

A. 确定每页显示的数据数量

B. 计算总页数

C. 编写查询 SQL 语句

D. 使用下拉列表显示页数

7. 下列代码是实现分页计算总页数的方法,横线处填写(　　)可以正确实现。

```
public int getTotalPages(int count,int pageSize){
    int totalpages = 0;

    ____________________
    return totalpages;
}
```

A. totalpages = (count/pageSize == 0)?(count % pageSize):(count % pageSize + 1);

B. totalpages = (count/pageSize == 0)?(count/pageSize):(count/pageSize + 1);

C. totalpages = (count % pageSize == 0)?(count % pageSize):(count % pageSize + 1);

D. totalpages = (count % pageSize == 0)?(count/pageSize):(count/pageSize + 1);

二、简答题

1. 请描述在实现文件上传的过程中如何对上传文件的类型和大小进行控制。

2. 简述使用 JavaMail 发送邮件步骤。

3. 谈谈对 Web 几个组件的理解及它们的应用场合。

4. 请简述实现分页的步骤。

三、实践题

实现新闻在线系统修改编辑新闻的功能。

需求说明:

管理员选择某一条新闻,单击修改超链接后,在新闻编辑页面显示此条新闻内容。效果如图 9.17 所示。编辑好新闻内容后,单击【提交】按钮更新此条新闻。

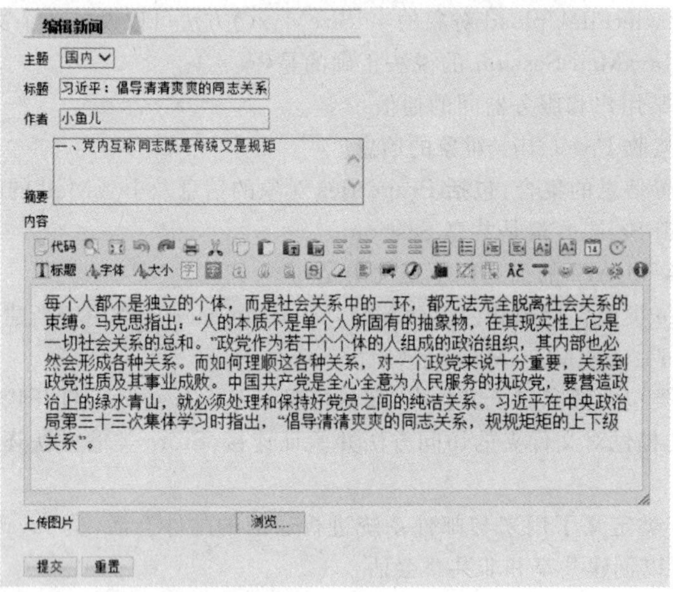

图 9.14 编辑新闻

第 10 章
课程项目 iBuy 电子商城

本章工作任务

- 完成 iBuy 电子商城系统设计
- 完成 iBuy 电子商城系统编码
- 完成 iBuy 电子商城系统测试与发布

本章知识目标

- 理解 iBuy 电子商城系统的设计思想
- 理解 iBuy 电子商城系统的架构设计
- 理解 iBuy 电子商城系统的详细设计

本章技能目标

- 熟练使用 JSP、Servlet 和 JSTL/EL 技术进行 Web 层开发
- 熟练使用 DAO 模式进行数据访问层开发
- 熟练使用 JavaMail、JFreeChart 和 JXL 组件

本章重点难点

- JSP、Servlet 和 JSTL/EL 技术进行 Web 层开发
- JavaMail、JFreeChart 和 JXL 组件进行应用开发

10.1　系统需求概述

随着互联网技术的迅速发展，网络购物成为一种流行的消费方式。iBuy 电子商城中，用户可以在线进行预览商品、选购商品和结算等同时可以对商品追加评论。

本系统要求学生以团队合作的形式完成，要求学生熟悉软件开发流程，了解项目需求，并进行功能编码，以达到巩固本学期所学的知识，增强团队合作的能力。

10.1.1　前台功能

1. 首页

首页页面效果如图 10.1 所示。

图 10.1　iBuy 电子商城首页

2. 用户注册

iBuy 电子商城对所有用户提供浏览商品的功能，如果用户需要进行购物，则首先要注册成为 iBuy 电子商城会员。如图 10.2 所示。

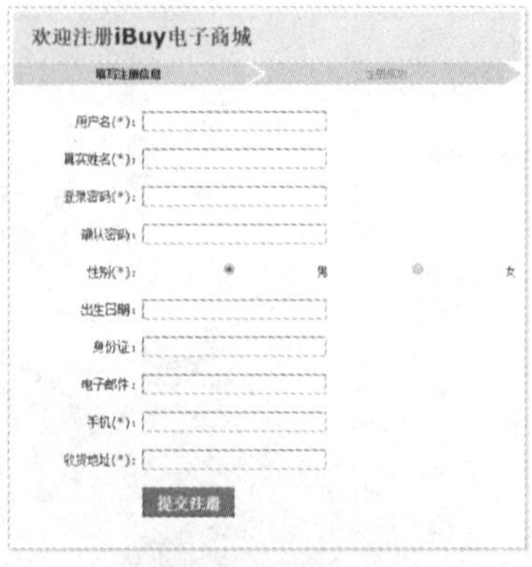

图 10.2　用户注册页面

3. 用户登录

在购买商品前，需要进行会员登录。登录页面如图 10.3 所示。

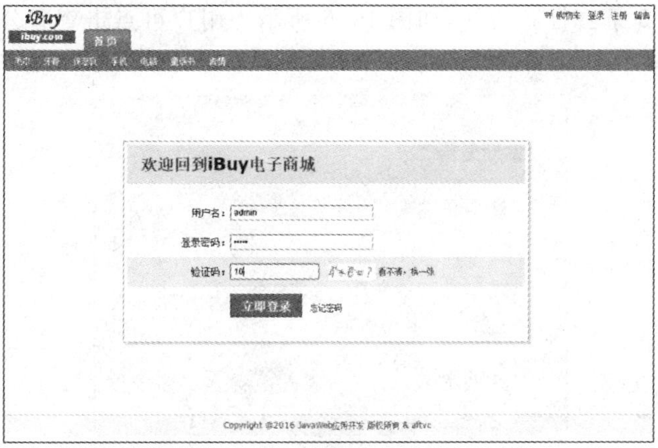

图 10.3　用户登录页面

4. 找回密码

用户登录时忘记密码可点击【立即登录】按钮旁边的"忘记密码"超链接，即可跳转至找回密码页面，如图 10.4 所示。用户可通过邮箱找回密码，如图 10.5 所示。

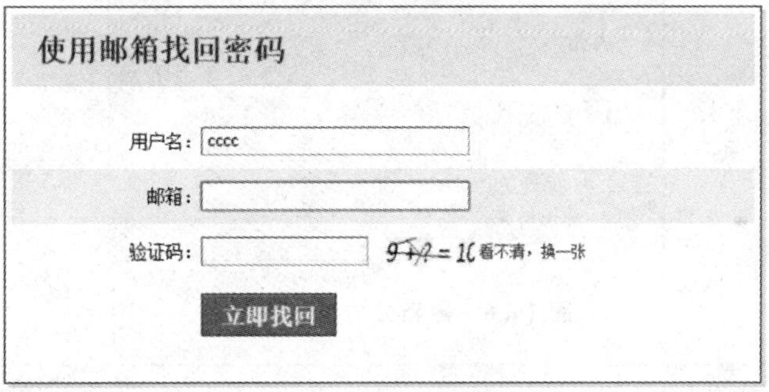

图 10.4　找回密码页面

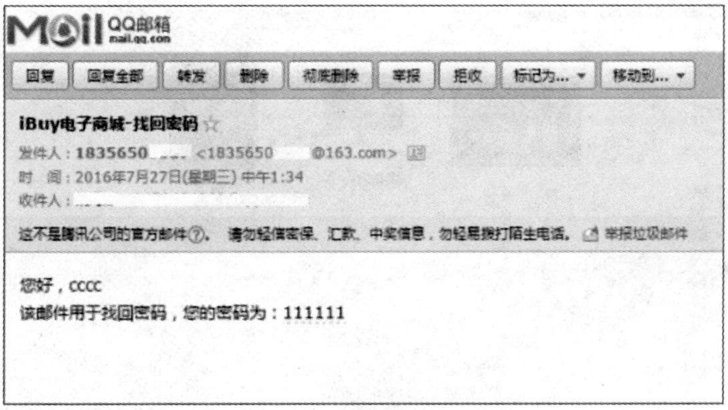

图 10.5　使用邮箱找回密码

5. 最新公告和新闻动态

最新公告和新闻动态是在首页右侧类似淘宝公告栏的一个区域，在该区域中将会以列表的形式各显示前 5 条公告和新闻，如图 10.6 所示。用户可点击查看公告或新闻详情，如图 10.7 所示。

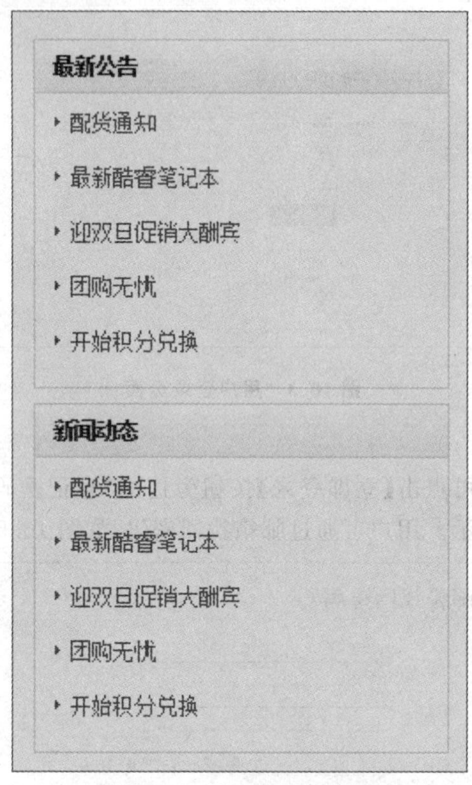

图 10.6　最新公告和新闻动态

图 10.7　商品信息展示页面

6. 分类商品信息展示

分类商品信息展示类似于当当网的界面，商品分类展示，单个分类中分页显示其分类下的所有商品。“最近浏览”可显示最近浏览过的商品，如图 10.8 所示。

图 10.8　分类商品信息展示页面

7. 展示商品详情页面

当用户单击某一商品图标时，会进入详情页面，此时可以将商品加入购物车，也可以直接购买，如图 10.9 所示。

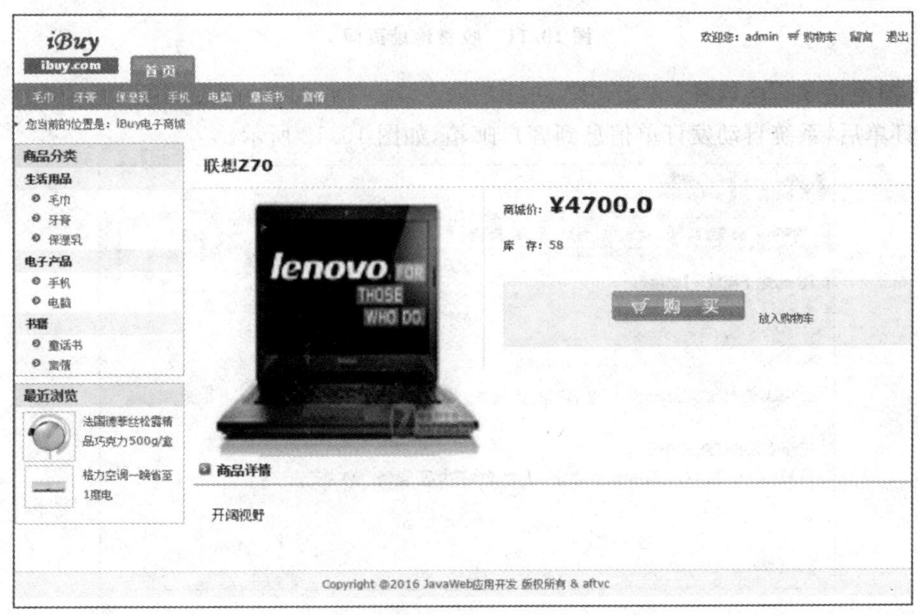

图 10.9　商品详细页面

8. 购物车

如果用户选择将商品添加到购物车，那么将进入购物车页面，并可以对购物车商品进行维护，也可以提交购物车进行结算，如图 10.10 所示。

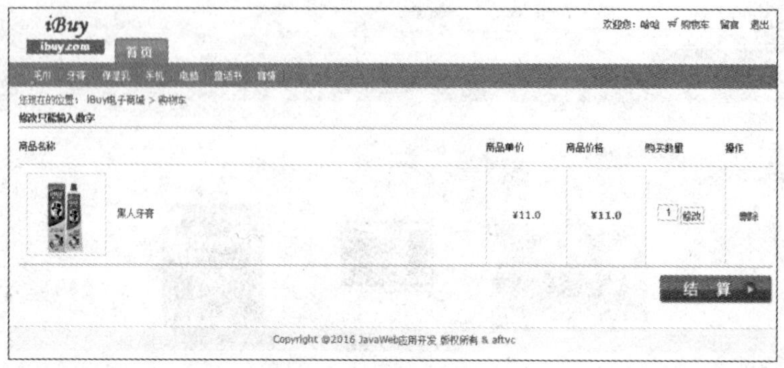

图 10.10　购物车页面

9. 收货地址

如果用户选择购买或者单击购物车中的结算，那么都将进入收货地址页面，并可以选择收货地址，如图 10.11 所示。

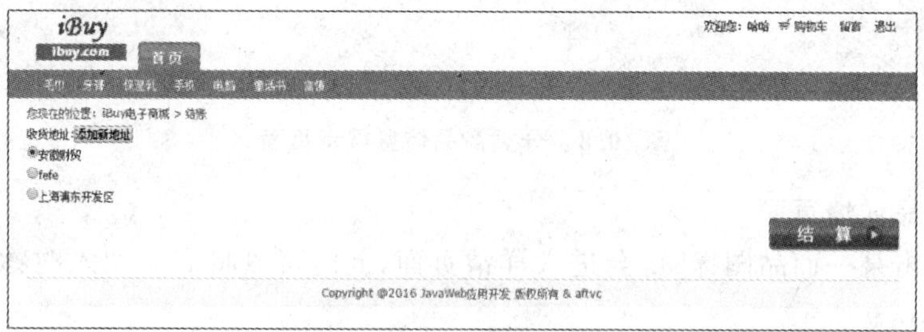

图 10.11　收货地址页面

10. 邮箱接收订单信息

下订单后，系统自动发订单信息到客户邮箱，如图 10.12 所示。

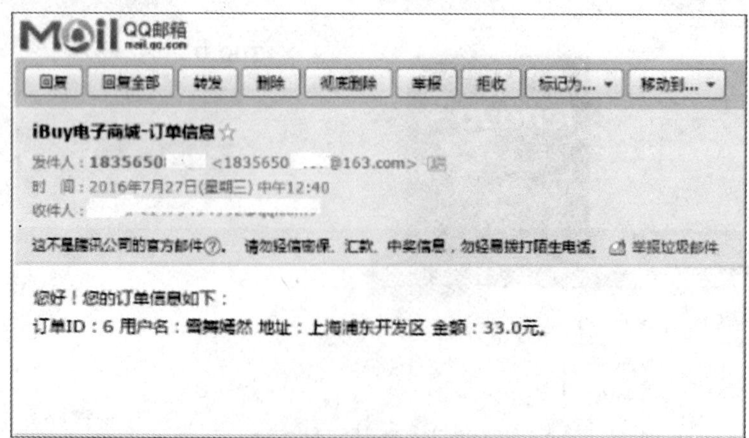

图 10.12　邮箱接收订单信息

11. 留言簿

用户可以在留言簿中对商品、服务等进行评论或者提问，留言簿是一个公开的交流平台，如图 10.13 所示。

全部留言

最近买的化妆品很好用，谢谢买家

网友：www 2015-12-28

好的

刚订了台IPOD，很是期待啊

网友：cc 2015-12-28

亲，我们会尽快发货哦

佳能D50现在可以多长时间发货呢

网友：jack 2015-12-28

大概明天就可以发出了，请耐心等候！

唱片很好，买到了喜欢歌手的专辑，心情美美哒

网友：kris 2015-12-28

下一页 首页 末页

昵称：

留言标题：

留言内容：

提交留言

图 10.13 留言簿页面

10.1.2 后台管理

当登录的用户身份为管理员时，可以进入后台管理页面，对相关的内容进行维护，如图 10.14 所示。

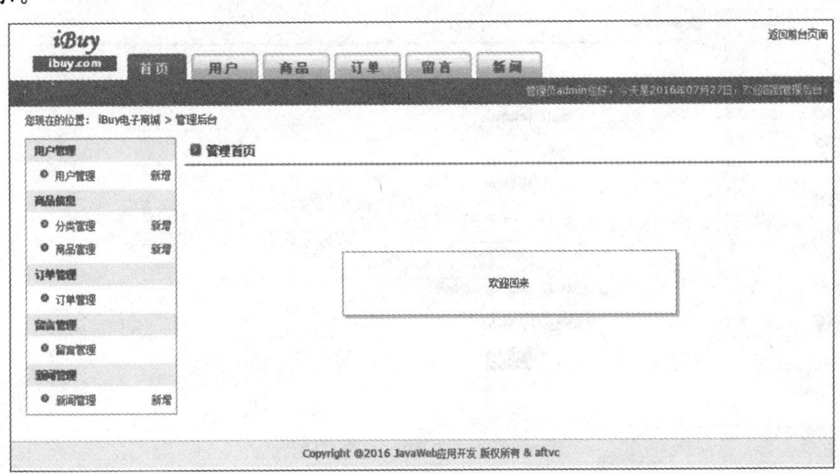

图 10.14 后台管理首页

1. 用户信息管理

对已注册用户信息进行管理，如图 10.15 所示。

ID	姓名	性别	Email	手机	操作
admin	admin	女	admin@qq.com	18656992503	修改 删除
cc	sa	男	xg@163.com	15812345678	修改 删除
cccc	雪舞缤然	男	1479494994@qq.com	18656565653	修改 删除
dhm	胖妞	女	dhm@qq.com	18656997298	修改 删除
jack	杰克	男	jack@sina.com	18952164567	修改 删除
kris	克里斯	男	kris@163.com	15234345678	修改 删除
lyl	齐如丽	女	lyl@qq.com	15178361880	修改 删除
qyr	哈奇士	女	qyr@163.com	18356508307	修改 删除
wu	无极	男	wu@sina.com	18786564567	修改 删除
www	大家米	男	hello@163.com	18256984456	修改 删除
zhq	桂花糕	女	zhq@163.com	18356132863	修改 删除

图 10.15　用户信息管理

(1)修改用户信息

单击用户管理页面中的“修改”超链接，进入修改用户信息页面，如图 10.16 所示。

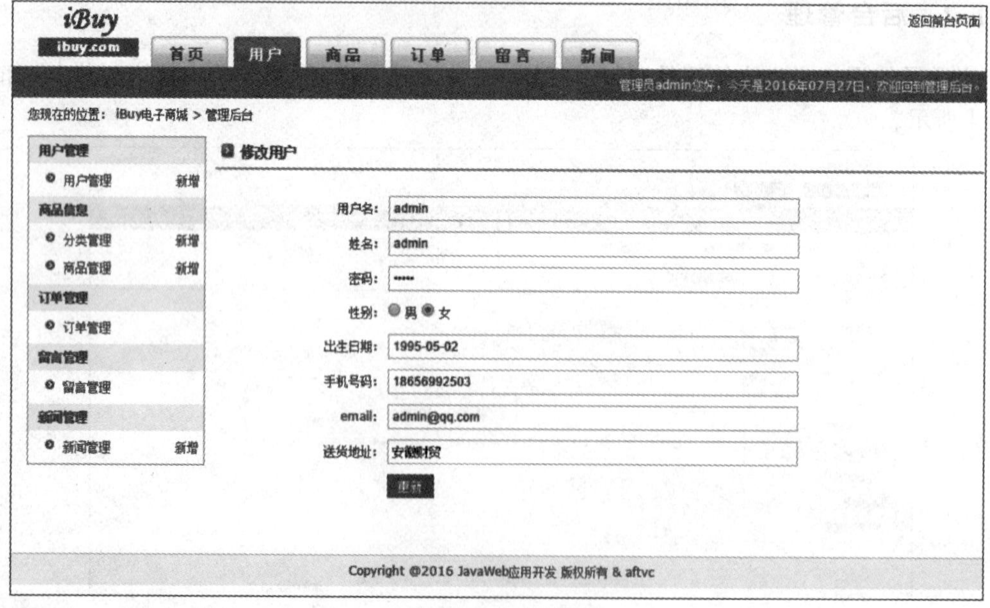

图 10.16　修改用户信息

(2)删除用户信息

对于非法用户,管理员可删除其信息,删除前给出提示,如图 10.17 所示。

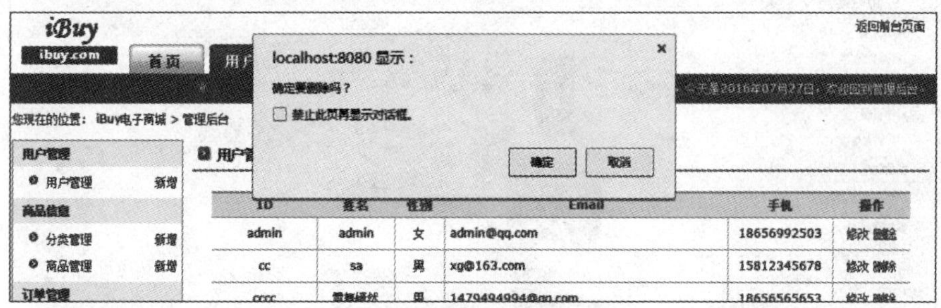

图 10.17 删除用户信息提示

(3)新增用户

特殊情况下,管理员可新增用户,如图 10.18 所示。

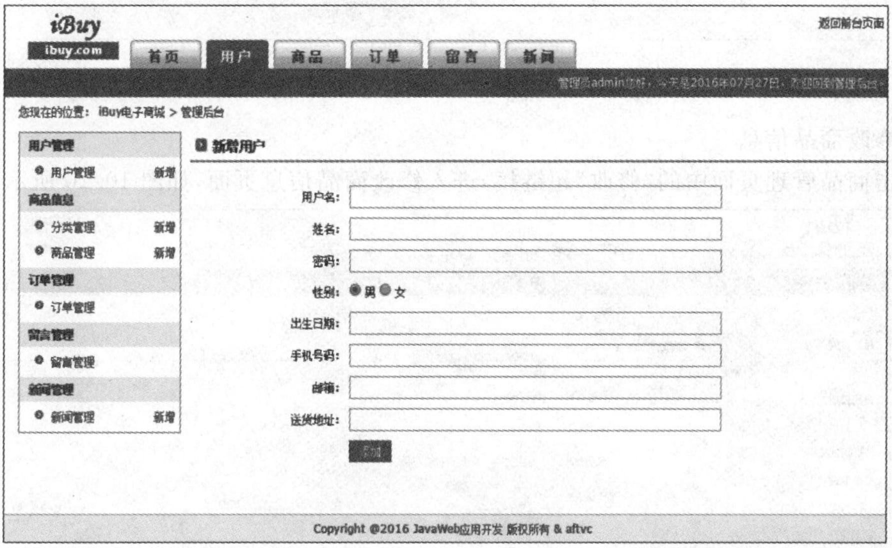

图 10.18 新增用户

2. 商品信息管理

商品信息管理包括商品管理和商品类别管理。

(1)商品管理

对于商品的管理,需要维护商品属于哪一个商品类别,同时还可以对商品信息(名字、描述、所属分类、价格商品图片、库存)进行维护,如图 10.19 所示。管理员可以将商品信息以 Excel 格式导出。

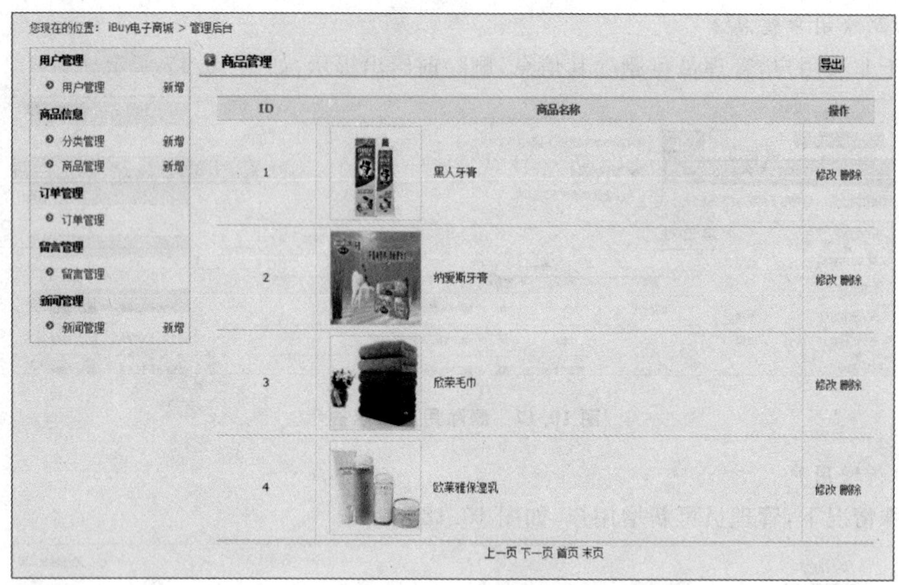

图 10.19 商品管理

· 修改商品信息

单击商品管理页面中的"修改"超链接，进入修改商品信息页面，如图 10.20 所示。

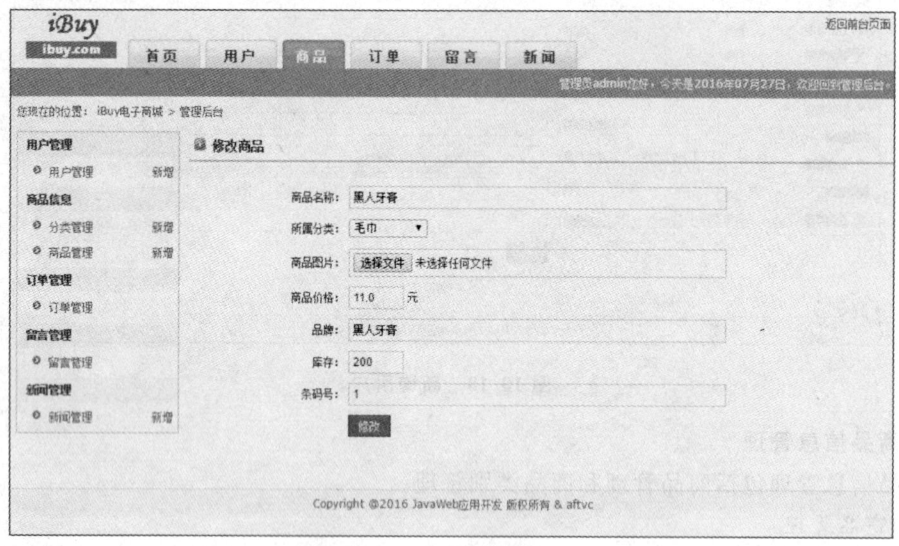

图 10.20 修改商品信息

· 删除商品

已经下架的商品可以删除，删除前给出提示。

· 新增商品

对于新引进的商品，管理员可进行添加该商品信息，如图 10.21 所示。

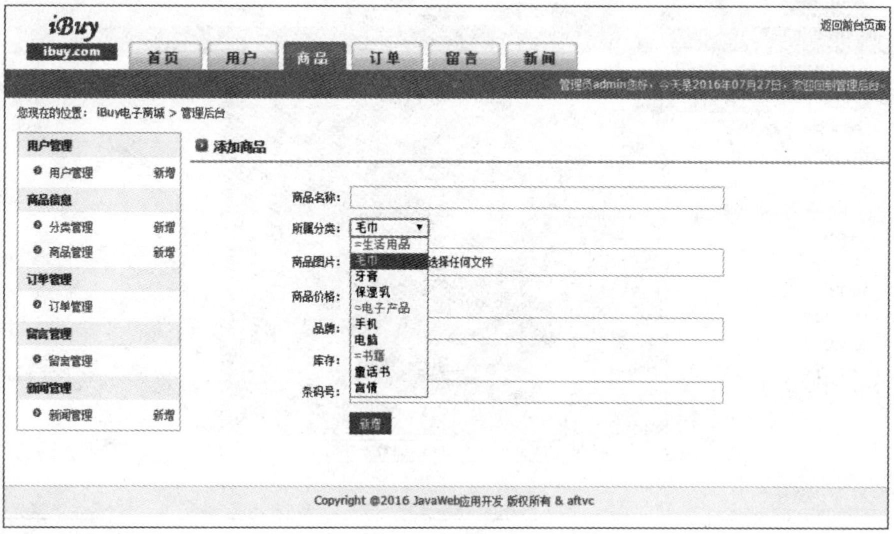

图 10.21　添加商品信息

(2)商品类别管理

对于商品类别的管理，要区分是一级分类还是二级分类，例如，生活用品是一级分类，而毛巾和牙刷等则属于二级分类，并归属于生活用品分类中，如图 10.22 所示。管理员还可以查看商品分类销售统计图表，如图 10.23 所示。

图 10.22　商品分类管理

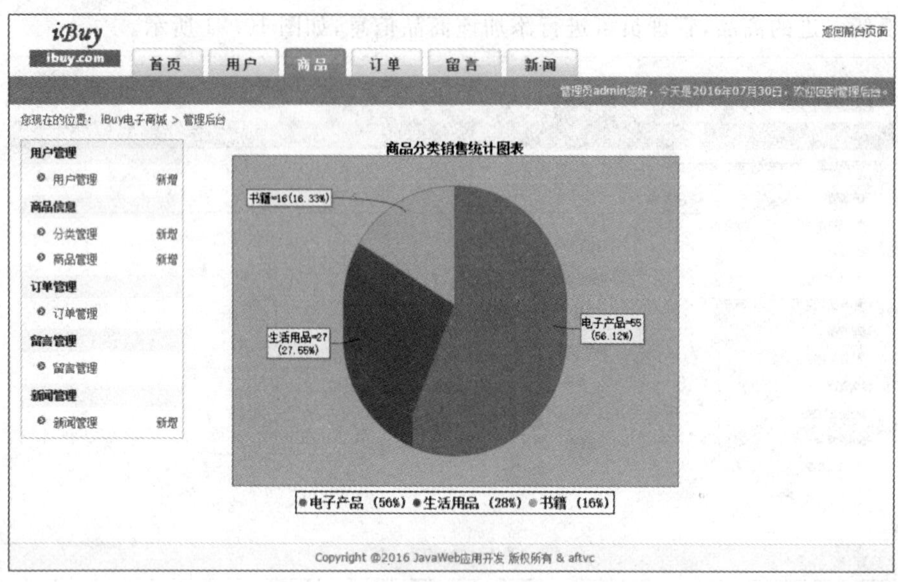

图 10.23 商品分类销售统计图表

· 修改分类

管理员可修改分类信息，如图 10.24 所示。

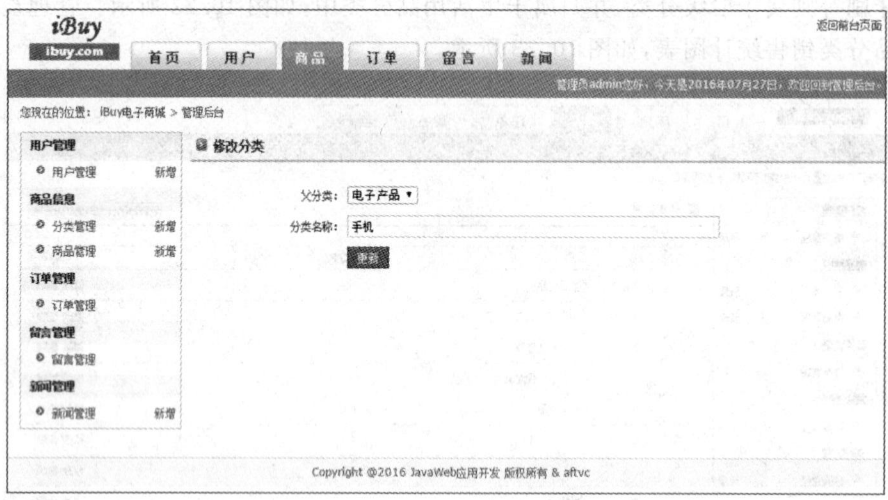

图 10.24 修改分类

· 删除分类

管理员可删除分类。

· 增加分类

管理员可添加分类，如图 10.25 所示。

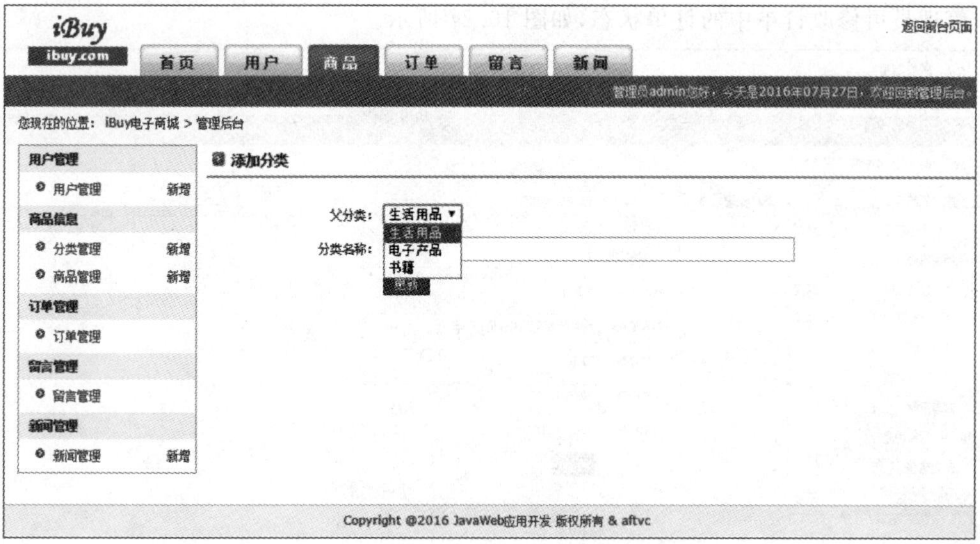

图 10.25　添加分类

3. 订单管理

当用户在前台购物并选择相应收货地址后，会将购物车提交并形成一份订单。在后台管理端可以进行订单查询(根据订单号、订货人)，并维护订单的执行状态(如待审核、审核通过、配货、卖家已发货、已收货)，如图 10.26 所示。

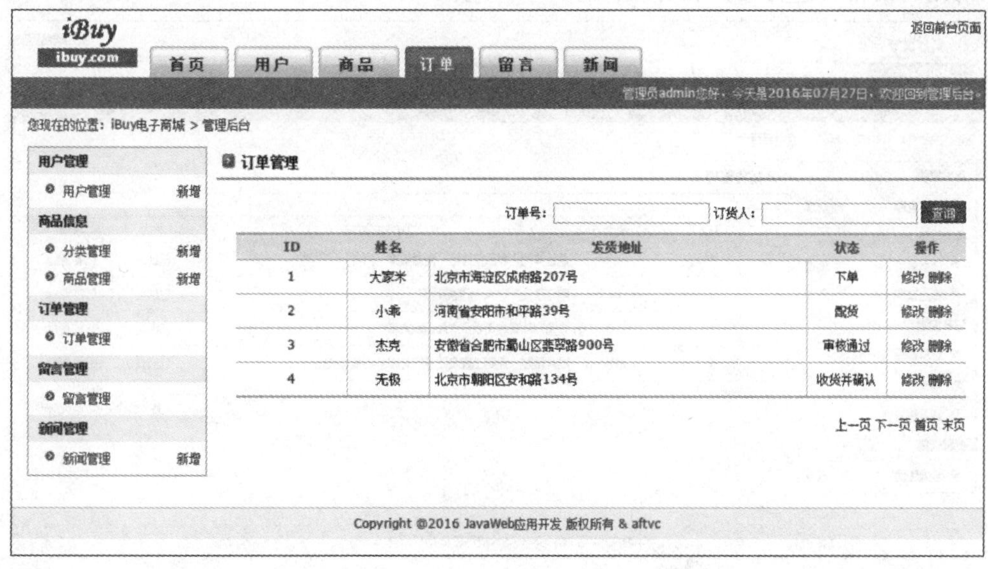

图 10.26　订单管理

(1)修改订单

管理员可修改订单中的订单状态,如图 10.27 所示。

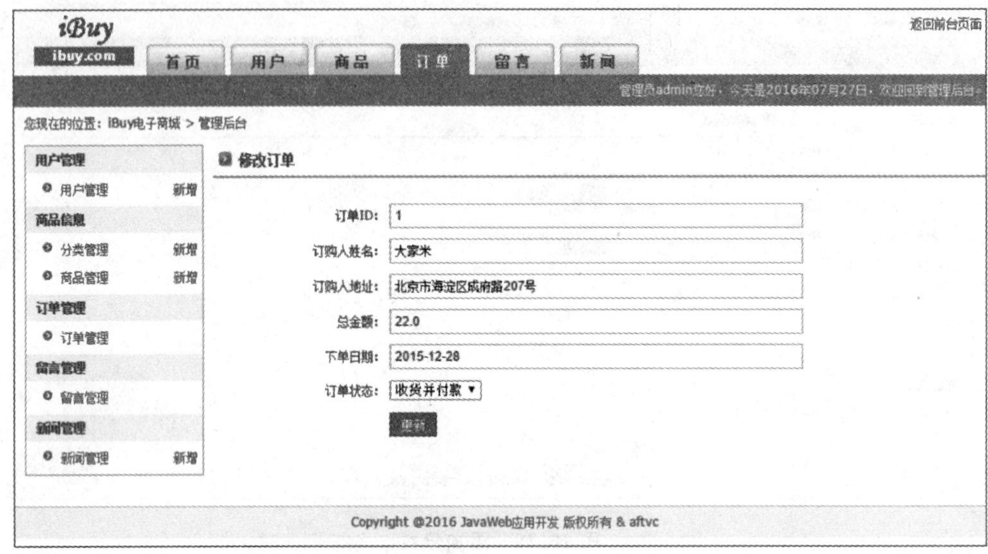

图 10.27 修改订单

(2)删除订单

对于已经废弃的订单,管理员可进行删除。

4. 留言管理

对用户的留言进行维护和管理,如图 10.28 所示。

图 10.28 留言管理

(1)回复留言

管理员可回复客户的留言,如图 10.29 和 10.30 所示。

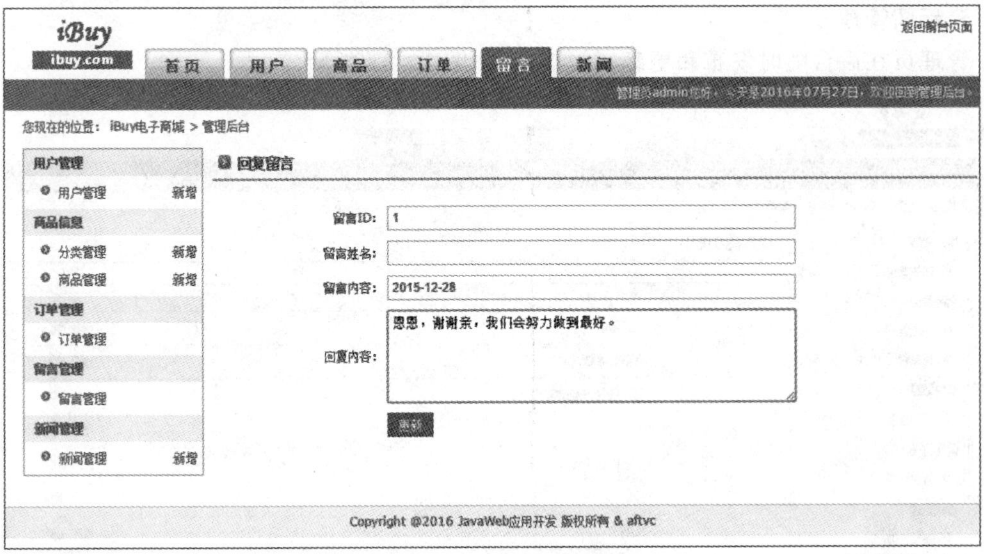

图 10.29 回复留言

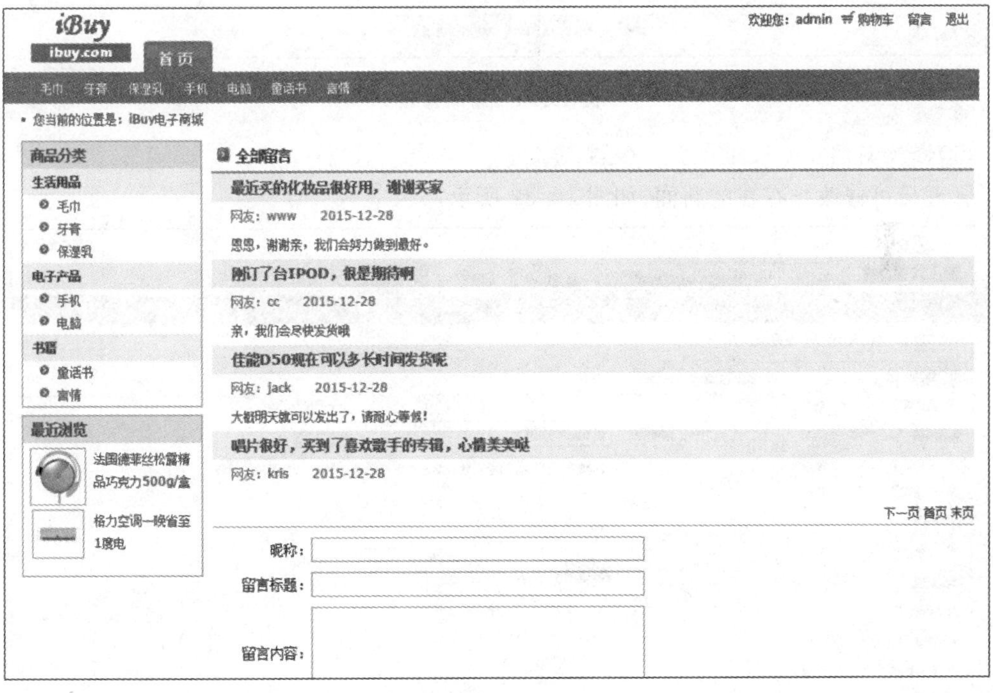

图 10.30 查看留言

(2)删除留言

管理员可删除留言,删除前给出提示。

5. 新闻管理

管理员在后台随时发布和更新新闻信息,如图 10.31 所示。

图 10.31 新闻管理

(1)修改新闻

管理员可修改已存在的新闻,如图 10.32 所示。

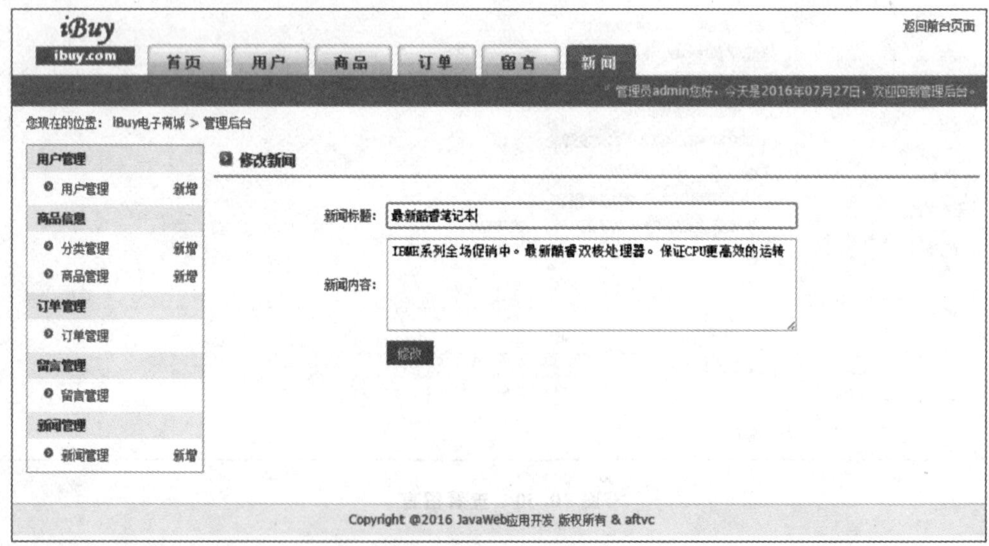

图 10.32 修改新闻

(2)删除新闻

管理员可删除新闻,删除前给出提示。

(3)新增新闻

管理员发布新闻,如图 10.33 和 10.34 所示。

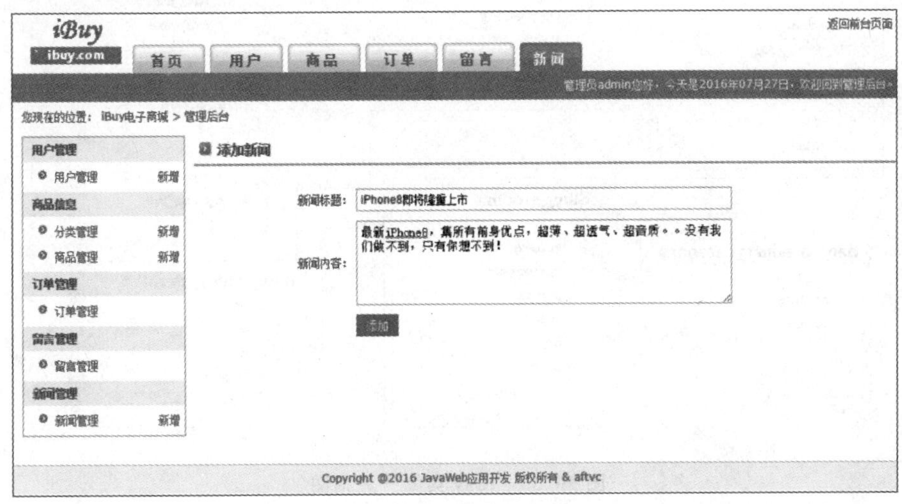

图 10.33 添加新闻

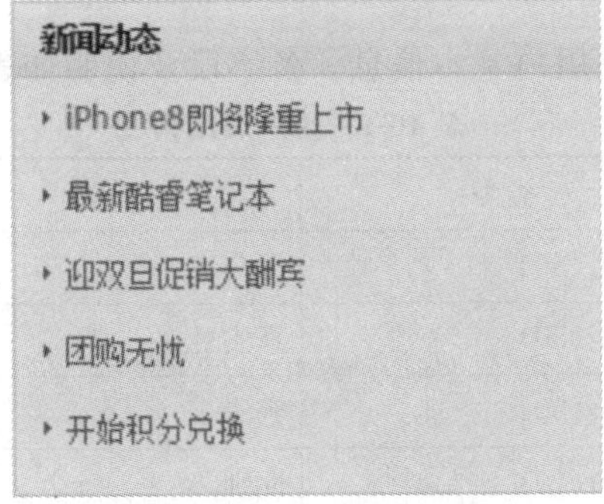

图 10.34 查看已发布新闻

10.2 数据库设计

10.2.1 数据库的实体—关系图

数据库名称:iBuy。数据库中有七张表,分别是用户表、新闻表、留言表、商品表、商品分类表和订单表和订单详情表。数据库关系图如图 10.35 所示。数据库系统采用 SQL Server2008。

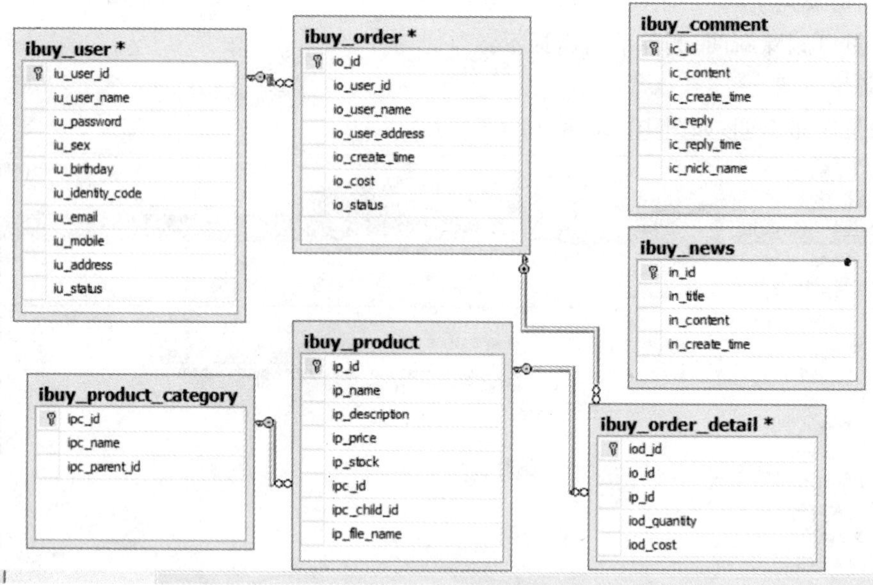

图 10.35　iBuy 实体一关系图

10.2.2　数据库表的设计

用户表(ibuy_user):存放用户基本信息。各字段及说明如表 10-1 所示。

表 10-1　用户表结构

字段名称	类型	说明	备注
iu_user_id	varchar(50)	用户名	非空,主键
iu_user_name	varchar(50)	真实姓名	非空
iu_password	varchar(50)	密码	非空
iu_sex	varchar(10)	性别	非空
iu_birthday	datetime	出生日期	
iu_identity_code	varchar(18)	身份证号	
iu_email	varchar(100)	Email	
iu_mobile	varchar(20)	手机	非空
iu_address	nvarchar(500)	收货地址	非空
iu_status	int	类型	非空 1 为普通用户, 2 为管理员

新闻表(ibuy_news):存放新闻信息。各字段及说明如表 10-2 所示。

表 10-2　用户表结构

字段名称	类型	说明	备注
in_id	int	编号	主键,标识列
in_title	varchar(40)	标题	非空
in_content	varchar(1000)	内容	非空
in_create_time	date	录入日期	非空,默认为系统时间

留言表(ibuy_comment):存放用户的留言信息。各字段及说明如表 10-3 所示。

表 10-3　留言表结构

字段名称	类型	说明	备注
ic_id	int	编号	主键,标识列
ic_content	varchar(200)	留言内容	非空
ic_create_time	date	创建时间	非空
ic_reply	varchar(200)	回复内容	
ic_reply_time	date	回复时间	
ic_nick_name	varchar(10)	留言用户昵称	非空

商品表(ibuy_product):存放商品基本信息。各字段及说明如表 10-4 所示。

表 10-4　商品表结构

字段名称	类型	说明	备注
ip_id	int	编号	主键,标识列
ip_name	varchar(20)	商品名称	非空
ip_description	varchar(100)	商品描述	
ip_price	float	商品价格	非空
ip_stock	int	商品库存	非空
ip_sold	int	已售数量	默认 0
ipc_id	int	所属分类 ID	非空
ipc_child_id	int	所属二级分类 ID	
ip_file_name	varchar(200)	上传的文件名	非空

商品分类表(ibuy_product_category):存放商品的分类基本信息。各字段及说明如表 10-5 所示。

表 10-5　商品分类表结构

字段名称	类型	说明	备注
ipc_id	int	编号	主键,标识列
ipc_name	varchar(200)	名字	非空
ipc_parent_id	int	父分类	非空

订单表(ibuy_order):存放订单相关信息。各字段及说明如表 10-6 所示。

表 10-6 订单表结构

字段名称	类型	说明	备注
io_id	int	编号	主键,标识列
io_user_id	varchar(50)	用户 id	非空
io_user_name	varchar(20)	用户名	非空
io_user_address	varchar(200)	用户地址	非空
io_create_time	datetime	创建时间	非空
io_cost	float	金额	非空
io_status	int	状态	非空,1 待审核,2 审核通过,3 配货,4 卖家已发货,5 已收货

订单详情表(ibuy_order_detail):存放订单具体信息。各字段及说明如表 10-7 所示。

表 10-7 订单详情表结构

字段名称	类型	说明	备注
iod_id	int	编号	主键,标识列
io_id	int	订单 id	非空
ip_id	int	商品 id	非空
iod_quantity	int	数量	非空
iod_cost	float	金额	非空

10.3 项目实施

10.3.1 搭建项目框架

1. 搭建项目的框架

(1)设置项目名称为 iBuy。

各级包的命名:com.aftvc.iBuy。在 iBuy 包下分别创建 biz、dao、entity、servlet,以及 util 包。

在 WebRoot 下创建文件夹的命名。

- css 文件夹保存页面中应用的样式表文件。
- files 文件夹保存添加商品时上传的图片。
- images 文件夹保存制作页面的素材文件。
- manage 文件夹保存后台管理端的相关页面。
- script 文件夹保存页面中应用 JavaScript 或 jQuery 的相关代码。

(2)创建数据库连接辅助类(BaseDao 类),本项目数据库访问采用数据源方式,使用 JNDI 实现查找数据源并获取连接。

2. 编写数据表

(1)编写数据表,每个表至少添加五条记录。

(2)创建数据表对应的实体类。

3. 数据访问层编码

(1)编写数据访问层 UserInfoDao 及其实现类。

(2)编写数据访问层 NewsDao 及其实现类。

(3)编写数据访问层 CommentDao 及其实现类。

(4)编写数据访问层 ProductDao 及其实现类。

(5)编写数据访问层 CategoryDao 及其实现类。

(6)编写数据访问层 OrderDao 及其实现类。

(7)编写数据访问层 OrderDetailDao 及其实现类。

10.3.2　实现首页商品信息展示

编写 iBuy 电子商城首页的 Servlet,完成商品的展示。

doIndex.java 的关键代码如下。

```
public void doGet(HttpServletRequest request
                                        ,HttpServletResponse response)
    throwsServletException,IOException {
    request.setCharacterEncoding("UTF-8");
    response.setCharacterEncoding("UTF-8");
    NewsBiz newsBiz = newNewsBizImpl();
    List<News>topnews = newsBiz.getNew();
    request.setAttribute("news",topnews);
    CategoryBiz category = newCategoryBizImpl();
    List<Category> Parents = category.getParent();//获取所有父类
    List<Category>categorys = category.getAllCategory();//获取所有二级 id
    ProductBiz product = newProductBizImpl();
    List<Product> Products = product.getAllByLength(8);//获取特价商品
    List<Product>NProducts = product.getAllByLength(6);//获取推荐商品
    request.getSession().setAttribute("Products",Products);
    request.getSession().setAttribute("NProducts",NProducts);
    request.getSession().setAttribute("Parents",Parents);
    request.getSession().setAttribute("categorys",categorys);
    request.getRequestDispatcher("index.jsp").forward(request,
    response);
}
```

1. 左侧商品分类展示

iBuy 电子商城首页的左侧列表展示着商品分类信息。左侧商品分类展示页面 left.jsp 如下。

```
<div class = "lefter">
    <div class = "box">
        <h2>
```

```
            商品分类
        </h2>
        <dl>
            <c:forEachvar="cate" items="${Parents}">
                <dt>
                    ${cate.c_name}
                </dt>
                <c:forEachvar="shop" items="${categorys}">
                    <c:if test="${shop.c_parent_id==cate.c_id }">
                        <dd>
                            <a
href="DoProductByLeftCategory? c_id=${shop.c_id}">${shop.c_name}</a>
                        </dd>
                    </c:if>
                </c:forEach>
            </c:forEach>
        </dl>
    </div>
    <div class="spacer"></div>
    <div class="last-view">
        <h2>
            最近浏览
        </h2>
        <dl class="clearfix">
            <dt>
                <img src="images/product/0_tiny.gif" />
            </dt>
            <dd>
            <a href="product-view.jsp">德菲丝松露精品巧克力 500g/盒</a>
            </dd>
            <dt>
            <img src="images/product/kongtiao.jpg" />
            </dt>
            <dd>
            <a href="product-view.jsp">格力空调一晚省至1度电</a>
            </dd>
        </dl>
    </div>
</div>
```

2. 特价商品展示

(1)创建用于处理商品的 Servlet。

(2)编写业务逻辑层 ProductBiz 接口及其实现类。

(3)编写数据访问层 ProductDao 接口及其实现类。

(4)编写查询商品的方法。

提示：

ProductDaoImpl 中根据长度查找商品集合的代码如下。

```
public List<Product>getAllByLength(int length) {
    List<Product> Products = newArrayList<Product>();
    String sql = "select * from ibuy_product";
    try{
        this.open();
        ps = con.prepareStatement(sql);
        rs = ps.executeQuery();
        while(rs.next()){
            Product product = newProduct();
            product.setId(rs.getInt(1));
            product.setName(rs.getString(2));
            product.setDescription(rs.getString(3));
            product.setPrice(rs.getDouble(4));
            product.setStock(rs.getInt(5));
            product.setCategoryId(rs.getInt(6));
            product.setChildCategoryId(rs.getInt(7));
            product.setFileName(rs.getString(8));
            product.setCount(1);
            if(Products.size()<length){
                Products.add(product);
            }
        }
    }catch(Exception e){
        e.printStackTrace();
    }finally{
        this.close();
    }
    return Products;
}
```

3. 最新公告和新闻动态展示

(1)编写处理新闻的 Servlet。

(2)编写业务逻辑层 NewsBiz 及其实现类。

(3)编写数据访问层 NewsDao 及其实现类。

(4)添加查询新闻的方法。

提示：

(1)获取最新五条新闻的方法如下。

```
public List<News>getNew() {
    List<News> news = new ArrayList<News>();
    try {
        this.open();
        String sql = "select top 5 * from ibuy_news
                                order by in_create_timedesc";
        ps = con.prepareStatement(sql);
        rs = ps.executeQuery();
        while(rs.next()){
            News n = new News();
            n.setId(rs.getInt(1));
            n.setTitle(rs.getString(2));
            n.setContent(rs.getString(3));
            n.setCreateTime(sdf.format(rs.getDate(4)));
            news.add(n);
        }
    } catch (Exception e) {
        e.printStackTrace();
    } finally{
        this.close();
    }
    return news;
}
```

(2)将读取出来的结果保存在 List 中,然后在页面进行调用,页面调用的代码如下。

```
<c:forEach items = "${requestScope.news}" var = "n">
<li id = "Lis">
    <a href = "DoNewsList? newsId = ${n.id }" target = "_blank">${n.title}</a>
</li>
    <div id = "copycTables"></div>
</c:forEach>
```

(3)点击新闻显示新闻详情,页面显示代码如下。

```
<div id = "news" class = "right - main">
    <h1>
        ${requestScope.n.title }
</h1>
<div class = "content">
        ${requestScope.n.content }
</div>
</div>
```

10.3.3　实现用户登录、注册和找回密码功能

1. 登录、注册功能

(1)编写用于处理用户的 Servlet。

(2)编写业务逻辑层 UserBiz 接口及其实现类。

(3)编写数据访问层 UserDao 接口及其实现类。

(4)编写保存用户信息的方法。

(5)用户注册页面中,用户名、真实姓名、登录密码、确认密码、性别、手机和收货地址为必填项。

2. 找回密码

(1)编写用于发送邮件找回密码的工具类 Mail_findPwd. java,关键代码如下。

```
public void send(){
    //设置邮件服务器
Properties prop = System. getProperties();
prop. put("mail. smtp. host",mailServer);
prop. put("mail. smtp. auth","true");
//产生 Session 服务
EmailAuthenticator mailauth = new EmailAuthenticator(username
                                                    ,password);
Session mailSession = Session. getInstance(prop,(Authenticator)mailauth);
try {
//封装 Message 对象
Message message = new MimeMessage(mailSession);
message. setFrom(new InternetAddress(from)); //设置发件人
message. setRecipient(Message. RecipientType. TO,
                          new InternetAddress(tosb));//设置收件人
message. setSubject(mailSubject);//设置主题
//设置内容
message. setContent(mailContent,"text/html;charset = utf8");message. setSentDate(new
Date());//设置日期
//创建 Transport 实例,发送邮件
Transport tran = mailSession. getTransport("smtp");
tran. send(message,message. getAllRecipients());
tran. close();
} catch (Exception e) {
e. printStackTrace();
}
}
```

(2)在 Servlet 中调用发送邮件的方法,关键代码如下。

```
if(user! = null){
    String content = "您好," + userName + "<br/>\n";
```

```
content = content + "该邮件用于找回密码,您的密码为:" + user.getU_password();
        Mail_findPwd mailfindpwd = new Mail_findPwd(email,content);
        mailfindpwd.send();
        response.sendRedirect("login.jsp");
    }
```

10.3.4 实现商品详情和分类商品信息展示功能

1. 实现分类商品信息展示功能

点击左侧商品分类列表里面的分类项,右侧显示相应分类的所有商品。

2. 实现商品详情展示功能

(1)点击某一商品,跳转至商品详情页面。

(2)商品详情页面中可购买和将商品加入购物车。

10.3.5 实现购物车与留言发布功能

1. 实现购物车功能

(1)单击商品详情页面中的【放入购物车】按钮,进入购物车页面。

(2)单击商品详情页面中的【购买】按钮,或单击购物车页面的【结算】按钮进入收货地址页面。

(3)用户单击收货地址页面中的【结算】按钮时,会在后台形成对应的订单并且通过邮件的方式发送给用户。

(4)在数据访问层编写查找当前用户收货地址的方法。

提示:

(1)开发购物车类,用于保存用户所购商品。

```
public class Cart {
private Map<Integer,OrderDetial> cart = new HashMap<Integer
                                        ,OrderDetial>();//购物车
//向购物车中添加一件商品
public void addProduct(int productId,int count) {
    if (count <= 0) {
        return;
    }
    ProductoDao productDao = new ProductDaoImpl();
    ProductInfo product = productDao.getProductInfo(productId);
    if (product != null) {// 找到商品
        if (cart.containsKey(product.getId())) {// 商品是否已在购物车内
            OrderDetial detail = cart.get(product.getId());
            detail.setProductCount(detail.getProductCount() + count);
        } else {
            OrderDetial detail = new OrderDetial();
            detail.setProductId(product.getId());
```

```
                detail.setProductCount(count);
                detail.setProdcutPrice(product.getPrice());
                detail.setUserId(store.getUserId());
                cart.put(product.getId(),detail);
            }
        }
    }
    //从购物车中移除一件商品
    public void removeProcuct(intproductId) {
        if (cart.containsKey(productId)) {// 商品是否已在购物车内
            cart.remove(productId);
        }
    }
    //从购物车中更新一件商品
    public void updateProduct(int productId,int count) {
        if (cart.containsKey(productId) {// 商品是否已在购物车内
            OrderDetial detail = cart.get(product.getId());
            if (count > 0)
                detail.setProductCount(count);
            else
                cart.remove(product.getId());
        }
    }
    //计算购物车中商品总价
    public double getTotal() {
        double total = 0;
        Collection<OrderDetial>detials = cart.values();
        for (OrderDetial detial:detials) {
            total += detial.getProdcutPrice() * detial.getProductCount();
        }
        return total;
    }
        public void removeAll() {
            cart.clear();
    }
    public Map<Integer,OrderDetial>getCart() {
        return cart;
        }
    }
```

(2)在用户点击购买商品时，从 session 中获取购物车，调用购物车相应方法进行购物操作。

```
<%
Cart cart = (Cart) session.getAttribute("cart");
if (cart == null) {
    cart = new Cart();
    session.setAttribute("cart",cart);
}
%>
```

2. 实现留言发布功能

(1)编写用于处理留言信息的 Servlet。

(2)编写业务逻辑层 CommentBiz 接口及其实现类。

(3)编写数据访问层 CommentDao 接口及其实现类。

(4)编写保存留言信息的方法。

10.3.6 实现后台管理功能

1. 后台用户信息的管理和维护

用户信息的新增、查询、修改和删除。

2. 商品信息管理

(1)商品分类信息的修改和删除。

(2)查看商品分类销售统计图。

(3)商品信息的增加、修改和删除。

(4)商品信息的导出。

提示:

(1)当点击“查看商品分类销售统计图表”,生成商品分类销售统计图,关键代码如下。

```
<%
int count = 0;
ProductBiz probiz = new ProductBizImpl();
ArrayList<String[]> list = probiz.findClassOfSold();
for(String[] s:list){
    count = count + Integer.parseInt(s[1]);
}
    String title = "商品分类销售统计图表";
DefaultPieDataset dfp = new DefaultPieDataset();
for(String[] s:list){
    dfp.setValue(s[0],Integer.parseInt(s[1]) * 100/count);
}
    // 获得数据集
    DefaultPieDataset dataset = dfp;
    // 利用 chart 工厂创建一个 jfreechart 实例
    JFreeChart chart = ChartFactory.createPieChart3D(title, // 图表标题
        dataset, // 图表数据集
```

```
        true, // 是否显示图例
        false, // 是否生成工具(提示)
        false // 是否生成 URL 链接
        );
    // 设置 pieChart 的标题与字体
    Font font = new Font("宋体",Font.BOLD,14);
    TextTitle textTitle = new TextTitle(title);
    textTitle.setFont(font);
    chart.setTitle(textTitle);
    chart.setTextAntiAlias(false);
    // 设置背景色
    chart.setBackgroundPaint(new Color(255,255,255));
    // 设置图例字体
    LegendTitle legend = chart.getLegend(0);
    legend.setItemFont(new Font("宋体",1,14));
    // 设置标签字体
    PiePlot plot = (PiePlot) chart.getPlot();
    plot.setLabelFont(new Font("宋体",Font.TRUETYPE_FONT,12));
    // 指定图片的透明度(0.0 - 1.0)
    plot.setForegroundAlpha(0.95f);
    // 图片中显示百分比:自定义方式,{0} 表示选项,{1} 表示数值,
    //{2} 表示所占比例,小数点后两位
    plot.setLabelGenerator(new StandardPieSectionLabelGenerator(
            "{0} = {1}({2})",NumberFormat.getNumberInstance(),
            newDecimalFormat("0.00 %")));
    // 图例显示百分比:自定义方式,{0}表示选项,{1} 表示数值,{2} 表示所占比例
    plot.setLegendLabelGenerator(new StandardPieSectionLabelGenerator(
            "{0} ({2})"));
    // 设置第一个饼块截面开始的位置,默认是 12 点钟方向
    plot.setStartAngle(90);
    String fileName  = ServletUtilities.saveChartAsPNG(chart,500,400,session);
    //ServletUtilities 是面向 web 开发的工具类,返回一个字符串文件名,
    //文件名自动生成,生成好的图片会自动放在服务器(tomcat)的临时文件下(temp)
    String url = request.getContextPath() + "/DisplayChart? filename ="
                                                    + fileName;
    //根据文件名去临时目录寻找该图片,这里的/DisplayChart 路径要与配置文件里用户//
    自定义的<url - pattern>一致
%>
```

(2)后台商品信息可以导出,当点击【导出】按钮时,导出所有商品信息,DoExportExcel.java 的关键代码如下。

```
public void doGet(HttpServletRequest request, HttpServletResponse response)
```

```
        throwsServletException, IOException {
    response.setContentType("text/html");
    response.setCharacterEncoding("UTF-8");//设置相应内容的编码格式
    ProductBiz product = new ProductBizImpl();
    List<Product> Products = product.getAll();
    String fname = "商品信息";
    OutputStreamos = response.getOutputStream();//取得输出流
    response.reset();//清空输出流
    fname = java.net.URLEncoder.encode(fname,"UTF-8");
    response.setHeader("Content-Disposition","attachment;filename="
                    + new String(fname.getBytes("UTF-8"),"GBK") + ".xls");
    response.setContentType("application/msexcel");//定义输出类型
    ExportExcelAction excel = new ExportExcelAction();
    excel.reportExcel(os,Products);
}
```

其中ExportExcelAction.java类绘制导出Excel格式信息。其代码如下。

```
public class ExportExcelAction {
    public void reportExcel(OutputStreamos,List<Product> Products) {
        List<Product>pageDataList = Products;
        String fileName = "商品信息";
        try {
        WritableWorkbook wbook = Workbook.createWorkbook(os);
        WritableSheet wsheet = wbook.createSheet("商品信息", 0);
        WritableCellFormat cellFormatNumber  =  new WritableCellFormat();
        cellFormatNumber.setAlignment(Alignment.RIGHT);
        //定义格式、字体、粗体、斜体、下划线、颜色
        WritableFont wf = new WritableFont(WritableFont.ARIAL,12,
                    WritableFont.BOLD,false,UnderlineStyle.NO_UNDERLINE,
                    jxl.format.Colour.BLACK);
        WritableCellFormat wcf = new WritableCellFormat(wf);
        WritableCellFormat wcfc = new WritableCellFormat();
        WritableCellFormat wcfe = new WritableCellFormat();
        wcf.setAlignment(jxl.format.Alignment.CENTRE);
        wcfc.setAlignment(jxl.format.Alignment.CENTRE);
        wcf.setBorder(jxl.format.Border.ALL,
                                jxl.format.BorderLineStyle.THIN);
        wcfc.setBorder(jxl.format.Border.ALL,
                                jxl.format.BorderLineStyle.THIN);
        wcfe.setBorder(jxl.format.Border.ALL,
        jxl.format.BorderLineStyle.THIN);
        wsheet.setColumnView(0,20);
```

```
        wsheet.setColumnView(1,10);
        wsheet.setColumnView(2,20);
        int rowIndex = 0;
        intcolumnIndex = 0;
        if (null ! = pageDataList) {
            // rowIndex ++ ;
            columnIndex = 0;
            wsheet.setRowView(rowIndex,500);
            wsheet.addCell(new Label(columnIndex ++ ,rowIndex
                                                ,fileName,wcf));
        // 合并标题所占单元格
        wsheet.mergeCells(0,rowIndex,4,rowIndex);
        rowIndex ++ ;
        columnIndex = 0;
        wsheet.setRowView(rowIndex,380);//设置项目名行高
        wsheet.addCell(new Label(columnIndex ++ ,rowIndex,"编号",wcf));
        wsheet.addCell(new Label(columnIndex ++ ,rowIndex,"商品名称",wcf));
        wsheet.addCell(new Label(columnIndex ++ ,rowIndex,"商品描述",wcf));
        wsheet.addCell(new Label(columnIndex ++ , rowIndex,"商品价格",wcf));
        wsheet.addCell(new Label(columnIndex ++ , rowIndex, "库存",wcf));
        // 开始行循环
        for (Product pro:Products) { // 循环列
            rowIndex ++ ;
            columnIndex = 0;
            wsheet.addCell(new Label(columnIndex ++ ,rowIndex,
                                String.valueOf(pro.getId()),wcfe));
            wsheet.addCell(new Label(columnIndex ++ ,rowIndex
                                        ,pro.getName(),wcfe));
            wsheet.addCell(new Label(columnIndex ++ ,rowIndex
                                        ,pro.getDescription(),wcfe));
            wsheet.addCell(new Label(columnIndex ++ ,rowIndex
                        ,String.valueOf(pro.getPrice()),wcfe));
            wsheet.addCell(new Label(columnIndex ++ ,rowIndex
                        , String.valueOf(pro.getStock()),wcfe));
        }
        rowIndex ++ ;
        columnIndex = 0;
    }
wbook.write();
if (wbook ! = null) {
    wbook.close();
```

```
        }
        if(os! = null){
            os.close();
        }
        } catch (Exception e) {
            e.printStackTrace();
        }
        }
    }
```

3. 后台订单信息的管理与维护

订单的查询、修改。

提示:

(1)订单状态要适时更改。

(2)要提供根据订单号和订货人查询订单的功能。

4. 后台用户留言的管理与维护

留言信息的查询、回复。

5. 后台新闻信息的管理与维护

新闻信息的增加、修改和删除。

参考文献

[1] 孙鑫. Java Web 开发详解[M]. 北京:电子工业出版社,2006.
[2] 贾蓓等. Java Web 整合开发实战[M]. 北京:清华大学出版社,2013.
[3] 王国辉等. Java Web 开发实战宝典[M]. 北京:清华大学出版社,2010.
[4] 唐友国等. JSP 网站开发详解[M]. 北京:电子工业出版社,2008.